面向新工科普通高等教育系列教材
北京市精品课程"可编程序控制器"配套教材

欧姆龙PLC编程及应用教程 （CP1H系列）

霍　罡　编著

机械工业出版社

本书以欧姆龙公司的 CP1H 系列可编程序控制器（PLC）为对象，详细介绍了 CP1H 的硬件结构、扩展方式，指令系统、编程软件 CX-Programmer 的使用方法，程序设计与调试方法，以及 PLC 应用系统设计方法和典型案例。本书还介绍了 CP2E 的硬件系统。本书的案例内容涵盖了逻辑控制、顺序控制、过程控制、运动控制及串行通信等新技术的应用。

本书包含了 CP1H、CP2E 的编程手册和操作手册的主要内容，与本书配套的 PPT、用户手册、例程等配套资源可在机械工业出版社的网站（www.cmpedu.com）上下载，也可联系编辑索取（微信：18515977506，电话：010-88379753）。本书还配有教学视频，可扫描二维码观看。

本书可作为大专院校自动化相关专业教材和"可编程序控制系统设计师"职业培训教材，也可供工程技术人员自学使用，对欧姆龙 CP1 系列 PLC 的用户也有很大的参考价值。

图书在版编目（CIP）数据

欧姆龙 PLC 编程及应用教程：CP1H 系列 / 霍罡编著. —北京：机械工业出版社，2024.5
面向新工科普通高等教育系列教材
ISBN 978-7-111-74490-0

Ⅰ. ①欧⋯ Ⅱ. ①霍⋯ Ⅲ. ①PLC 技术-高等学校-教材 Ⅳ. ①TM571.61

中国国家版本馆 CIP 数据核字（2023）第 244089 号

机械工业出版社（北京市百万庄大街 22 号 邮政编码 100037）
策划编辑：李馨馨　　　　　　　　　责任编辑：李馨馨　汤　枫
责任校对：张雨霏　王小童　李小宝　责任印制：张　博
北京建宏印刷有限公司印刷
2024 年 6 月第 1 版第 1 次印刷
184mm×260mm · 20.5 印张 · 505 千字
标准书号：ISBN 978-7-111-74490-0
定价：75.00 元

电话服务　　　　　　　　　　　网络服务
客服电话：010-88361066　　　　机 工 官 网：www.cmpbook.com
　　　　　010-88379833　　　　机 工 官 博：weibo.com/cmp1952
　　　　　010-68326294　　　　金 书 网：www.golden-book.com
封底无防伪标均为盗版　　　　　机工教育服务网：www.cmpedu.com

前　言

可编程序控制器（PLC）是综合了计算机技术、自动化控制技术和通信技术的一种新型、通用的自动控制装置。它具有功能强大、可靠性高、操作灵活、编程简便以及适合于工业环境等一系列优点，在工业自动化、过程控制、机电一体化、传统产业技术改造等方面被广泛应用，并已成为现代工业控制的三大支柱之一。

欧姆龙公司推出的小型机 CP1 系列 PLC 是一款性价比高、功能完备、极具竞争优势的通用可编程序控制器。其结构紧凑，集开关量控制、模拟量控制、高速计数与脉冲输出等功能于一身，指令丰富，引用功能块的编程方式使编程变得更加简便。为了帮助广大读者更好地了解该系统的技术亮点，本着深入浅出、易学易用的原则，本书以欧姆龙 CP1 系列 PLC 为参照机型，引用经典实例进行编写。

本书以欧姆龙公司的 CP1H 系列可编程序控制器（PLC）为对象，详细介绍了 CP1H 的硬件结构、扩展方式；指令系统、编程软件 CX-Programmer 的使用方法，程序设计与调试方法，以及 PLC 应用系统设计方法和典型案例。本书还介绍了 CP2E 的硬件系统。本书的案例内容涵盖了逻辑控制、顺序控制、过程控制、运动控制及串行通信等新技术的应用。

在编写过程中，编者力求做到将理论要点贯穿于实例之中，所选案例从简至繁，循序渐进，在拓展阅读中，还提供了几个完整的工程应用综合实例，对工程实践具有较好的参考价值，读者可扫描二维码阅读或下载。

本书在编写过程中，得到了欧姆龙自动化（中国）有限公司的苏强先生的技术支持，在此表示衷心感谢。

与本书配套的教学用 PPT、例程、工程案例、操作手册、编程手册、试卷等配套资源可以登录机工教育服务网（www.cmpedu.com）获取，本书的教学视频可扫描二维码观看。

由于编者水平有限，书中错漏之处难免，恳请广大读者批评指正。

作　者

2023 年 10 月

二维码清单

微 课 视 频

名称	图形	名称	图形
微课 1-1　PLC 的定义、发展历史、现状与趋势、主要特点		微课 3-3　置位/复位指令及其应用实例、定时器指令原理	
微课 1-2　PLC 的主要特点、典型应用、基本结构与外设		微课 3-4　定时器指令典型应用	
微课 1-3　PLC 外设、工作原理、工作方式		微课 3-5　人行横道红绿灯控制实例	
微课 2-1　C 系列 PLC 类型、CP1H 系统特点、CPU 单元类型		微课 3-6　计数器指令应用及其典型应用	
微课 2-2　CP1H CPU 单元结构与功能、标准 I/O 单元结构		微课 3-7　计数器指令典型应用、可逆计数器指令、连锁与连锁清除指令	
微课 2-3　CP1H 模拟量 I/O 单元功能、存储器结构		微课 3-8　跳转与跳转结束指令、锁存与微分指令	
微课 2-4　数据结构、CIO 区结构		微课 3-9　微分指令编程操作及其典型应用	
微课 2-5　I/O 存储区组成及其特点		微课 3-10　二分频电路、报警器消声实例	
微课 3-1　基本逻辑指令		微课 3-11　自动门控制实例、数据传送类指令	
微课 3-2　CX-Disigner 在线模拟调试操作、抢答器实例		微课 3-12　数据比较类指令、移位寄存器指令	

（续）

名称	图形	名称	图形
微课 3-13　移位寄存器指令应用、双向移位寄存器指令		微课 5-1　PLC 应用程序设计概述、"继电器—梯形图"翻译法	
微课 3-14　移位类指令应用实例		微课 5-2　"翻译法"应用实例——电机双速控制	
微课 3-15　数据数制转换指令		微课 5-3　顺序功能图绘制法	
微课 3-16　七段译码指令应用、数据运算指令、逻辑运算指令		微课 5-4　顺序功能图编写、梯形图实例	
微课 4-1　编程规则、CX-P 编程软件功能		微课 5-5　顺序功能图设计法、应用实例	
微课 4-2　CX-P 编程与调试操作			

目 录

＊ 限于篇幅，＊号标记章节以二维码形式展示，扫描正文中的二维码可查看章节内容。

第1章 可编程序控制器基础

可编程序控制器（以下简称 PLC）是计算机技术与继电器逻辑控制概念相结合的一种新型控制器，它是以微处理机为核心，用作数字控制的专用计算机。随着微电子技术、计算机技术的发展和数据通信技术的进步，可编程序控制器已经逐渐发展成为功能完备的自动化系统。

1.1 可编程序控制器的基本概念

从 20 世纪 20 年代起，人们用导线把各种继电器、定时器、接触器及其触点按一定的逻辑关系连接起来组成控制系统，控制各种生产机械，这就是我们所熟悉的传统的继电接触器控制。由于它结构简单易懂，使用方便，价格低廉，在一定的范围内能满足控制要求，因此在工业控制领域中得到了广泛应用，并一度占据主导地位。但是，这种继电接触器控制系统具有明显的缺点，即设备体积大，动作速度慢，功能单一，仅能做简单的控制，特别是采用硬连线逻辑，接线复杂，一旦生产工艺或对象变动时，原有接线和控制盘（柜）就需要更换，所以这种系统的通用性和灵活性较差，不利于产品的更新换代。

20 世纪 60 年代，由于小型计算机的出现和大规模生产以及多机群控技术的发展，人们曾试图用小型计算机实现工业控制的要求，但由于价格高、输入/输出电路不匹配，以及编程技术复杂等因素导致小型计算机未能得到推广。

20 世纪 60 年代末期，美国汽车制造业竞争激烈。如果能在每次汽车改型或改变工艺流程时不改动原有继电器柜内的接线，这将大大降低成本，同时也能缩短新产品的开发周期。1968 年，美国通用汽车公司提出了开发新型逻辑顺序控制装置以取代继电控制盘的设想，为此发布了 10 项招标指标，其主要内容如下：

1）编程简单，可在现场修改程序。

2）维护方便，最好是插件式。

3）可靠性高于继电器控制柜。

4）体积小于继电器控制柜，能耗较低。

5）可将数据直接上传到管理计算机，便于监视系统运行状态。

6）在成本上可与继电器控制相竞争，即有较高的性能价格比。

7）输入开关量可以是交流 115V 电压信号（美国电网电压 110V）。

8）输出的驱动信号为交流 115V、2A 以上容量，能直接驱动电磁阀线圈。

9）具有灵活的扩展能力。在扩展时，只需在原系统上做很小变更即可达到最大配置。

10）用户程序存储器容量至少在 4KB 以上（适应当时汽车装配过程的要求）。

以上 10 项指标的核心要求是采用软布线（编程）方式取代继电器控制的硬接线方式，以实现大规模生产线的流程控制。

1969 年，美国数字设备公司（DEC）研制出世界上第一台 PLC——PDP-14，并在美国通用汽车的装配线上试用。这是工业控制装置中少数几种完全按照用户要求而开发的产品，它一经问世就获得了巨大成功。此后，这项新技术得到迅速推广，美国的 Modicon 公司推出了同名的 084 控制器；1971 年，日本从美国引进了这项新技术，很快研制出了其第一台 PLC——DSC-8；1973 年，西欧国家的第一台 PLC 也研制成功；而我国从 1974 年开始仿制美国的第二代 PLC，并于 1977 年成功研制出第一台具有实用价值的 PLC。

可编程序控制器（Programmable Controller）是以微处理器或单片机为核心的一种工业控制专用微机，国外文献简称为 PC。但是，在国内 PC 通常指的是个人计算机（Personal Computer），因此国内目前仍沿用 PLC（Programmable Logic Controller）的旧称。本书也将使用 PLC 的简称。

国际电工委员会（IEC）在 1987 年颁布的《可编程序控制器标准》（第 3 版）中对可编程序控制器做出如下定义：可编程序控制器是一类专门为在工业环境下应用而设计的数字式电子系统。它采用了可编程的存储器，用来在其内部存储执行逻辑运算、顺序控制、定时、计数和算术运算等功能的面向用户的指令，并通过数字式或模拟式的输入和输出，控制各种类型的机械或生产过程。可编程序控制器及其相关外部设备，都应按照易于与工业控制系统连成一个整体，易于扩展其功能的原则来设计。

PLC 控制功能的拓展大致经历了以下 4 个阶段。

第一阶段，从第一台 PLC 诞生到 20 世纪 70 年代中期，是 PLC 的崛起阶段。PLC 首先在汽车工业获得大量应用，继而在其他产业部门也开始应用。大规模集成电路的出现推动了 PLC 技术的飞跃。这一阶段的产品采用 8 位微处理器芯片作为 CPU，主要用于逻辑运算和定时、计数运算，控制功能比较简单。

第二阶段，从 20 世纪 70 年代中期到 70 年代末期，是 PLC 的成熟阶段。随着超大规模集成电路的出现，16 位微处理器和 51 单片机相继问世，使 PLC 向大规模、高速度、高性能方向发展。这一阶段产品的功能扩展到数据传送、比较和运算、模拟量运算等。

第三阶段，从 20 世纪 70 年代末期到 80 年代中期，是 PLC 的通信阶段。随着计算机通信技术的发展，PLC 在通信方面的性能有了较大的提升，初步形成了分布式通信网络体系。但是，由于制造厂商各自为政，通信系统自成系统，造成了不同厂家产品的互联较为困难。在此阶段，由于社会生产对 PLC 的需求大幅增加，其数学运算功能得到了较大的扩充，可靠性也进一步提高。

第四阶段，从 20 世纪 80 年代中期至今，是 PLC 由单机控制向系统化控制的加速发展阶段。尤其进入 21 世纪，由于控制对象的多样性和复杂性日益增加，采用单一的 PLC 已无法满足控制要求，因此出现了配备 A-D 和 D-A 单元、触摸屏、高速计数单元、温控单元、位控单元、通信单元、主机链接单元等不同功能的特殊模块构成的功能强大的 PLC 系统，而且不同系统间可以实现网际联控，并与上位管理机进行数据交换。

在国际知名 PLC 制造商中，具有代表性的公司有日本的欧姆龙（OMRON）公司、三菱（MITSUBISHI）公司、德国的西门子（SIEMENS）公司、法国的施耐德（SCHNEIDER）公司，以及美国的 Allen-Bradley（AB）公司等，这些公司的销售额约占全球 PLC 总销售额的三分之二。它们不断开发新的 PLC 产品系列并配备了符合国际现场总线标准的通信接口，实现不同系统的互连或与局部网络连成整体分布系统。这一阶段的产品规模不断扩大，功能不断完善。大中型的产品多数有 CRT 屏幕的显示功能，产品的扩展也因通信功能的改善而变得更加方便。

在软件方面，由于采用了标准的软件系统，不断向上发展并与计算机系统兼容，增加了高级编程语言。技术上具有代表性的突破是推出了将 PLC 功能集成在一个芯片上（PLC-on-a-chip）的产品；从系统体系结构上，则是为实现 EIC（电气、仪表、计算机）一体化综合控制系统打开了局面，其代表产品有欧姆龙公司的 CS1 系列、西门子公司的 SIMATIC S5 和 S7 系列、AB 公司的 PLC-5 等。

1.2　可编程序控制器的特点与发展趋势

1.2.1　可编程序控制器的特点

PLC 之所以越来越受到自动控制界人士的重视，是由于它具有令通用计算机望尘莫及的特点。

1. 应用简便

（1）应用灵活、安装简便

标准的积木式硬件结构与模块化的软件设计，使 PLC 不仅适应大小不同、功能繁杂的控制要求，而且适应工艺流程变化较多的场合。它的安装和现场接线简便，可按积木方式扩充和删减其系统规模，组合成灵活的控制系统。由于其控制功能是通过软件实现的，因此，设计人员可以在未购置硬件设备前进行"软布线"工作，从而缩短了整个设计、生产、调试周期，研制经费相对减少了。

从硬件连接方面来看，PLC 对现场环境要求不高，无论是接线、配置都极其方便，只用螺钉旋具即可进行全部接线工作，无须自行设计和制造专用接口电路，一般在编程并模拟调试后，即可投入现场，很快就能安装调试成功并投产。

（2）编程简化

PLC 采用电气操作人员习惯的梯形图形式编程，直观易懂。因此，不仅程序开发速度快，而且程序的可读性强，软件维护方便。为了简化编程工作，PLC 将编程工作主要集中到了设计思想的本身而不是如何实现设计思想，一些 PLC 还针对具体问题设计了步进顺控指令、流程图指令等指令系统，大大加快了系统开发速度。

（3）操作方便，维修容易

工程师编好的程序十分清晰直观，只要写好操作说明书，操作人员经短期培训就可以使用。另外，PLC 具有完善的监视和诊断功能，对其内部工作状态、通信状态、I/O 点状态和异常状态等均有明显的提示，使维修人员能及时、准确地判断故障点，迅速替换故障模块或插件，恢复生产。

2. 可靠性高

PLC 的可靠性高归功于其在硬件及软件设计两方面都采取了严格的措施。

在硬件设计方面，PLC 选用优质器件并采用了合理的系统结构，简化了安装，使它具有抗振动冲击的特性。对于印制电路板的设计、加工及焊接都采取了极为严格的工艺措施。在电路、结构及工艺方面，PLC 还采取了一些独特的方式。例如，在输入输出电路中采用了光隔离措施，实现电浮空；各个 I/O 端口除采用常规模拟器滤波以外，还增加了数字滤波；内部采用了电磁屏蔽措施，防止辐射干扰；采用了较先进的电源电路，以防止由电源回路串入的干扰信号。此外，PLC 还采用了较合理的电路形式，支持模块在线插拔，调试时不会影响 PLC 的正常运行。

在软件设计方面，PLC 也采取了很多特殊措施。设置了警戒时钟 WDT，系统运行时对 WDT 定时刷新，一旦程序出现死循环，WDT 能立即跳出，重新启动系统并发出报警信号。为了避免由于程序出错而导致的错误运行，每次扫描都对程序进行检查和校验，一旦程序出错，会立即发出报警信号并停止运行。对程序及动态数据进行掉电保护，随时对 CPU 等内部电路进行检测，一旦出错，立即报警。在软件系统中还设计了针对用户程序的查错报错程序，错误的程序和参数不能运行。这些有效措施保证了 PLC 的高可靠性使其平均无故障时间（MTBF）超过 4 万～5 万小时，某些优秀品牌的产品甚至高达十几万小时。

3．抗电磁干扰性能好，环境适应性强

PLC 是按照直接应用于工业环境而设计的，产品可以在相当宽的环境温度（0～55℃ 或 0～60℃）和湿度（相对湿度<90%）下工作。在规定的机械振动、冲击以及额定的电源电压与频率变化、电源瞬时中断、电源电压降低等因素作用下，均能正常工作。因此，它可直接安装在工业现场，不必采取额外的特殊措施。另外，由于其结构精巧，PLC 还具有很好的耐热、防潮和抗振性能。

4．功能完善

PLC 的基本功能包括逻辑运算、定时、计数、数制换算、数值计算、步进控制等。其扩展功能还有 A-D/D-A 转换、PID 闭环回路控制、高速计数、通信联网、中断控制及特殊功能函数运算等功能，可以通过上位机进行显示、报警、记录、人机对话，使控制水平大幅提高。

5．成熟的工控网络体系，通信便捷，易于远程实时监控

随着计算机网络通信技术的成熟发展，以及工业控制的实际需要，近年来工控网络通信技术得到了大量应用，如石油化工过程自动化控制、铸造自动生产线、卷烟自动生产线、轿车自动生产线、污水处理厂的控制，以及高速公路隧道的监控等。特别是近年来，PLC 网络通信技术得到了飞速的发展。现在，世界各大 PLC 厂家都在积极开发网络通信技术，包括具有网络通信功能的新型 PLC、网络通信协议和新型网络。

对于 PLC 网络及工业控制局域网而言，目前基本形成了设备层网络、控制层网络和信息层网络的三层网络体系结构，以欧姆龙公司的 PLC 通信网络为例，图 1-1 展示了 DeviceNet、ControllerLink 和 Ethernet 组成的典型三层网络的拓扑结构图。

（1）设备层网络

设备层网络是针对自动化系统底层设备的操作和管理网络，主要负责对底层设备的控制、信息采集和传送。目前，设备层网络主要有 Profibus 现场总线、CAN 总线和 DeviceNet 等。

在图 1-1 中的 DeviceNet 是一种串行通信网络，它是 20 世纪 90 年代中期才发展起来的一种基于 CAN（控制区域网）技术的开放型网络，符合全球工业标准，具有低成本、高性能的特点，最初由美国 Rockwell 公司开发应用。目前，DeviceNet 网络技术归属于 ODVA（开放 DeviceNet 厂商协会）并得到广泛推广。

DeviceNet 是用于现场设备（拖动装置、开关、I/O 和人机界面等）与 PLC 之间通信的网络。它采用生产者/客户（Producer/Consumer）通信模式，支持多种网络拓扑结构，允许在线组态和带电插拔。

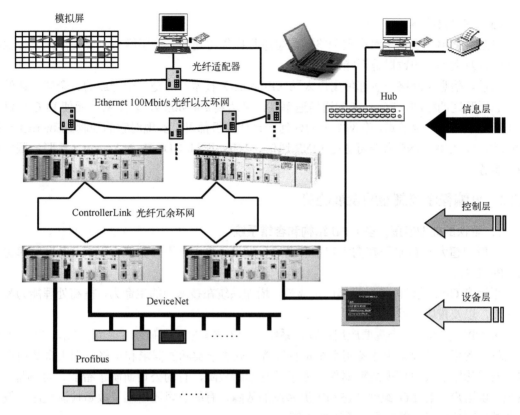

图 1-1　三层网络拓扑结构图

DeviceNet 网络作为设备层网络，它可以通过控制器层网络 ControllerLink 和信息层网络 Ethernet 与 Internet 网络互连，构成微软公司的基于 Internet 的分布式制造网络体系结构（DNA），实现异地监控和诊断功能。

（2）控制层网络

控制层网络处于三层网络的中间层，它主要负责对处在中间层的各个控制器进行数据传送与控制。具有代表性的控制层网络主要有欧姆龙公司开发的 ControllerLink 和 Rockwell 公司开发的 ControlNet 等。

ControllerLink 是欧姆龙公司将 SYSMAC Link 改进后推出的一种工厂自动化（FA）网络。这种网络可以实现 PLC 与 PLC 之间或者 PLC 与计算机之间的大容量、灵活高效的数据链接功能。ControllerLink 也称控制器网络，其特点是通信速率快、距离长，既有线缆系统又有光缆系统。使用 ControllerLink 支持软件，可以对每一节点分别设定数据链接区域，每一节点发送区域的大小是任意的。更为特别的是，ControllerLink 也可以只接收其他节点的发送区域的一部分数据。

ControllerLink 采用令牌环的通信方式，所以它的数据传输速率非常快，可以达到 2Mbit/s；当通信电缆采用双绞线时，最大传输距离为 1km，而采用光纤电缆时，最大传输距离为 30km（带中继器）。另外，ControllerLink 具有灵活的网络连接功能，既可以配置成单级系统，又可以配置成多级系统。目前，ControllerLink 在污水处理厂的自动控制、高速公路隧道监控等系统中都得到了实际应用。

（3）信息层网络

信息层网络主要用于对多层网络的信息进行操作与处理。该层网络主要关注报文传输的高速性以及大容量的数据是否能共享。

目前，信息层网络一般都使用以太网（Ethernet）技术，这是一个开放的、全球公认的用于信息层互连的标准。Ethernet 的通信速率高，可达到 100Mbit/s，以太网单元使 PLC 可以作为工厂局域网的一个节点，在网络上的任何一台计算机都可以实现对它的控制。Ethernet 支持 FINS 协议，使用 FINS 命令可进行 FINS 通信、TCP/ IP 和 UDP/IP 的 Socket（接驳）服务和 FTP 服务。

1.2.2　可编程序控制器的发展趋势

1．更快的处理速度，多 CPU 结构和容错系统

大型和超大型 PLC 正在向大容量和高速化发展，趋向采用计算能力更大、时钟频率更高的 CPU 芯片。

采用多 CPU 技术能提高机器的可靠性，增加系统在技术上的生命力，提高处理能力和响应速度，以及模块化程度。

多 CPU 技术的一个重要应用是容错系统，近年来有些公司研制了三重全冗余 PLC 系统或双机热备用系统。采用热备用系统是否经济，取决于实际的需求和价格。而大多数用户只需要及时诊断和及时更换故障器件。为了及时诊断故障，有的公司研制了智能、可编程 I/O 系统，供用户了解 I/O 组件状态和监测系统的故障，有的公司还研制了故障检测程序，发展了公共回路远距离诊断和网络诊断技术等。

2．PLC 具有计算机功能，编程语言与工具日趋标准化和高级化

国际电工委员会（IEC）在规定 PLC 的编程语言时，认为主要的程序组织语言是顺序功能表。功能表的每个动作和转换条件可以运用梯形图编程，这种方法使用方便，容易掌握，深受电工和电气技术人员的欢迎，也是 PLC 能迅速推广的一个重要因素。然而它在处理较复杂的运算、通信和打印报表等功能时效率低、灵活性差，尤其用于通信时显得笨拙，所以在原梯形图编程语言的基础上加入了高级语言，例如 BASIC、Pascal、C、Fortran 等。

3．强化 PLC 的连网通信能力

近年来，加强 PLC 的连网能力成为 PLC 的发展趋势。PLC 的连网可分为两类：一类是 PLC 之间的连网通信，各制造厂家都有自己的数据通道；另一类是 PLC 与计算机之间的连网通信，一般都由各制造厂家制造专门的接口组件。MAP 是制造自动化的通信协议（Manufacturing Automation Protocol），它是一种七层模拟式、宽频带、以令牌总线为基础的通信标准。现在越来越多的公司宣布与 MAP 兼容。PLC 与计算机之间的连网能进一步实现全工厂的自动化，实现计算机辅助制造（CAM）和计算机辅助设计（CAD）。

4．记忆容量增大，采用专用的集成电路，适用性增强

记忆容量过去最大只有 64KB，现在已增加到 500KB 以上。记忆芯片过去主要是 RAM 和 EPROM，现在有 E^2PROM、UVEPROM、BATRAM、NVRWM 等，对 ROM 片可以涂改，对 RAM 片可以断电时维持住记忆的信息。

5．向小型化、高机能的整体型发展

在提高系统可靠性的基础上，产品的体积越来越小，功能越来越强。欧姆龙公司推出的

CP1H PLC 的体积约为 150mm×90mm×85mm，内置 40 个开关量 I/O 点，4 个模拟量输入点以及 2 个输出量输出点，基本指令的执行时间为 0.1μs，特殊指令的执行时间为 0.3μs。同时，PLC 的制造厂商也开发了多种类型的高机能模块型产品，当输入输出点数增加时，可根据过程控制的需求，采用灵活的组合方式进行配套，完成所需的控制功能。

1.3　可编程序控制器的基本结构与类型

1.3.1　可编程序控制器的基本结构

PLC 是用微处理器实现的许多电子式继电器、定时器和计数器的组合体，其内部结构框图如图 1-2 所示。

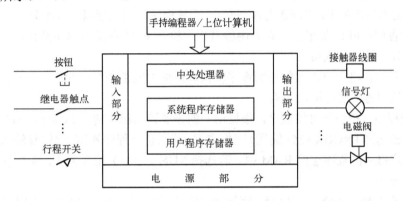

图 1-2　PLC 结构框图

1. 中央处理机

中央处理机是 PLC 的"大脑"，它由中央处理器（CPU）和存储器（Memory）组成。

（1）中央处理器（CPU）

中央处理器一般是由控制电路、运算器和寄存器组成，这些电路一般都集成在一块芯片上。CPU 通过地址总线、数据总线和控制总线与存储器单元、输入输出（I/O）接口电路连接。

不同型号的 PLC 可能使用不同的 CPU 部件，制造厂家使用 CPU 部件的指令系统编写系统程序，并固化在只读存储器（ROM）中。CPU 按系统程序赋予的功能，接收用户程序和数据，存入随机存储器（RAM）中，CPU 按扫描方式工作，从 00000 首地址存放的第一条用户程序开始，到用户程序的最后一个地址，不停地周期性扫描，每扫描一次，用户程序就执行一次。

CPU 的主要功能有以下几点：

1）从存储器中读取指令。CPU 从地址总线上给出存储地址，从控制总线上给出读命令，从数据总线上得到读出的指令，并存入 CPU 内的指令寄存器中。

2）执行指令。CPU 对存放在指令寄存器中的指令操作码进行译码，执行指令规定的操作，如读取输入信号、取操作数、进行逻辑运算或算术运算，并将结果输出给有关部分。

3）准备取下一条指令。CPU 执行完一条指令后，会根据条件生成下一条指令的地址，以便取出和执行下一条指令。在 CPU 的控制下，程序的指令既可以顺序执行，也可以分支或跳转。

（2）存储器（Memory）

存储器是具有记忆功能的半导体电路，用来存放系统程序、用户程序、逻辑变量和其他信息。

系统程序是用来控制和完成 PLC 各种功能的程序，这些程序由 PLC 制造厂家用相应 CPU 的指令系统编写，并固化到 ROM 中。

用户程序存储器用来存放由编程设备输入的用户程序。用户程序是指使用者根据工程现场的生产过程和工艺要求编写的控制程序，可通过编程设备修改或增删。详细内容参见第 2 章。

在 PLC 中使用的两类存储器为只读存储器（ROM）和随机存储器（RAM）。

1）只读存储器（ROM）。ROM 中的内容是由 PLC 制造厂家写入的系统程序，并且永远驻留（PLC 去电后再加电，ROM 内容不变）。系统程序一般包括以下几部分。

● 检查程序：PLC 加电后，首先由检查程序检查 PLC 各部件操作是否正常，并将检查结果显示给操作人员。

● 翻译程序：将用户键入的控制程序转换成由微电脑指令组成的程序，然后执行，还可以对用户程序进行语法检查。

● 监控程序：相当于总控程序。根据用户的需要调用相应的内部程序，例如，若用手持编程器选择 PROGRAM（编程）工作方式，那么总控程序就调用"键盘输入处理程序"，将用户键入的程序送到 RAM 中。若选择 RUN（运行）工作方式，总控程序就会启动用户程序。

2）随机存储器（RAM）。RAM 是可读可写存储器，读出时，RAM 中的内容不被破坏；写入时，刚写入的信息就会消除掉原有的信息。为防止去电后 RAM 中的内容丢失，PLC 使用了专用电池对部分 RAM 供电，这样在 PLC 断电后，它仍有电池供电，使得 RAM 中的信息保持不变。RAM 中一般存放以下内容。

● 用户程序：在编程时，通过编程设备输入的程序经过预处理后，存放在 RAM 的从 00000 开始的地址区。

● 逻辑变量：在 RAM 中有若干个存储单元用于存放逻辑变量。用 PLC 的术语来说，这些逻辑变量就是指输入/输出继电器、内部辅助继电器、保持继电器、定时器、计数器、移位继电器等。

● 供内部程序使用的工作单元：不同型号的 PLC 存储器的容量是不同的，在技术说明书中，一般都给出与用户编程和使用有关的指标，如输入/输出继电器数量、保持继电器数量、内部辅助继电器数量、定时器和计数器的数量、允许用户程序的最大长度等。这些指标都间接地反映了 RAM 的容量，而 ROM 的容量与 PLC 的复杂程度有关。

2. 电源部件

电源部件将交流电源转换成 PLC 的中央处理器、存储器等电子电路工作所需要的直流电源，使 PLC 能正常工作。电源部件对 PLC 的功能和可靠性有直接影响，因此大部分 PLC 采用开关式稳压电源供电，并使用锂电池作为停电时的后备电源。

3. 输入/输出部分

这是 PLC 与被控设备相连接的接口电路。现场设备输入给 PLC 的各种控制信号，如限位开关、操作按钮、选择开关、行程开关以及其他一些传感器输出的开关量或模拟量（要通过模-数转换进入机内）等，通过输入接口电路将这些信号转换成 CPU 能够接收和处理的信号。输出接口电路将 CPU 送出的弱电控制信号转换成现场需要的强电信号输出，以驱动电磁阀、接触器等被控设备的执行元件。

（1）输入接口电路

现场输入接口电路一般是由光电耦合电路和微电脑输入接口电路组成的。

1）光电耦合电路。采用光电耦合电路与现场输入信号相连的目的是防止现场的强电干扰进入 PLC。光电耦合电路的关键器件是光电耦合器，一般由发光二极管和光电晶体管组成。

光电耦合器的信号传感原理是在光电耦合器的输入端加上变化的电信号，发光二极管就产生与输入信号变化规律相同的光信号。光电晶体管在光信号的照射下导通，导通程度与光信号的强弱有关。在光电耦合器的线性工作区，输出信号与输入信号呈线性关系。

光电耦合器的抗干扰性能很好，这是由于输入和输出端是靠光信号耦合的，在电气上是完全隔离的，因此，输出端的信号不会反馈到输入端，也不会产生地线干扰或其他串扰。

由于发光二极管的正向阻抗值较低，而外界干扰源的内阻一般较高，根据分压原理可知，干扰源能馈送到输入端的干扰噪声很小。正是由于 PLC 在现场信号的输入环节采用了光电耦合器，才增强了抗干扰能力。

2）微电脑输入接口电路。它一般由数据输入寄存器、选通电路和中断请求逻辑电路构成，这些电路集成在一块芯片上。现场的输入信号通过光电耦合器送到数据输入寄存器，再通过数据总线送给 CPU。

（2）输出接口电路

输出接口电路一般由微电脑输出接口电路和功率放大电路组成。

微电脑输出接口电路一般由数据输出寄存器、选通电路和中断请求电路集成而成。CPU 通过数据总线将要输出的信号放到数据输出寄存器中。功率放大电路是为了适应工业控制的要求，将输出的信号加以放大。PLC 一般采用继电器输出，也有的采用晶闸管或晶体管输出。

4. 编程方式

PLC 的编程方式有两种，一种是手持编程器，它由键盘、显示器和工作方式选择开关等组成，主要用于调试简单程序、现场修改参数及监视 PLC 自身的工作情况；另一种是利用上位计算机中的专业编程软件，它主要用于编写较大型的程序，并能灵活地修改、下装程序及在线调试程序，它的应用较前者更为广泛，详细内容参见第 4 章。

1.3.2　可编程序控制器的类型

1. 按 I/O 点数、存储容量和功能分类

1）超小型（袖珍型）。I/O 点数一般在 64 点以下，I/O 信号为开关量信号，功能以逻辑运算为主，并有定时和计数功能。结构紧凑，为整体结构。用户程序容量一般在 1K 字以下。

2）小型。I/O 点数一般在 128 点以下，以开关量输入/输出为主，控制功能简单，用户程序存储器容量一般小于 4K 字，结构形式多为整体式。

3）中型。I/O 点数一般在 128～512 点之间，兼有开关量和模拟量的输入/输出，控制功能比较丰富，用户程序存储器容量一般小于 8K 字。多数采用模块式结构。

4）大型。I/O 点数一般在 512 点以上，控制功能完善，用户程序存储器容量一般在 8K

字以上。采用模块式结构。

2．按结构形式分类

1）整体式结构。整体式结构的 PLC 是把中央处理器、存储器、I/O 单元、I/O 扩展接口、外部设备接口和电源等集中配置在一个机箱内，具有 I/O 点数少、体积小、重量轻、价格低等优点，适用于单体设备的开关量自动控制和机电一体化产品的开发应用等场合。

2）模块式结构。模块式结构的 PLC 是把中央处理器（内置存储器单元）和 I/O 单元等做成各自相对独立的模块，然后组装在一个带有电源单元的母板上；或者是采用无母板的相互插接方式连接。该结构的 PLC 具有 I/O 点数多、模块组合灵活、便于扩展的特点，并可配备特殊 I/O 单元和智能 I/O 单元，适用于复杂过程控制系统的应用场合。

1.4　可编程序控制器的工作原理与性能指标

1.4.1　可编程序控制器的工作原理

1．可编程序控制器的等效电路

PLC 可看作是一种执行逻辑功能的工业控制装置。其中，CPU 负责完成逻辑运算功能，存储器用来保持逻辑功能。因此，可把图 1-2 转化成类似于继电器控制的等效电路图，如图 1-3 所示。

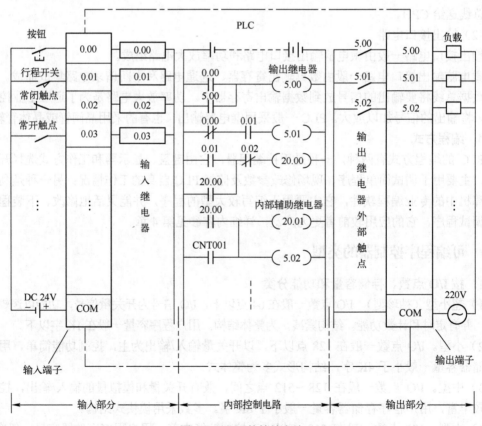

图 1-3　PLC 的等效电路

PLC 的等效电路可分为三部分，即输入部分、内部控制电路和输出部分。

（1）输入部分

这部分的作用是收集被控设备的信息或操作命令。输入端子是 PLC 与外部开关（行程开关、转换开关、按钮等）、敏感元件等交换信号的端口。输入继电器（如图 1-3 中 0.00、0.01 等）由接到输入端的外部信号来驱动，驱动电源可由 PLC 的电源组件提供（如 DC 24V），也可以由独立电源供给。在等效电路中，一个输入继电器实际对应于 PLC 输入端的一个输入点及其对应的输入电路。例如，一个 PLC 有 16 个输入点，那么它相当于有 16 个微型输入继电器置于 PLC 内部，并与输入端子相连，可作为 PLC 编程时使用的常开触点和常闭触点。

（2）内部控制电路

这部分控制电路由用户根据控制要求编制的程序组成，其作用是按用户程序的控制要求对输入信息进行运算处理，判断哪些信号需要输出，并将得到的结果输出给负载。

PLC 内部有许多软器件，如定时器（TIM）、计数器（CNT）、辅助继电器（如图 1-3 中的 20.00）等，它们在 PLC 内部都有各自成对的、用软件实现的常开触点（高电平状态）和常闭触点（低电平状态）。编写的梯形图是将这些软器件进行内部连线，以完成被控对象的控制要求。梯形图是从继电器控制的电气原理图演变而来的，继电器控制电路的元件图如图 1-4a 所示，PLC 梯形图所用器件与此类似，如图 1-4b 所示。

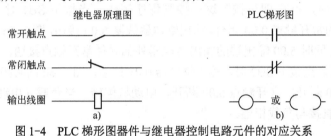

图 1-4　PLC 梯形图器件与继电器控制电路元件的对应关系

a) 继电器原理图元件　b) PLC 梯形图器件

（3）输出部分

这部分的作用是驱动外部负载。输出端子是 PLC 向外部负载输出信号的端子。如果一个 PLC 的输出点为 8 点，那么 PLC 就有 8 个输出继电器。PLC 输出继电器（如图 1-3 中的 5.00、5.01 等）的触点与输出端子相连，通过输出端子驱动外部负载，如接触器的驱动线圈、信号灯、电磁阀等。

输出继电器除提供一个供实际使用的常开触点外，还提供 PLC 内部使用的许多对常开和常闭软触点，数量不限，这使得编程更加方便。根据用户的负载要求，可选用不同类型的负载电源。此外，PLC 还有晶体管输出和晶闸管输出两种类型，前者一般用于直流输出，后者一般用于交流输出。但两者采用的都是无触点输出，运行速度快。

下面以三相笼型异步电动机起/停控制电路为例，讲述 PLC 控制系统的基本工作过程，以使读者加深对上述等效电路的理解。

【例 1-1】利用 PLC 改造三相笼型异步电动机起/停继电器控制系统。

图 1-5b 给出了电动机的继电器控制电路，当按下起动按钮 SB1 时，交流接触器 KM 的线圈接通，其主触点闭合，电动机起动，同时 KM 的另一个辅助触点也闭合，SB1 断开后接

触器仍保持接通状态。当按下停车按钮 SB2 时，KM 线圈断开，电动机停转。

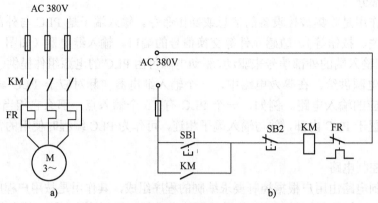

图 1-5　三相笼型异步电动机起/停控制电路

a) 主电路　b) 控制电路

　　PLC 的电动机起/停控制电路如图 1-6 所示。其电气线路的主电路如图 1-5a 所示。图 1-6a 中，PLC 的输入端 0.00 接起动按钮 SB1，0.01 接停车按钮 SB2（常开触点）；PLC 的输出端 5.00 接接触器线圈 KM，输入输出公共端（COM）分别接电源。用编程设备将图 1-6b 中梯形图程序输入 PLC 内，PLC 即可按照这一控制程序工作。当按下 SB1 时，输入继电器 0.00 接通，图 1-6b 中的常开触点 0.00 闭合，输出继电器线圈 5.00 接通，图 1-6b 中的常开触点 5.00 闭合产生自保持，同时 5.00 输出端的输出继电器外部硬件常开触点接通，使接触器 KM 线圈通电，电动机运转。当按下 SB2 时，输入继电器 0.01 接通，图 1-6b 的常闭触点 0.01 断开，输出继电器线圈 5.00 断开，常开触点 5.00 断开，电动机停转。当负载（电动机）电流较小时，可将 PLC 输出点直接与负载相连。

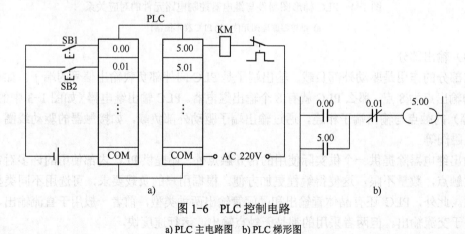

图 1-6　PLC 控制电路

a) PLC 主电路图　b) PLC 梯形图

　　从例 1-1 中可以看到，继电器控制是将各自独立的器件及触点以固定接线方式来实现控制要求的；而 PLC 是将控制要求以程序形式（软件编程）存储在其内部，这些程序就相当于继电器控制的各种线圈、触点和接线，当需要改变控制要求时，只需修改程序，而不用改变接线，因此增加了控制的灵活性和通用性。PLC 的编程语言及指令参见第 3 章。

2. 可编程序控制器的工作方式

PLC 与继电器控制的重要区别之一是工作方式不同。继电器控制按"并行"方式工作，即同时执行多个操作，只要形成电流通路，就可能有多个电器同时动作。而 PLC 采用串行循环扫描的工作方式，所谓的扫描是指 CPU 从第一条指令开始执行程序，直到最后一条结束指令。扫描过程大致分为以下三个阶段。

（1）输入采样（刷新）阶段

在第 n 个扫描周期，首先进行的是读入现场信号，这一阶段即输入采样阶段，PLC 依次读入所有输入状态和数据，并将它们存入输入映像寄存器区（存储器输入暂存区）中相应的单元内。输入采样结束后，如果输入状态和数据发生变化，PLC 也不再响应，输入映像寄存器区中相应单元的状态和数据保持不变，直到下一个（即第 $n+1$ 个）扫描周期才会再次读入。

（2）用户程序执行阶段

各 PLC 生产厂家针对广大电气技术人员和电工熟悉继电器控制电路（电气控制原理图）这一特点，开发了简单易学的 PLC 梯形图，这种编程语言具有形象和直观的特点。在用户程序执行阶段，CPU 将指令逐条取出并执行，其过程是从梯形图的第一个梯级开始自上而下依次扫描用户程序，并且在每个梯级中，总是按照先左后右、先上后下的顺序扫描用户程序。梯形图指令是与梯形图上的条件相适应的指令，每个指令需要一行助记符代码，程序以助记符形式存储在存储器中。在执行指令时，从输入映像寄存器或输出映像寄存器中读取状态和数据，并依照指令进行运算，运算的结果存入输出映像寄存器区中相应的单元。在这一阶段，除了输入映像寄存器的内容保持不变外，其他映像寄存器的内容会随着程序的执行而发生变化，位于上面的梯形图指令的执行结果会对排在其下且使用到的状态或数据的所有梯形图起作用。

（3）输出刷新阶段

输出刷新阶段也称为写输出阶段，CPU 将输出映像寄存器的状态和数据传送到输出锁存器，再经输出电路的隔离和功率放大，转换成适合被控制装置接收的电压、电流或脉冲信号，以便驱动接触器、电磁铁、电磁阀及各种执行器，此时才是 PLC 真正的输出。

PLC 的一次扫描过程除了完成上述三个阶段的任务外，还要完成内部诊断、通信、公共处理以及输入/输出服务等辅助任务。普通继电器的动作时间大于 100ms，而一般 PLC 的一个扫描周期小于 100ms，例如，欧姆龙公司的 CJ1 系列 PLC 执行 30000 步程序的扫描周期时间仅为 1.2ms。

对于继电器控制电路，根据工艺要求，操作人员可以随时进行操作，因此，PLC 只扫描一个周期是无法满足要求的，必须周而复始地进行扫描，这就是循环扫描。在扫描时间小于继电器动作时间的情况下，继电器硬逻辑电路的并行工作方式和 PLC 的串行工作方式的处理结果是相同的。但是，PLC 的这种"串行"工作方式可以有效地避免继电器控制系统中易出现的触点竞争和时序失配的问题。下面以 CP1H PLC 为例，介绍其工作过程，如图 1-7 所示。

系统上电后，CPU 首先进行初始化工作，即检查系统中的 I/O 单元是否连接正确，然后检查系统硬件与程序存储器单元是否正常，如果正常则表示自检通过，可执行后续功能。若自检中有一项不通过，则要发出报警信号。

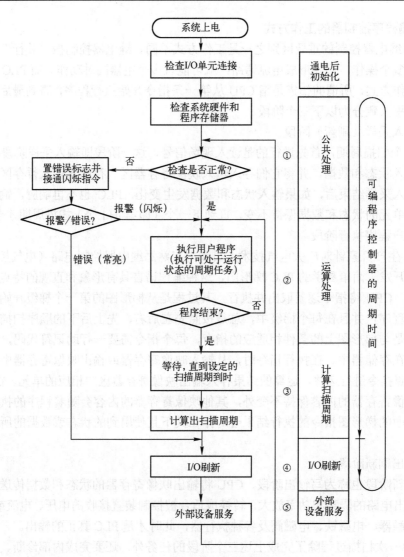

图 1-7　CP1H PLC 的工作过程框图

CP1H PLC 有两种报警情况，一种是 CPU 只发出报警信号，但不中止运行，此时 CPU 面板上的 ALARM 指示灯闪烁；另一种情况是导致 CPU 中止运行的严重错误，此时 CPU 面板上的 ERROR 指示灯常亮，直至用户排除故障为止。

CPU 完成自检后开始执行用户程序，从梯形图左母线开始由上至下、由左向右逐个扫描每个梯级的每个元素，进行运算，此时 CPU 只是与映像区进行数据交换，读取输入数据，送出输出信号。当 CPU 执行到 END 指令时，表示程序段结束，则此次扫描用户程序结束。

CPU 计算扫描一次用户程序的时间是否超过预置的最小扫描周期，如果超限，系统将报警。

接着 CPU 执行 I/O 操作，这时才与外部 I/O 设备交换数据，从输入单元的端子上读取输入信号状态并刷新映像区的输入部分，把映像区中输出寄存器的输出信号输出到输出单元的端子上，控制外部设备。

最后，CPU 还要执行外部设备服务，包括 RS-232C 串行端口数据交换，进行上位链接服务，读取并执行外设命令，以及通信单元的链接服务等工作。

3．扫描周期

PLC 周而复始地扫描执行图 1-7 中①~⑤项内容，每一次执行的时间称为扫描周期，完成一个周期后又重新执行上述过程。扫描周期的长短取决于系统配置、I/O 点数、所用的编程指令以及是否接有外设。当用户程序较长时，指令执行时间在扫描周期中将占相当大的比例。

扫描周期是 PLC 的重要指标之一。当 CP1H 处于运行模式时，利用 CX-P 编程软件的监视功能或利用手持编程器的监视操作，可以读出扫描周期的最大值和当前值。在 PLC 内部，监视定时器，俗称"看门狗"（Watch Dog Timer，WDT），用来检测扫描周期并和设定值进行比较。若扫描周期超出了监视定时器的设定值，CPU 单元停止运行。此时，特殊辅助继电器的周期时间超时标志置为"1"（ON）。监视定时器一般是在系统上电时由系统程序设定的，但是用户可以根据需要利用 WDT 指令修改设定值，以适应 I/O 点数较多的系统。

扫描周期会因为中断处理、诊断和故障处理、测试和调试功能、通信等事件而延长。为了缩短周期时间，可以采用将不执行的任务转为待机或者将不执行的程序区域插入 JMP-JME 指令跳过的处理方法。

4．中断

在循环扫描过程中，有时会遇到必须立即处理某个信息以加快响应速度的情况，因此需引入中断功能，以便在循环扫描的各个阶段都能响应中断信号。

（1）外部信号中断

外部信号中断是指由来自现场的信号引发的中断，用于保证某些设备的快速响应。在欧姆龙公司的 CS1 系列 PLC 中，外部 I/O 中断是指来自特殊 I/O 单元、CS1 特殊单元及内插板的中断。中断控制指令包括设置中断屏蔽、读中断屏蔽、清除中断、禁止中断及允许中断等指令。

（2）定时中断

定时中断是通过 CPU 单元的内置定时器，在预定的时间产生中断。当内置定时器预定的时间到时，其定时信号会导致 CPU 中断循环扫描，转而去执行一个指定的程序段，执行结束后，CPU 会从中断点处继续向下循环扫描。

（3）I/O 中断

在模块式 PLC 中配有专用的中断单元，以实现中断功能。例如，欧姆龙公司的 C200Hα 系列、CS1 系列，以及 CJI 系列 PLC 都有相应的中断输入单元。

（4）快速响应输入

有些小型 PLC 为了弥补循环扫描的不足，设计了快速响应输入功能。例如，欧姆龙公司的 CP1 系列 PLC 就设计了快速响应输入功能，0.00~0.03、1.00~1.03 这 8 个输入端子为快速响应输入端子，PLC 可以不受循环扫描的限制，随时捕捉最小宽度为 50μs 的瞬间脉冲。

5．I/O 响应时间

响应时间是指 PLC 从接收到一个输入信号到输出控制信号所需的时间。当 CPU 接收到对应于输入刷新周期的输入信号时，响应时间取决于扫描周期。

（1）单个 PLC 的最小 I/O 响应时间

当 PLC 恰巧在更新输入的扫描阶段优先接收到一个输入信号时，响应最快。此时响应时间等于 PLC 的扫描时间加上输入 ON 延迟时间和输出 ON 延迟时间，如图 1-8 所示。

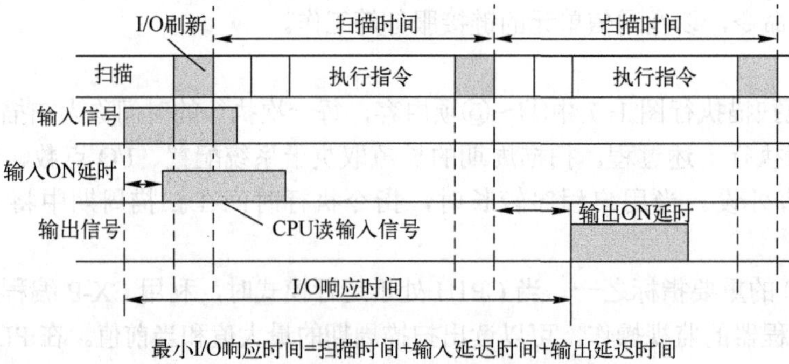

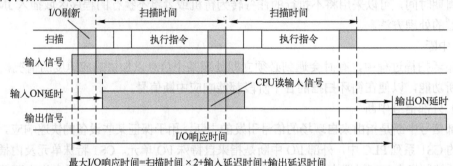

图 1-8　最小 I/O 响应时间

（2）单个 PLC 的最大 I/O 响应时间

当 PLC 恰好在更新输入的扫描阶段之后收到输入信号，则响应时间最长。这是由于 CPU 要到下一次扫描的末尾才能读取输入信号，因此最大响应时间是输入 ON 延迟时间与输出 ON 延迟时间再加上两次扫描时间之和，如图 1-9 所示。

图 1-9　最大 I/O 响应时间

由图 1-9 可知，输入采样（刷新）阶段和输出刷新阶段都是在一个扫描周期的适当期间进行的，而且是集中输入和集中输出，这就导致了输出信号对于输入信号响应的滞后，最长响应时间为 2 个扫描周期。以欧姆龙公司的 C200Hα系列 PLC 为例，扫描 30K 步程序的周期是 33.7ms（条件：基本指令占 50%，MOV 指令占 30%，算术指令占 20%），则最长响应时间是 67.4ms。对于一般的工业系统，这种循环刷新所带来的滞后时间是能够接受的，但是对于要求快速响应的场合，则需要采取以下措施。

1）定时刷新。定时刷新是在用户程序执行阶段中，每隔一定时间对输入映像寄存器进行一次刷新，从而减少了滞后时间。

2）执行刷新指令。有些 PLC 使用专用指令对某个输入映像寄存器或输出映像寄存器进行刷新。例如，欧姆龙公司的 C200Hα系列 PLC 的 I/O 刷新指令 IORF（97），用户可随时刷新指定的 I/O 单元。

3）执行指令即时刷新。欧姆龙公司的 CS1/CJ1 系列 PLC 与 CP1H PLC，常规的输入指令是 LD、AND、OR、LD NOT、AND NOT 及 OR NOT，常规的输出指令是 OUT 及 OUT NOT。常规的 I/O 刷新是指 CPU 的内存与 I/O 单元的状态和数据交换，而即时刷新是对指令所访问字（通道）的 I/O 单元进行状态和数据交换，一个即时刷新包括指定通道的 8 个位（最左或最右 8 位）。即时刷新梯形图如图 1-10 所示，图中支持即时刷新的指令为 !LD 和 !OUT，第 3 章中将详细介绍。

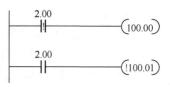

图 1-10　即时刷新梯形图示例

1.4.2　可编程序控制器的性能指标

各厂家的 PLC 产品或同一厂家不同系列的 PLC 产品，在性能指标上都有较大的差异，如欧姆龙公司的 C200Hα 系列、CQM1H 系列、CP1 系列和 CJ1 系列的 CPU 单元之间存在较大的差异，其中，CP1H 的 CPU 单元具有中断功能、快速响应功能、内置模拟量输入/输出功能、串行通信功能、高速计数功能（100kHz）、速度控制功能、定位控制功能，以及占空比可变的脉冲，即脉冲宽度调制（PWM）等功能，使用该 CPU 单元并配以适当的外部设备就可以构成定位控制系统。因此，深入了解 PLC 产品的性能指标是系统设计和系统组态工作中的重要环节。

1．输入/输出（I/O）点数

早期的 PLC 用于顺序控制和逻辑控制，其控制规模用开关量输入/输出（I/O）点数来表示。通常所说的 I/O 点数是指开关量输入点数和开关量输出点数之和，对于整体式 PLC，开关量输入点数通常是总点数的 60%，开关量输出点数是总点数的 40%，例如，一个 40 点的 PLC，其输入点数是 24 点，输出点数是 16 点。

为了将 PLC 应用于运动控制和过程控制，各厂家陆续推出了各种特殊 I/O 单元，如模拟量输入/输出单元、温度传感器用模拟量输入单元、温度调节单元、高速脉冲计数单元、高速脉冲输出单元、凸轮控制单元、定位控制单元、运动控制单元，以及通信链接单元等。

这些特殊 I/O 单元大多具有自己的 CPU、存储器和专用集成电路，它们能够与主机（即 CPU 单元）并行工作。各厂家的特殊 I/O 单元的硬件和软件不尽相同，占用 CPU 资源的情况也有所差异，因此，表述特殊 I/O 单元所占用的 I/O 点数（或将其"折合"成 I/O 点数）时，各厂家提供的数据相差较大，即便是同一厂家的同一类产品，因其系列型号的不同，其数据也有所不同，下面给出部分厂家提供的数据。

（1）模-数转换（A-D）单元

三菱公司的 AOJ2-68AD（8 通道）占用 64 点 I/O，A1S68AD（8 通道）占用 32 点 I/O，A1S64AD（4 通道）占用 32 点 I/O，FX2N-4AD（4 通道）占用 8 点 I/O，FX2N-2AD（2 通道）占用 8 点 I/O；松下公司的 FP3 型 A-D 单元（4 通道）占用 16 点 I/O；西门子公司的 SR21（4 通道）单元占用 16 点 I/O。

（2）数-模转换（D-A）单元

三菱公司的 A1S62DA（2 通道）占用 32 点 I/O，A1S68DAV/A1S68DAI（8 通道）占用 32 点 I/O；松下公司的 FX2N-2DA（2 通道）占用 8 点 I/O。

（3）温度控制单元

三菱公司的 A1S62TCRT-S2（2 通道，PT100 传感器）占用 32 点 I/O，A1S62TCTT（2 通道，R、K、J、S、B、E、N、U、L、PL 等型传感器）占用 32 点 I/O；松下公司的 FX2N-2LC（2 通道，热电偶或热电阻传感器）占用 8 点 I/O。

（4）高速计数单元

三菱公司的 A1SD61（1 通道）占用 32 点 I/O，A1SD62（2 通道）也占用 32 点 I/O，而 FX2N-1HC（1 通道）仅占用 8 点 I/O。

（5）定位控制单元

松下公司的 FX2N-10GM（单轴）占用 8 点 I/O，FX2N-20GM（双轴）占用 8 点 I/O；三菱公司的 A1SD75P1-S3（1 轴）/A1SD75P2-S3（2 轴）/A1SD75P3-S3（3 轴）均占用 32 点 I/O。

在表述 PLC 的控制规模时，有些厂家在 CPU 单元的指标中分别列出开关量点数或模拟量点数，如西门子公司的 S7-300 系列 PLC 的 314 型 CPU 单元，其 DI/DO（开关量输入/输出）最大为 1024 点，AI/AO（模拟量输入/输出）最大为 256 点。

2．存储器容量

PLC 的存储器包括系统程序存储器、用户程序存储器和数据存储器。系统程序存储器存放管理程序、标准子程序、调用程序、监控程序、检查程序以及用户指令解释程序，一般存储在 ROM 或 EPROM 之中。系统程序由 PLC 生产厂家编写并写入 ROM 之中，用户不能读取。

厂家在资料中给出的是用户存储器容量和数据存储器容量。用户程序是用户使用编程器输入的编程指令或用户使用编程软件由计算机下载的梯形图程序，用户存储器是存放用户程序的 RAM、EPROM 及 E^2PROM 存储器，这三种存储器也用于存放数据，称为数据存储器。为了防止 RAM 中的信息在掉电时丢失，通常用后备锂电池做保护，保存用户程序和数据。有些 PLC 采用了高性能闪存，作为内置存储器和外置扩展存储器。

用户存储器容量决定了 PLC 可以容纳用户程序的长短和控制系统的水平。用户程序存储器容量通常以字为单位，每个字由 16 位二进制数组成。有些 PLC 产品的用户存储器容量以步为单位，在 PLC 中程序是按"步"存放的，每条指令长度一般为 1～7 步。一"步"占用一个地址单元，一个地址单元占两个字节。

存储器容量和 I/O 点数是相适应的，厂家在资料中都会给出，如欧姆龙公司的 C200HE-CPU11 型 CPU 单元，用户程序存储器容量为 3.2KB，数据存储器容量为 4KB，支持的 I/O 最大点数为 640 点；C200HE-CPU42 型 CPU 单元，用户程序存储器容量为 7.2KB，数据存储器容量为 6KB，支持的 I/O 最大点数为 880 点；CJ1G-CPU45 型 CPU 单元，用户程序存储器容量为 60K 步，数据存储器容量为 128KB，支持的 I/O 最大点数为 1280 点。

3．扫描周期

在 1.4.1 节中已介绍了扫描周期的概念，扫描周期短（或者说扫描速度快）表示 PLC 系统运行速度快，允许扩大控制规模和提高控制系统的水平。通常用执行 1KB 程序或 1K 步程序所用的时间来表示扫描速度，例如，C200Hα 系列的扫描速度是 1.1ms/K 步（条件：基本指令占 50%，MOV 指令占 30%，算术指令占 20%），而 CJ1 系列仅为 0.04ms/K 步，扫描速度提高了 30 倍。

4．编程指令的种类和条数

编程指令的种类和条数是衡量 PLC 软件功能的主要指标，指令种类和条数越多，软件功能也就越强，能适应更复杂的控制系统。例如，CP1H PLC 有 400 多条指令，开发出了一般 PLC 所没有的新指令，如任务控制指令、文本字符串处理指令、块程序指令、数据控制指令、文件存储指令、表数据处理指令等，从而提升了 PLC 的控制水平。

一般 PLC 的几种典型指令如下。

（1）顺序输入指令、顺序输出指令、逻辑指令及程序控制指令

这类指令用于顺序控制和逻辑控制。如 LD——取，LD NOT——取非，AND——与，AND NOT——与非，OR——或，OR NOT——或非，OUT——输出，OUT NOT——输出非，ANDW——逻辑与，ORW——逻辑或，XORW——逻辑异或，COM——取补，

IL——连锁，ILC——连锁清除，JMP——跳转，JME——跳转结束，END——结束。

（2）数据处理指令

这类指令用于数据比较、数据移位及数据转换等处理。如 CMP——单字比较，MCMP——多字比较，SFT——移位寄存器，ROL——循环左移，ROR——循环右移，MOV——数据传送，MOVB——位传送，BIN——BCD 码转换为二进制码，BCD——二进制码转换为 BCD 码，SDEC——七段译码。

（3）数据运算指令

这类指令用于数据的加、减、乘、除、增量、浮点数运算及特殊运算。如 ADD——BCD 码加法，SUB——BCD 码减法，MUL——BCD 码乘法，DIV——BCD 码除法，FDIV——浮点数除法，ROOT——平方根，AVG——求平均值，APR——数学处理。

（4）特殊指令

这类指令用于特殊功能，包括报警、循环时间、跟踪存储器采样、信息显示、长信息、终端方式、数据搜索、特殊 I/O 单元读、特殊 I/O 单元写、特殊运算、I/O 刷新、中断控制、串行通信以及网络等。

5. 特殊 I/O 单元（高功能模块或智能模块）

为了拓宽 PLC 的应用领域，各厂家纷纷推出面向对象的特殊 I/O 单元，如模拟量输入（A-D）、模拟量输出（D-A）、温度传感器输入、温度控制、PID 控制、模糊控制、闭环控制、ID 传感器、称重传感器、脉冲捕捉、高速脉冲计数、高速脉冲输出、定位控制（电压输出/脉冲输出）、高速中断、电子凸轮控制、位置解码器、运动控制、通信，以及网络等单元。特殊 I/O 单元大部分拥有自己的 CPU、存储器和专用集成电路（ASIC），在主机（CPU 单元）的协调管理下，能够与主机并行工作而不受主机扫描周期的影响，从而使 PLC 能够完成复杂的、高精度的控制任务。由此可见，特殊 I/O 单元种类的多少及功能的强弱是衡量 PLC 产品水平高低的重要指标。

1.5　习题

1. PLC 是由哪些部分构成的？各部分的作用是什么？
2. 整体式 PLC 与模块式 PLC 在结构上各有何特点？
3. PLC 中存储器的类型有哪些？作用是什么？
4. PLC 具有哪些主要特点？
5. 扫描周期主要由哪几部分时间组成？起决定作用的是什么时间？主要受哪些因素影响？
6. I/O 响应时间与扫描周期的区别是什么？如何缩短 I/O 响应时间？
7. 梯形图如何表示传统的继电器控制电气图中的常开、常闭触点和线圈？
8. 梯形图与继电器控制原理图的主要区别是什么？
9. PLC 有哪些技术指标？
10. PLC 的中断含义是什么？有哪些中断方式？
11. CPU 是由哪些部分组成的？其工作原理是什么？
12. 用 PLC 改造继电器控制逻辑需注意哪些问题？
13. 简述 PLC 的网络体系结构。
14. 与继电器控制系统相比，PLC 具有哪些突出优点？
15. PLC 与一般的计算机控制系统有什么区别？
16. 请列举几个实际生活中可以采用 PLC 解决的控制问题。

第2章 CP1H PLC 的硬件系统

CP1 系列 PLC 是欧姆龙公司于 2005 年推出的小型 PLC。它是一款集众多功能于一身的整体型 PLC。本章将重点介绍 CP1H PLC 的硬件结构、存储器的组成、标准 I/O 单元及扩展 I/O 单元等内容。

2.1 CP1H PLC 的基本结构与系统特点

2.1.1 CP1 系列 PLC 概述

欧姆龙公司生产的 PLC 中，以 CP 为前缀的 PLC 均属于小型一体式 PLC，即电源、CPU、I/O 点及通信端口整合为一体的 PLC。小型一体式 PLC 具有选型简单、功能集成、结构紧凑、易于使用的特点，是欧姆龙小型机系列的代表。欧姆龙较早面向市场推出的小型 PLC 为 CPM 系列，凭借其体积小、软件亲和度高、指令系统简单而出名，在工控领域得到了广泛的使用。欧姆龙公司根据不同需求，将 CPM 系列 PLC 分成经济型、一般型和高功能型三类，进一步细化了系列种类，性价比更突出，市场上反响良好。

2000 年后，随着控制要求的不断提高，欧姆龙公司又推出了 CP1 系列 PLC，以替换 CPM 系列 PLC。CPM 系列与 CP1 系列 PLC 对应替换产品见表 2-1。

表 2-1　CPM 系列与 CP1 系列 PLC 替换对照表

PLC 系列	经济型	一般型	高功能型
CPM 系列	CPM1A/CPM2AE	CPM2C	CPM2A/CPM2AH
CP1 系列	CP1E	CP1L	CP1H

与 CPM 系列 PLC 相比，CP1 系列 PLC 在硬件上做了以下重点升级：

（1）处理速度更快

处理速度是 PLC 的核心参数，处理速度的快慢直接影响 PLC 信号响应速度和程序运行的实时性。CP1 系列相比于 CPM 系列 PLC 在处理速度上大幅提升，具体对比如图 2-1 所示。

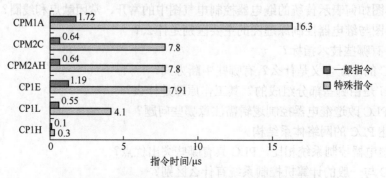

图 2-1　CPM 系列与 CP1 系列 PLC 处理速度对比图

（2）程序容量更大

更大的程序容量如同给予工程师更大的图纸，可以使得程序编辑更加全面，可靠性更高，给未来设备升级预留出拓展空间。欧姆龙的 CP1 系列与 CPM 系列相比程序容量至少扩大了 1 倍以上。CPM 和 CP1 系列 PLC 最大程序容量对比如图 2-2 所示。

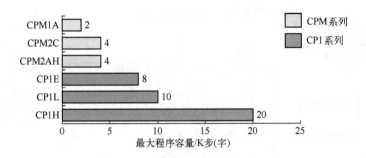

图 2-2　CPM 系列 PLC 与 CP1 系列 PLC 最大程序容量对比图

（3）指令系统更完善

CP1 系列的指令系统相比于 CPM 系列，有了充分的扩展。指令系统的完善，可以使用户通过特殊指令来简化编程量。CPM 和 CP1 系列 PLC 指令种类对比如图 2-3 所示。

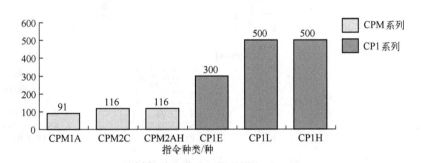

图 2-3　CPM 和 CP1 系列 PLC 指令种类对比图

CP1 系列 PLC 可以全面兼容 CPM 系列的扩展模块，CP1 系列中的 CP1H 型 PLC 还可以兼容 CJ 系列中型 PLC 的高功能扩展单元，满足某些高功能场合的控制需求。在软件方面，CP1 全面兼容 CPM 系列 PLC 的指令系统。只要将编程工具软件 CX-Programmer 升级到较新的版本，就可以将 CPM 系列程序直接下传到 CP1 系列 PLC 中，软件设置方法均与 CPM 系列相同，便于更新换代。

近年来，为适应用户提出的控制装置可视化、模块化、数据可追溯的需求，工业网络通信功能日益提升，欧姆龙公司推出了可以实现小规模联网的 CP2E PLC 来取代早期型号 CP1E，提升了性价比。

本书以 CP1H 系列 PLC 为对象来介绍 PLC 相关知识。CP2E PLC 的相关知识请参考本书第 11 章内容。

2.1.2　CP1H PLC 的基本结构

CP1H PLC 为整体式结构，XA 型 CP1H 的结构如图 2-4 所示。

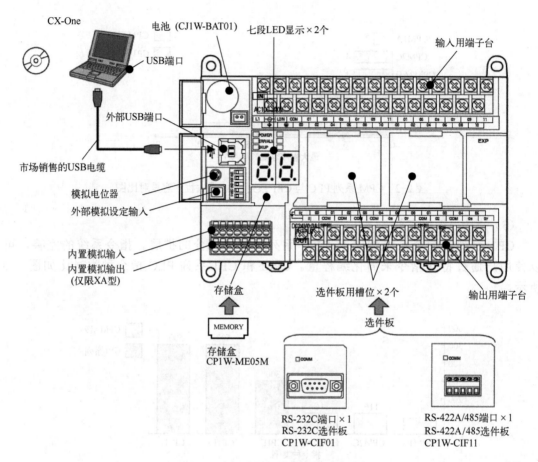

图 2-4　CP1H PLC 主机总体结构图

CPU 单元为系统的核心，其主机上配备了七段 LED 显示（2 个）、外部 USB 端口、模拟电位器、外部模拟设定输入、电池、存储盒等。I/O 单元提供了现场输入/输出设备与 CPU 的接口电路。另外，CPU 单元上还提供了 RS-232C 端口和 RS-422A/485 端口共 2 个，可根据需要配置 RS-232C 选件板或 RS-422A/485 选件板。

2.1.3　CP1H PLC 的系统特点

CP1H PLC 属于小型 PLC，使用 USB 端口与上位机通信，采用梯形图配功能块的结构文本语言进行编程，支持多任务编程模式，提供多个协议宏服务端口，便于联网且具有多路高速计数与多轴脉冲输出功能。CP1H 具有与 CS/CJ 系列 PLC 相似的先进控制功能，其突出特点与功能如下。

（1）处理速度快

CP1H PLC 的 CPU 执行基本指令的时间一般为 0.1μs/条，执行 MOV 类高级指令的时间一般为 0.3μs/条，运行速度分别是小型机 CPM2A 的 6 倍和 26 倍。相应的系统管理、I/O 刷新时间和外设服务所需的时间大幅减少。

（2）程序容量与 I/O 容量大

CP1H PLC 的程序存储最大容量为 20K 字，数据存储器（DM 区）的存储最大容量为 32K 字，这为复杂程序、各类接口单元、通信及数据处理提供了充足的内存。

（3）整体式机构

CP1H PLC 采用整体式结构，体积小巧且功能完备，大幅提升了空间利用率。

（4）软硬件的兼容性好

CP1H PLC 采用 CX-P6.1 版本作为编程软件，配有 FA 综合工具包 CX-ONE，可以实现 PLC 与各种外部元器件的结合。

（5）系统扩展性好

CP1H PLC 最多可以连接 7 个 I/O 扩展单元，每个 I/O 扩展单元具有 40 个 I/O 点，加上 CPU 单元本身内置的 40 个 I/O 点，CP1H 可以处理的最大 I/O 点数达 320 点。

（6）高速性能强

CP1H PLC 的 CPU 单元具有模拟量输入/输出功能、高速中断输入功能、高速计数功能和可调占空比的高频脉冲输出功能，可以实现模–数与数–模转换、精确的定位控制和速度控制，可以高速处理约 400 条指令。

（7）功能块编程语言简便

用户可以根据实际需求自行创建相应的功能块，将多个标准电路编制在一个功能块中，只需将其插入梯形图主程序，并设置输入/输出参数，即可轻松实现对复杂的电路的反复调用。这样可以大大减少程序编制与调试的工作量，避免编码错误，增强可读性。

（8）程序组织模式结构化

CP1H PLC 可将程序划分为最多 32 个实现不同控制功能的循环任务段，并提供了电源断开中断、定时中断、I/O 中断和外部 I/O 中断 4 类共 256 个中断任务，这种任务式的程序组织模式提高了大型程序开发的效率，使调试维护更加简便，并改善了系统的响应性能。

（9）串行通信功能强

CP1H PLC 最多可以装 2 个串行通信口（RS-232C 或 RS-422A/485 选件板可供选择），方便地实现与可编程终端（PT）、变频器、温度控制器、智能传感器及 PLC 之间的各种链接。其中 Modbus-RTU 简易主站功能可以实现对变频器的速度控制，串行 PLC 链接功能可以将 9 台 CP1H（或 CJ1M）链接通信，每台 PLC 之间可以实现 10 个通道以内数据的传送。

（10）USB 通信方式简捷

CP1H PLC 采用外部 USB 端口与上位计算机连接，使用 CX-P 软件与计算机进行编程和监视，通信简捷。

总之，CP1H PLC 具有功能强、速度快、体积小、适用范围广等特点。

2.2 CPU 单元

2.2.1 CP1H 的 CPU 单元类型及其特点

CP1H CPU 单元包括基本型（X 型）、模拟量型（XA 型）和脉冲型（Y 型）三种类型，各种 CPU 单元的基本指标见表 2-2。

表 2-2 CP1H CPU 单元的基本指标表

名 称	型 号	电源电压	输出特性	输入特性	扩展I/O单元最大连接台数	最大扩展点数
CP1H X 型	CP1H-X40DR-A	AC 100～240V	继电器输出16 点	DC 24V 24 点	7	280 点（最多7单元，40点/单元）
	CP1H-X40DT-D	DC 24V	晶体管输出漏型 16 点			
	CP1H-X40DT1-D		晶体管输出源型 16 点			
CP1H XA 型	CP1H-XA40DR-A	AC 100～240V	继电器输出16 点	DC 24V 24 点	7	同上
	CP1H-XA40DT-D	DC 24V	晶体管输出漏型 16 点			
	CP1H-XA40DT1-D		晶体管输出源型 16 点			
CP1H Y 型	CP1H-Y20DT-D	DC 24V	晶体管输出漏型 8 点	DC 24V 12 点	7	同上

CP1H PLC 的 CPU 单元型号的含义如图 2-5 所示。

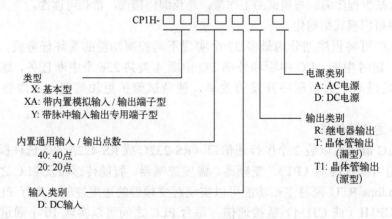

图 2-5 CP1H CPU 单元型号示意图

1. X 型 CP1H 的 CPU 单元

X 型为 CP1H 系列 PLC 的标准型。其主要特点如下：

1）CPU 单元本体内置输入 24 点、输出 16 点，实现 4 轴高速计数、4 轴脉冲输出。

2）通过扩展 CPM1A 系列的扩展 I/O 单元，CP1H 整体最多可扩展至 320 个 I/O 点。

3）通过扩展 CPM1A 系列的扩展单元，可以实现功能扩展（如温度传感器输入等）。

4）通过安装选件板，可以实现 RS-232C 通信或 RS-422A/485 通信（用于连接 PT、条形码阅读器、变频器等）。

5）通过扩展 CJ 系列高功能单元，可以向上位或下位扩展通信功能等。

此外，X 型 CP1H 的每个 I/O 点还可以通过系统设定来确定其使用状态，这些状态包括通用输出、输出中断、脉冲接收、高速计数等。也可以通过指令在通用输出、脉冲输出或 PWM 输出中选择某一状态，如图 2-6 所示。

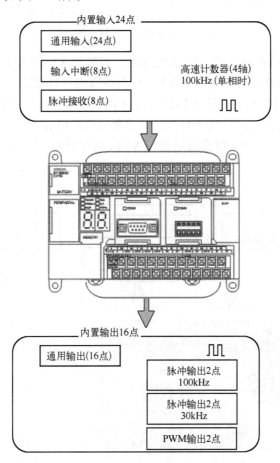

图 2-6　X 型 CP1H 的功能图

2. XA 型 CP1H 的 CPU 单元

XA 型 CP1H 在 X 型的基础上增加了模拟输入/输出功能。其主要特点如下：

1）CPU 单元主体、I/O 单元扩展和其他扩展单元和 X 型 CP1H 相同（具体功能参见 X 型）。

2）XA 型 CP1H 内置了模拟量电压/电流输入 4 点和模拟电压/电流输出 2 点。

此外，XA 型 CP1H 的每个 I/O 点设定也与 X 型 CP1H 相同，如图 2-7 所示。

3. Y 型 CP1H 的 CPU 单元

Y 型 CP1H 与 X 型不同，它限制了内置 I/O 点数，取而代之以脉冲输入/输出（频率为 1MHz）专用端子。其主要特点如下：

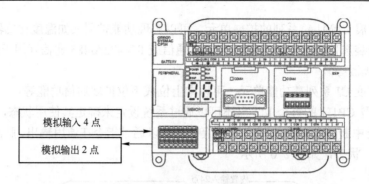

图 2-7　XA 型 CP1H 的功能图

1）CPU 单元主体内置输入 12 点、输出 8 点，可实现 4 轴高速计数和 4 轴脉冲输出。根据机种，可配备最大 1MHz 的高速脉冲输出，线性伺服也可以适用。

2）通过扩展 CPM1A 系列的扩展 I/O 单元，CP1H 整体最大可扩展至 300 个 I/O 点。

3）其他功能与 X 型、XA 型 CP1H 相同（具体功能参见 X 型）。

此外，Y 型 CP1H 的每个 I/O 点设定也与 X 型、XA 型 CP1H 相同，如图 2-8 所示。

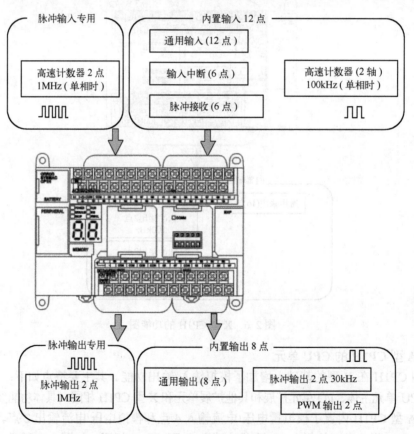

图 2-8　Y 型 CP1H 的功能图

2.2.2　CPU 单元的结构

CP1H CPU 的单元外观如图 2-9 所示，内部结构如图 2-10 所示。

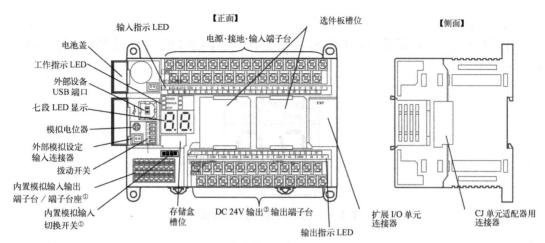

① 仅限 XA 型。

② 仅限 AC 电源型。

图 2-9　CPU 单元结构示意图

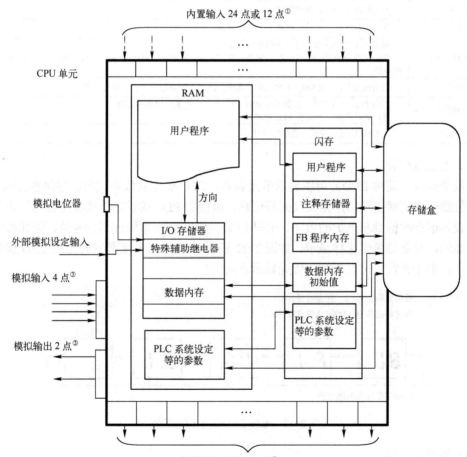

① Y 型。1MHz 的高速计数器输入 2 点装于其他专用端子。

② Y 型。1MHz 的脉冲输出 2 点装于其他专用端子。

③ 仅限 XA 型。

图 2-10　CPU 单元内部结构图

（1）工作指示灯

指示灯表示 CP1H 所处的工作状态，如图 2-11 所示。CPU 单元面板上的指示灯显示的信息见表 2-3。

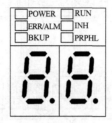

图 2-11　CPU 单元指示灯与数码管

表 2-3　CP1H PLC 的 CPU 面板指示灯说明表

指　示　灯	内　　　容
POWER（绿色）	通电时灯常亮；断电时灯熄灭
RUN（绿色）	在"运行"或"监视"模式下，PLC 正常运行程序时常亮
ERR/ALM（红色）	当出现非致命故障，CPU 不停机时闪烁 当出现致命故障，CPU 停机时常亮。当发生致命故障时，RUN 指示灯熄灭，同时所有输出单元的输出中断
INH（橙色）	当负载关断位（A50015）置 ON 时常亮。此时，所有输出单元的输出中断
BKUP（橙色）	当向 PLC 写入程序、参数或数据时，或 PLC 上电复位过程中灯亮 注：该灯亮时，不要将 PLC 电源关闭
PRPHL（橙色）	当 CPU 通过外设端口通信时闪亮

（2）七段数码管

七段数码管（简称 LED）可以显示单元版本、CPU 单元的故障代码、存储盒传送状态、模拟电位器值变更状态和用户定义代码等信息，以便将 PLC 的状态更简易地告知用户，从而提高了设备运行时检测和维护的效率。七段 LED 为 2 位，而故障代码为 4 位，因此故障代码分 2 次显示，异常信息也这样显示，如图 2-12 所示。当 PLC 发生异常时七段 LED 优先显示故障代码。多个异常同时发生时，优先显示重要信息。

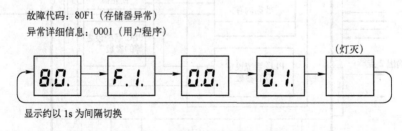

图 2-12　七段 LED 显示信息示例

（3）模拟电位器

用十字螺钉旋具旋转模拟电位器，可以将特殊辅助继电器区域 A642 通道的值在 00～FF（十进制数 0～255）的范围内做任意改变。更新当前值时，与 CP1H 的动作模式无关。这样，可在无软件工具的情况下，更便捷地调整定时器或计数器的设定值，如图 2-13 所示。

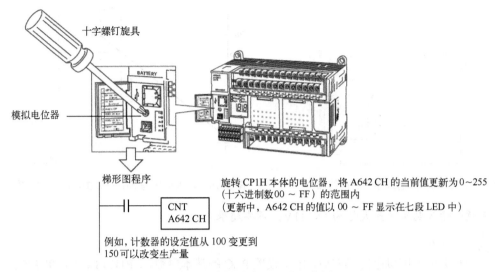

图 2-13　模拟电位器设定示意图

注意： 模拟电位器的设定值有时会随着环境温度及电源电压的变化而变化，因此不适用于对于设定值精度要求较高的场合。

（4）外部模拟量输入连接器

在外部模拟设定输入端子上施加 0～10V 的电压，将模拟量进行 A-D 转换，并存储在特殊辅助继电器区域 A643 通道中，转换值在 00～FF（十进制数 0～255）的范围内变化。如图 2-14 所示。

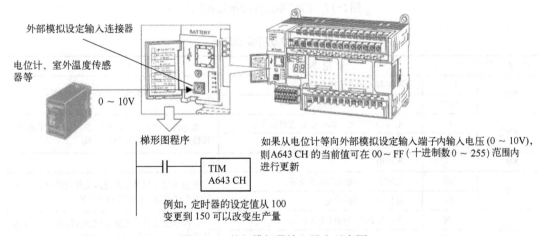

图 2-14　外部模拟量输入设定示意图

外部模拟输入连接器适用于需要现场调整设定值且对精度要求不高的场合，如室外温度变化或电位计输入。

具体连接方式如图 2-15 所示，利用导线（1m）将 0～10V 的电压连接到 CP1H CPU 单元的外部模拟输入连接器上。

输入电压与 A643 通道当前值的对应关系如图 2-16 所示。

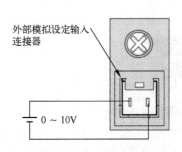

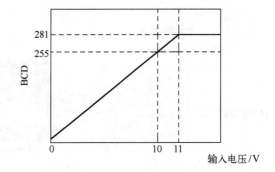

图 2-15　外部模拟输入连接器接线图 　　图 2-16　输入电压与 A643 通道值的对应关系

注意：输入电压的最大值为 DC 11V，不要超限。

（5）拨动开关

拨动开关位于模拟电位器右边，用于设置 PLC 的基本参数，CP1H PLC 的 CPU 单元有一个 6 脚的拨动开关，初始状态都是 OFF。如图 2-17 所示，每个脚的设定值含义见表 2-4。

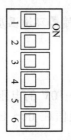

图 2-17　CPU 单元拨动开关示意图

表 2-4　拨动开关设定表

开　关　号	设　　定	设　定　内　容	用　　途
SW1	ON	不可写入用户程序存储器①	防止改写用户程序
	OFF	可写入用户程序存储器	
SW2	ON	电源为 ON 时，执行存储盒的自动传送	在电源为 ON 时，可将保存在存储盒内的程序、数据内存、参数调入 CPU 单元
	OFF	不执行	
SW3	—	不使用	
SW4	ON	在用工具总线的情况下使用	需要通过工具总线来使用选件板槽位 1 上安装的串行通信选件板时置于 ON
	OFF	根据 PLC 系统设定	
SW5	ON	在用工具总线的情况下使用	需要通过工具总线来使用选件板槽位 2 上安装的串行通信选件板时置于 ON
	OFF	根据 PLC 系统设定	
SW6	ON	A395.12 为 ON	在不使用输入点而用户需要使某种条件成立时，可在程序中引入 A395.12，将该 SW6 置于 ON 或 OFF
	OFF	A395.12 为 OFF	

①　通过将 SW1 置于 ON 转换为不写入的数据包括：所有用户程序（所有任务内的程序）；参数区域的所有数据（PLC 系统设定等）。此外，当 SW1 置为 ON 时，即使通过 CX-P 软件执行清除存储器全部数据的操作，所有的用户程序及参数区域的数据都不会被删除。

（6）内置模拟量输入/输出端子台/端子台座（仅限 XA 型）

XA 型 CP1H CPU 单元内置了 4 个模拟量输入点和 2 个模拟量输出点。详见 2.4 节内置模拟量输入/输出单元。

（7）内置模拟量输入切换开关（仅限 XA 型）

内置模拟量输入切换开关（SW1、SW2、SW3 和 SW4）用于设置 4 路模拟量输入信号是电压型还是电流型。初始状态均置为 OFF，如图 2-18 所示。开关的设定一定要在安装端子台之前进行。开关置为 ON 表示电流输入，置为 OFF 则表示电压输入。

图 2-18　内置模拟量输入切换开关

（8）存储盒

存储盒的型号是 CP1W-ME05M，它可以存储内置闪存内的用户程序、参数、DM 区初始值、功能块程序及 RAM 上的数据。当多台同型号 PLC 编制类似的控制程序时，可以用存储盒将程序及初始数据简单地复制到其他的 CPU 单元内，如图 2-19 所示。

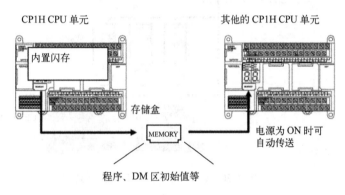

图 2-19　存储盒程序、数据复制示意图

（9）电源与接地端子

电源端子连接供给电源（AC 100～240V 或 DC 24V）。

接地端子可分为功能接地（⏚）和保护接地（⏚）。功能接地是为了强化抗干扰性和防止电击，必须接地（仅限 AC 电源型）。保护接地是为了防止静电，必须进行 D 种接地（第 3 种接地）。

（10）选件板槽位

CP1H 最多可以安装 2 个串行通信选件板、1 个 RS-232C 选件板和 1 个 RS-422A/485C 选件板。RS-232C 选件板与 RS-422A/485C 选件板的型号见表 2-5。

表 2-5　串行通信用选件板

名　　称	型　　号	端　　口	串行通信模式
RS-232C 选件板	CP1W-CIF01	1 个 RS-232C 端口（D-SUB9 引脚 插孔）	高位链接、NT 链接（1：N 模式）、无顺序、串行 PLC 连接从站、串行 PLC 链接主站、串行网关（向 CompoWay/F 的转换、向 Modbus-RTU 的转换）、工具总线
RS-422A/485C 选件板	CP1W-CIF11	1 个 RS-422A/485C 端口（棒状端子用端子台）	

注：选件板的装卸一定要在 PLC 的电源为 OFF 的状态下进行。

因为 CP1H 包含了 1 个 USB 端口、1 个 RS-232C 端口和 1 个 RS-422A/485C 端口，所以

最多有 3 个串行通信端口，可轻松实现同时与上位计算机、PT、CP1H 各种外设（变频器、温度调节、智能传感器等）的连接，如图 2-20 所示。

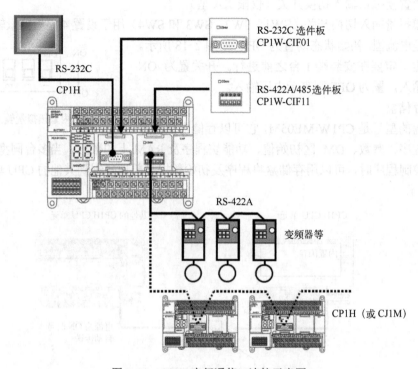

RS-232C 选件板
CP1W-CIF01

RS-422A/485选件板
CP1W-CIF11

RS-232C

CP1H

RS-422A

变频器等

CP1H（或 CJ1M）

图 2-20　CP1H 串行通信口连接示意图

图中，利用 Modbus-RTU 简易主站功能，通过简单的串行通信对变频器等 Modbus 从站进行控制。先在固定分配区域（DM 区）中设定 Modbus 从站设备的地址、功能和数据，然后将软件开关置为 ON，就可以在无程序状态下进行一次信息的发送和接收，如图 2-21 所示。

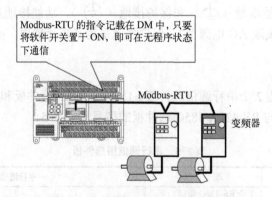

Modbus-RTU 的指令记载在 DM 中，只要将软件开关置于 ON，即可在无程序状态下通信

Modbus-RTU

变频器

图 2-21　Modbus-RTU 连接示意图

使用 RS-422A/485 选件板可以实现串行 PLC 连接，如图 2-22 所示。图中最多 9 台 CP1H 之间或 CP1H 与 CJ1M 之间组成了 PLC 连接通信网，每个 CPU 单元在无程序状态下最多可拥有 10 个数据交换的通道。

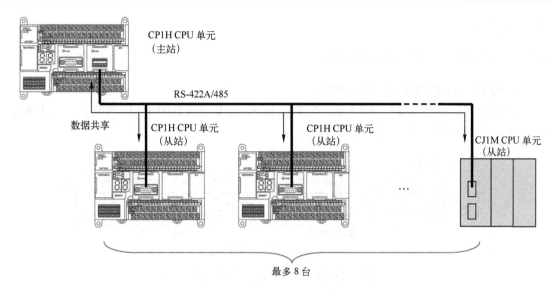

图 2-22　RS-422A/485 端口连接示意图

（11）扩展 I/O 单元连接器

该连接器可以连接 CPM1A 系列的各类扩展 I/O 单元及扩展单元，例如模拟量 I/O 单元、温度传感器单元、CompoBus/S 单元、DeviceNet 单元等，最多可以连接 7 台。

（12）CJ 单元适配器

CP1H CPU 单元的侧面可以连接 CJ 单元适配器 CP1W-EXT01，它可以连接 CJ 系列特殊 I/O 单元或 CPU 总线单元，最多可以连接两个单元，但是不能连接 CJ 系列的基本 I/O 单元，如图 2-23 所示。

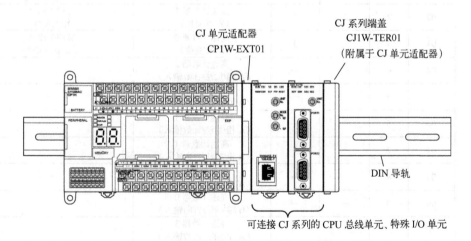

图 2-23　CJ 单元适配器连接示意图

2.3　CP1H PLC 的输入/输出单元

2.2 节介绍了 CPU 单元的结构及功能，本节将具体介绍 CP1H 的输入/输出单元的使用方法及工作原理。

2.3.1 CP1H PLC 输入单元的用法

1. X/XA 型 CP1H 的输入单元用法

X/XA 型 CP1H 拥有 24 个输入点，如图 2-24 所示。0 通道 0.00～0.11 位共 12 点，1 通道 1.00～1.11 位共 12 点，2 个通道合计 24 点。

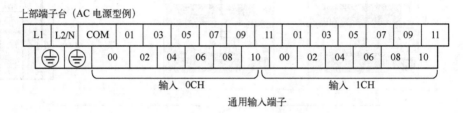

图 2-24　X/XA 型输入端子台示意图

X/XA 型 CP1H 的通用输入端子可以根据 PLC 的系统设定进行选择和分配。具体设置见表 2-6。

表 2-6　X/XA 型 CP1H 输入点功能表

输入端子台		输入动作设定			高速计数器动作设定	原点搜索功能
通道	位号	通用输入	输入中断[①]	脉冲输入	高速计数器 0～3	脉冲输出 0～3 的原点搜索功能
0	00	0	0	0	—	脉冲 0 原点输入信号
	01	1	1	1	高速计数器 2（Z 相/复位）	脉冲 0 原点接近输入信号
	02	2	2	2	高速计数器 1（Z 相/复位）	脉冲 1 原点输入信号
	03	3	3	3	高速计数器 0（Z 相/复位）	脉冲 1 原点接近输入信号
	04	4	—	—	高速计数器 2（A 相/加法/计数输入）	—
	05	5	—	—	高速计数器 2（B 相/减法/方向输入）	—
	06	6	—	—	高速计数器 1（A 相/加法/计数输入）	—
	07	7	—	—	高速计数器 1（B 相/减法/方向输入）	—
	08	8	—	—	高速计数器 0（A 相/加法/计数输入）	—
	09	9	—	—	高速计数器 0（B 相/减法/方向输入）	—
	10	10	—	—	高速计数器 3（A 相/加法/计数输入）	—
	11	11	—	—	高速计数器 3（B 相/减法/方向输入）	—
1	00	12	4	4	高速计数器 3（Z 相/复位）	脉冲 2 原点输入信号
	01	13	5	5	—	脉冲 2 原点接近输入信号
	02	14	6	6	—	脉冲 3 原点输入信号

（续）

输入端子台		输入动作设定			高速计数器动作设定	原点搜索功能
通道	位号	通用输入	输入中断[①]	脉冲输入	高速计数器 0～3	脉冲输出 0～3 的原点搜索功能
1	03	15	7	7	—	脉冲 3 原点 接近输入信号
	04	16	—	—	—	—
	05	17	—	—	—	—
	06	18	—	—	—	—
	07	19	—	—	—	—
	08	20	—	—	—	—
	09	21	—	—	—	—
	10	22	—	—	—	—
	11	23	—	—	—	—

① 直接模式或计数器模式，根据 MSKS 指令设定。

2. Y 型 CP1H 的输入单元用法

Y 型 CP1H 拥有 12 个输入点，如图 2-25 所示。0 通道 0.00、0.01、0.04、0.05、0.10、0.11 位共 6 点，1 通道 1.00～1.05 位共 6 点，2 个通道合计 12 点。

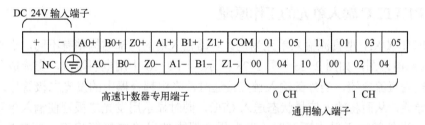

图 2-25　Y 型输入端子台示意图

Y 型 CP1H 的通用输入端子可以根据 PLC 的系统设定进行选择和分配。具体设置见表 2-7。

表 2-7　Y 型 CP1H 输入点功能表

输入端子台		输入动作设定			高速计数器动作设定	原点搜索功能
通道	位号	通用输入	输入中断[①]	脉冲输入	高速计数器 0～3	脉冲输出 0、1 的原点搜索功能
—	A0+	—	—	—	高速计数器 0（A 相/加法/计数输入）固定	—
—	B0+	—	—	—	高速计数器 0（B 相/减法/方向输入）固定	—
—	Z0+	—	—	—	高速计数器 0（Z 相/复位）固定	—
—	A1+	—	—	—	高速计数器 1（A 相/加法/计数输入）固定	—
—	B1+	—	—	—	高速计数器 1（B 相/减法/方向输入）固定	—
—	Z1+	—	—	—	高速计数器 1（Z 相/复位）固定	—
0	00	0	0	0		脉冲 0 原点输入信号

（续）

输入端子台		输入动作设定			高速计数器动作设定	原点搜索功能
通道	位号	通用输入	输入中断①	脉冲输入	高速计数器 0～3	脉冲输出 0、1 的原点搜索功能
0	01	1	1	1	高速计数器 2（Z 相/复位）	脉冲 0 原点接近输入信号
	04	4	—	—	高速计数器 2（A 相/加法/计数输入）	—
	05	5	—	—	高速计数器 2（B 相/减法/方向输入）	—
	10	10	—	—	高速计数器 3（A 相/加法/计数输入）	—
	11	11	—	—	高速计数器 3（B 相/减法/方向输入）	—
1	00	12	2	2	高速计数器 3（Z 相/复位）	脉冲 1 原点输入信号
	01	13	3	3	—	脉冲 2 原点输入信号
	02	14	4	4	—	脉冲 3 原点输入信号
	03	15	5	5	—	脉冲 1 原点接近输入信号
	04	16	—	—	—	脉冲 2 原点接近输入信号
	05	17	—	—	—	脉冲 3 原点接近输入信号

① 直接模式或计数器模式，根据 MSKS 指令设定。

2.3.2 CP1H PLC 输入单元的工作原理

以 CP1H X/XA 型直流输入单元为例。各路输入端的内部结构稍有不同，点画线框内为 I/O 单元内部电路图，如图 2-26～图 2-28 所示。图 2-26 中用电阻限流，交流成分经桥式整流电路转换为直流电流，当外部输入触点接通时，光电耦合器中的发光二极管导通，光电晶体管饱和导通，从而将输入信号状态送入 CPU，同时显示用发光二极管使输入单元面板上的指示灯亮。当外部输入触点断开时，光电耦合器中的发光二极管熄灭，光电晶体管截止。图 2-26～图 2-28 中所标"内部电路"的方框内为 I/O 总线接口电路。

图 2-29 为 X/XA 型的外部端子接线示意图。使用直流输入单元时需外接直流电源，接线时需将外部输入信号（如开关）的一端与输入单元的接线端子相连，另一端与电源正或负极相连，而电源的另一极与输入单元的公共端子相连。这样 I/O 电路、I/O 现场连线端子和 I/O 状态显示实现了"三位一体"。

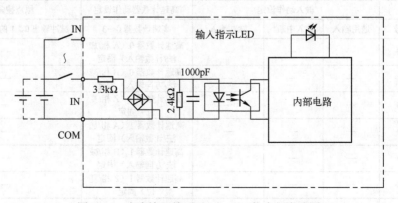

图 2-26　直流输入单元 0.04～0.11 位内部电路图

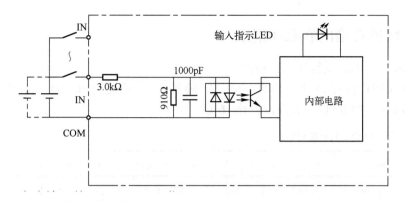

图 2-27　直流输入单元 0.00～0.03 位/1.00～1.03 位内部电路图

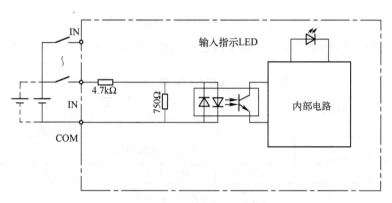

图 2-28　直流输入单元 1.04～1.11 位内部电路图

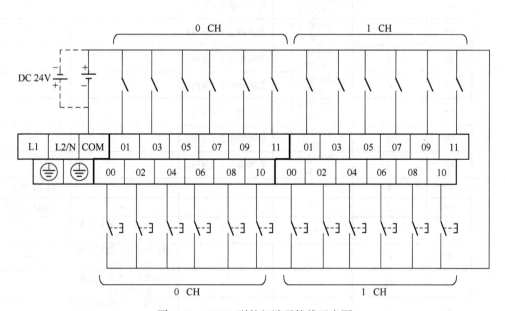

图 2-29　X/XA 型外部端子接线示意图

2.3.3 CP1H PLC 输出单元的用法

1. X/XA 型 CP1H 的输出单元用法

X/XA 型 CP1H 拥有 16 个输出点，如图 2-30 所示。100 通道 100.00～100.07 位共 8 点，101 通道 101.00～101.07 位共 8 点，合计 16 点。

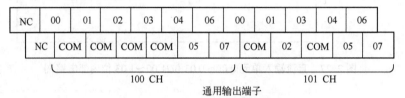

图 2-30　X/XA 型输出端子台示意图

X/XA 型 CP1H 通用输出端子可根据 PLC 的系统设定进行脉冲输出。具体设置见表 2-8。

表 2-8　X/XA 型 CP1H 输出点功能表

输出端子台		除执行右侧所述指令以外	执行脉冲输出指令（SPED、ACC、PLS2、ORG 中的某个）		通过 PLC 系统设定，用"应用"+ORG 指令执行原点搜索功能	执行 PWM 指令
通道	位号	通用输出	固定占空比脉冲输出			可变占空比脉冲输出
			CW/CCW	脉冲+方向	+应用原点搜索功能时	PWM 输出
100	00	0	脉冲输出 0（CW）	脉冲输出 0（脉冲）	—	—
	01	1	脉冲输出 0（CCW）	脉冲输出 0（方向）	—	—
	02	2	脉冲输出 1（CW）	脉冲输出 1（脉冲）	—	—
	03	3	脉冲输出 1（CCW）	脉冲输出 1（方向）	—	—
	04	4	脉冲输出 2（CW）	脉冲输出 2（脉冲）	—	—
	05	5	脉冲输出 2（CCW）	脉冲输出 2（方向）	—	—
	06	6	脉冲输出 3（CW）	脉冲输出 3（脉冲）	—	—
	07	7	脉冲输出 3（CCW）	脉冲输出 3（方向）	—	—
101	00	8	—	—	—	PWM 输出 0
	01	9	—	—	—	PWM 输出 1
	02	10	—	—	原点搜索 0（偏差计数器复位输出）	—
	03	11	—	—	原点搜索 1（偏差计数器复位输出）	—
	04	12	—	—	原点搜索 2（偏差计数器复位输出）	—
	05	13	—	—	原点搜索 3（偏差计数器复位输出）	—
	06	14	—	—	—	—
	07	15	—	—	—	—

2. Y 型 CP1H 的输出单元用法

Y 型 CP1H 拥有 8 个输出点，如图 2-31 所示。100 通道 100.04～100.07 位共 4 点，101 通道 101.00～101.03 位共 4 点，2 个通道合计 8 点。

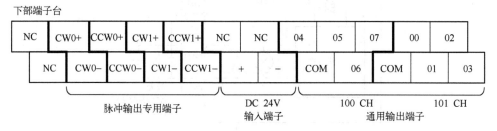

图 2-31　Y 型输出端子台示意图

Y 型 CP1H 通用输出端子可根据 PLC 的系统设定进行脉冲输出。具体设置见表 2-9。

表 2-9　Y 型 CP1H 输出点功能表

输出端子台			除执行右侧所述指令以外	执行脉冲输出指令（SPED、ACC、PLS2、ORG 中的某个）		通过 PLC 系统设定，用"应用"+ORG 指令执行原点搜索功能	执行 PWM 指令
端子编号	通道	位号	通用输出	固定占空比脉冲输出			可变占空比脉冲输出
				CW/CCW	脉冲+方向	+应用原点搜索功能时	PWM 输出
CW0+		00	不可	脉冲输出 0（CW）	脉冲输出 0（脉冲）	—	—
CCW0+		01	不可	脉冲输出 0（CCW）	脉冲输出 0（方向）		
CW1+		02	不可	脉冲输出 1（CW）	脉冲输出 1（脉冲）		
CCW1+		03	不可	脉冲输出 1（CCW）	脉冲输出 1（方向）		
	100	04	100.04	脉冲输出 2（CW）	脉冲输出 2（脉冲）	—	—
		05	100.05	脉冲输出 2（CCW）	脉冲输出 2（方向）	—	—
		06	100.06	脉冲输出 3（CW）	脉冲输出 3（脉冲）	—	—
		07	100.07	脉冲输出 3（CCW）	脉冲输出 3（方向）	—	—
	101	00	101.00	—	—	原点搜索 2（偏差计数器复位输出）	PWM 输出 0
		01	101.01	—	—	原点搜索 3（偏差计数器复位输出）	PWM 输出 1
		02	101.02	—	—	原点搜索 0（偏差计数器复位输出）	
		03	101.03	—	—	原点搜索 1（偏差计数器复位输出）	

2.3.4　CP1H PLC 输出单元的工作原理

1. 继电器型输出单元

以 CP1H-XA40DR-A 继电器型输出单元为例，内部电路结构如图 2-32 所示。点画线框内为单元内部电路。接线端子与负载连接如图 2-33 所示。当 PLC 向该单元某路输出接通信号时，输出继电器线圈接通，同时发光二极管导通，使单元面板上的指示灯亮，输出继电器的接点闭合使外部负载回路接通，L 为用户所接负载。

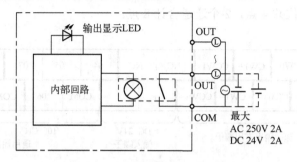

图 2-32　继电器型内部电路结构图

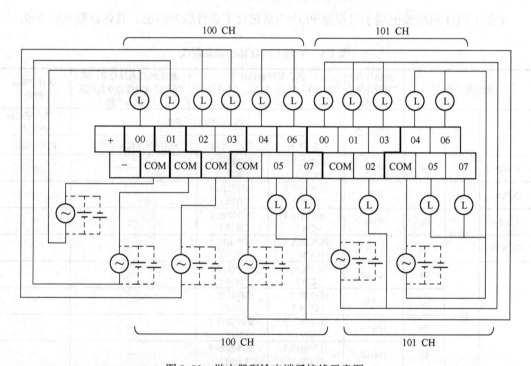

图 2-33　继电器型输出端子接线示意图

　　需注意的是，输出继电器接点只为负载回路接通提供可能，但不能提供负载工作电源，因此需要为每一路负载配置工作电源，图 2-32 中将 AC 250V 或 DC 24V 电源与负载串联接至输出端子和公共端（COM）之间，电源极性可根据负载要求决定方向。

　　继电器输出单元的负载电压范围宽，导通压降小，承受瞬时过电压和过电流的能力较强，但是动作速度慢，使用寿命受内部继电器寿命（动作次数）限制。如果系统输出量的变化不是很频繁，建议优先选用继电器型的输出单元。

　　2. 晶体管型输出单元

　　以 CP1H-XA40DT-D 漏型晶体管型输出单元为例，其电路结构如图 2-34、图 2-35 所示，虚线框内为单元内部电路。接线端子与负载连接如图 2-36 所示。源型晶体管型输出单元以 CP1H-XA40DT1-D 为例，其电路结构如图 2-37、图 2-38 所示，虚线框内为单元内部电路。接线端子与负载连接如图 2-39 所示。当 PLC 向该单元某一路输出接通信号时，晶体管导通，使负载回路接通，同时 PLC 输出还使发光二极管导通，面板上输出指示灯亮。

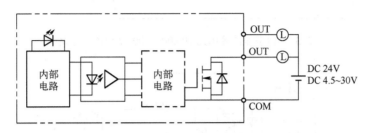

图 2-34　漏型晶体管单元 100.00～100.07 位内部电路图

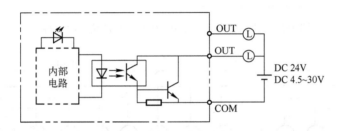

图 2-35　漏型晶体管单元 101.00～101.07 位内部电路图

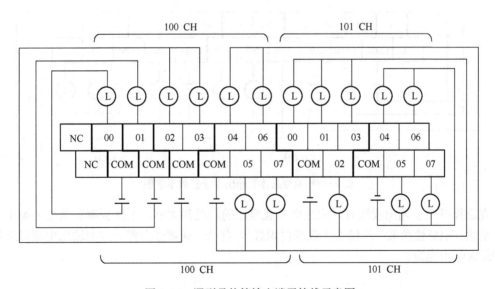

图 2-36　漏型晶体管输出端子接线示意图

一般来说晶体管型输出单元只能用于直流负载，它的可靠性高，响应速度快，寿命长，适合于频繁动作的场合；但是过载能力稍差。

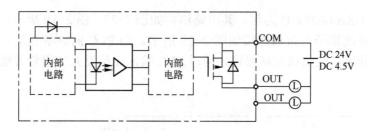

图 2-37　源型晶体管单元 100.00～100.07 位内部电路图

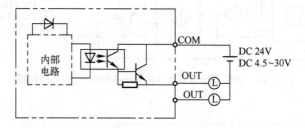

图 2-38　源型晶体管单元 101.00～101.07 位内部电路图

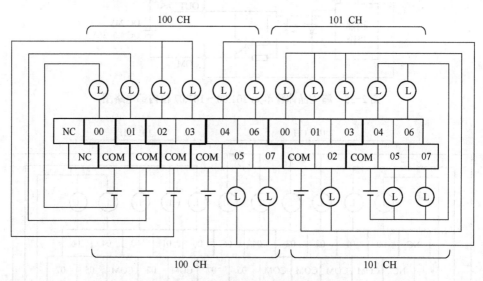

图 2-39　源型晶体管输出端子接线示意图

　　在选择开关量输出模块时，应注意负载电压的种类和大小、工作频率和负载的类型（电阻性负载、电感性负载、机械性负载或白炽灯）。此外，还需注意每一点的输出电流以及每一组的最大输出电流。

2.4　CP1H PLC 的模拟量输入/输出单元

　　本节以 XA 型 CP1H 为对象，重点介绍模拟量输入/输出单元的主要功能及工作原理。

2.4.1　CP1H PLC 的模拟量输入单元的功能

模拟量输入单元的功能是将标准的电压信号（−10～10V，0～5V，0～10V 或 1～5V）或电流信号（0～20mA 或 4～20mA）转换成数字量后送入 PLC 中的对应存储通道中。外形如图 2-40 所示。

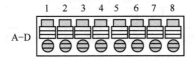

图 2-40　模拟量输入单元端子台

CP1H 模拟量输入单元各引脚定义见表 2-10，其技术指标见表 2-11。

表 2-10　模拟量输入单元引脚定义表

引　脚　号	符　　号	含　　义
1	VIN0/IIN0	第 0 路模拟量电压/电流输入（接正极）
2	COM0	第 0 路模拟量输入公共端（接负极）
3	VIN1/IIN1	第 1 路模拟量电压/电流输入（接正极）
4	COM1	第 1 路模拟量输入公共端（接负极）
5	VIN2/IIN2	第 2 路模拟量电压/电流输入（接正极）
6	COM2	第 2 路模拟量输入公共端（接负极）
7	VIN3/IIN3	第 3 路模拟量电压/电流输入（接正极）
8	COM3	第 3 路模拟量输入公共端（接负极）

注：1. 输入连线需使用带屏蔽的 2 芯双绞电缆，不接屏蔽线。
　　2. 不使用的输入需将输入端子的正、负极短接。
　　3. 需将 AC 电源线及动力线等分开布线。
　　4. 电源线上有干扰时，需在电源、输入端插入噪声滤波器。

表 2-11　模拟量输入单元技术指标表

项　　目		电　压　输　入	电　流　输　入
输入点数		4 点（占用 4 通道、固定分配到 200～203CH、模拟输入 0～3）	
电压输入/电流输入的切换		4 点各通过输入切换开关独立切换	
输入信号量程		0～5V、1～5V、0～10V、−10～10V（通过 PLC 系统设定切换）	0～20mA、4～20mA（通过 PLC 系统设定切换）
最大额定输入		±15V	±30mA
外部输入阻抗		1MΩ以上	约 250Ω
分辨率		1/6000 或 1/12000（通过 PLC 系统设定切换）	
综合精度	25℃	±0.3%FS	±0.4%FS
	0～55℃	±0.6%FS	±0.8%FS
A-D 转换数据	−10～10V 时	1/6000 分辨率时：F448～0BB8 Hex 满刻度 1/12000 分辨率时：E890～1770 Hex 满刻度	
	上述以外情况	1/6000 分辨率时：0000～1770 Hex 满刻度 1/12000 分辨率时：0000～2EE0 Hex 满刻度	
平均化处理		有（通过 PLC 系统设定可设定到各输入）	

（续）

项　　目	电　压　输　入	电　流　输　入
断线检测功能	有（断线时的值为 8000Hex）	
转换时间	1ms/点	
绝缘电阻	20MΩ以上（DC 250V）绝缘的电路之间	
绝缘方式	模拟量输入与内部电路间：光电耦合绝缘（但各模拟量输入间信号为非隔离）	
绝缘强度	AC 500V 1min	

注：合计转换时间为所使用的点数的转换时间总和。使用模拟量输入 4 点+模拟量输出 2 点时为 6ms。

2.4.2　CP1H PLC 的模拟量输入单元的工作原理

首先，拨动 CP1H 主机的模拟量输入切换开关，设置电压或电流输入，利用 CX-P 软件设置分辨率、模拟输入占用的通道、量程及是否设置 8 个值的动态均值处理，然后将 PLC 上电时，在线下载设置到 CP1H，接着将 CP1H 断电后重新上电，此时模拟量设置生效，模拟量经 A-D 转换为对应的数字量并存储在 CP1H 的 CIO 区 200～203 通道中。若输入量程为 1～5V 且输入信号不足 0.8V（或输入量程为 4～20mA 且输入信号不足 3.2mA）时，系统判断为输入断线，此时转换数据置为 8000H，0～3 路模拟输入对应的断线检测标志位为 A434 通道的 00～03 位。模拟量输入的处理过程如图 2-41 所示。

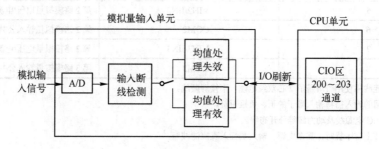

图 2-41　模拟量输入单元工作原理图

XA 型 CP1H 的 4 路模拟量输入中每一路输入端子都有电压和电流两种输入方式，其电压输入信号范围有 4 种，即 0～5V、1～5V、0～10V 和 –10～10V；其电流输入信号范围有 2 种，即 0～20mA、4～20mA。模拟量输入信号与 A-D 转换数据之间的关系分别如图 2-42 所示。图中分辨率为 1/6000 时，转换值为十六进制（或十进制数）。当输入信号为负电压时，转换值为二进制的补码。

2.4.3　CP1H PLC 的模拟量输出单元的功能

模拟量输出单元是将指定的数字量（二进制数）转换成标准的电压信号（–10～10V，0～5V，0～10V 或 1～5V）或电流信号（0～20mA、4～20mA）。外形如图 2-43 所示。

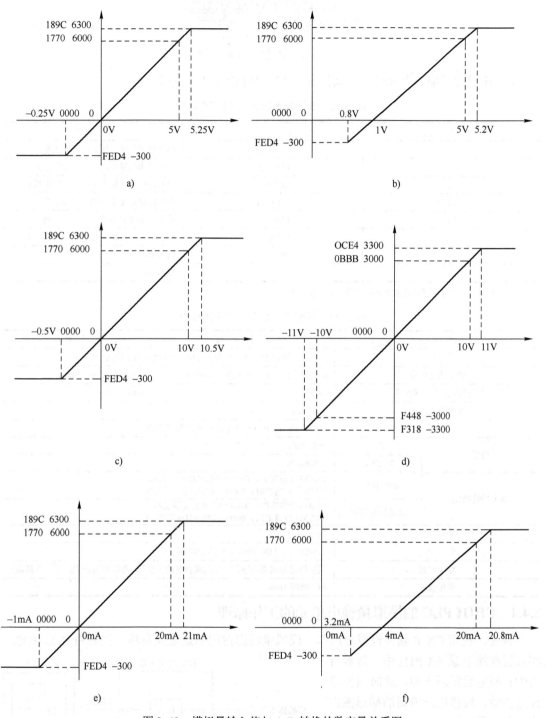

图 2-42　模拟量输入值与 A-D 转换的数字量关系图

a) 0～5V 输入量程　b) 1～5V 输入量程　c) 0～10V 输入量程

d) −10～10V 输入量程　e) 0～20mA 输入量程　f) 4～20mA 输入量程

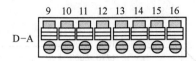

图 2-43　模拟量输出单元端子台

CP1H 模拟量输出单元引脚定义见表 2-12，其技术指标见表 2-13。

表 2-12　模拟量输出单元引脚定义表

引 脚 号	符 号	含 义
9	V OUT0	第 0 路模拟量电压输出（接正极）
10	I OUT0	第 0 路模拟量电流输出（接正极）
11	COM0	第 0 路模拟量输出公共端（接负极）
12	V OUT1	第 1 路模拟量电压输出（接正极）
13	I OUT1	第 1 路模拟量电流输出（接正极）
14	COM1	第 1 路模拟量输出公共端（接负极）
15	AG①	模拟 0V
16	AG①	模拟 0V

① 输出连线需使用带屏蔽的 2 芯双绞电缆，不接屏蔽线。

表 2-13　模拟量输出单元技术指标表

项　目			电 压 输 出	电 流 输 出
输出点数			2 点（占用 2CH、固定分配到 210～211CH、模拟输出 0～1）	
输出信号量程			0～5V、1～5V、0～10V、-10～10V	0～20mA、4～20mA
外部输出允许负载电阻			1kΩ 以上	600Ω 以下
外部输入阻抗			0.5Ω 以下	—
分辨率			1/6000 或 1/12000（通过 PLC 系统设定切换）	
精度		25℃	±0.4%FS	
		0～55℃	±0.8%FS	
D/A 转换数据		-10～10V 时	1/6000 分辨率时：F448～0BB8 Hex 满量程 1/12000 分辨率时：E890～1770 Hex 满量程	
		上述以外情况	1/6000 分辨率时：0000～1770 Hex 满量程 1/12000 分辨率时：0000～2EE0 Hex 满量程	
转换时间			1ms/点	
绝缘电阻			20MΩ 以上（DC 250V）绝缘的电路之间	
绝缘方式			模拟输出与内部电路间：光电耦合绝缘（但是，各模拟输出间信号为非隔离）	
绝缘强度			AC 500V 1min	

2.4.4　CP1H PLC 的模拟量输出单元的工作原理

首先，利用 CX-P 软件设置分辨率、模拟量输出占用的通道及量程，然后将 PLC 上电，将设置在线下载到 CP1H 中，接着将 CP1H 断电后重新上电，此时模拟量设置生效，根据用户编写的梯形图程序将数字量传送至 CP1H 的 CIO 区 210 或 211 通道，经 D-A 转换为对应的模拟量输出。模拟量输出的处理过程如图 2-44 所示。

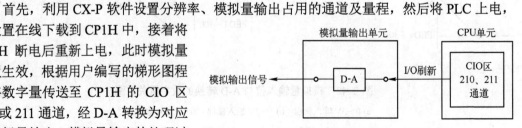

图 2-44　模拟量输出单元工作原理图

　　XA 型 CP1H 的 2 路模拟量输出中每一路输出端子都有电压和电流两种输出方式,其电压输出信号范围有 4 种,即 0～5V、1～5V、0～10V 和 -10～10V;其电流输出信号范围有 2 种,即 0～20mA 和 4～20mA。输入数字量与 D-A 转换后的模拟量输出之间的关系如图 2-45 所示。二进制的补码进行 D-A 转换应输出负电压。

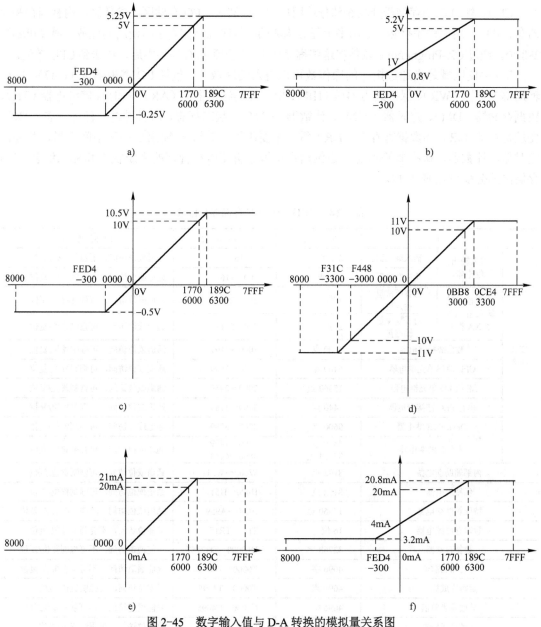

图 2-45　数字输入值与 D-A 转换的模拟量关系图

a) 0～5V 输出量程　b) 1～5V 输出量程　c) 0～10V 输出量程　d) -10～10V 输出量程

e) 0～20mA 输出量程　f) 4～20mA 输出量程

2.5 CP1H PLC 的存储区分配

2.5.1 存储器概述

CP1H 型 PLC 的存储器分成 5 部分：用户程序存储区、I/O 存储区、参数区、内置闪存和存储盒。其中，用户程序存储区是由多个任务构成的，程序包括作为中断使用的任务，最多可编写 288 个。通过 CX-Programmer 软件将这些程序按 1:1 分配到执行任务中后，传送到 CPU 单元。

I/O 存储区域是指通过指令的操作数可以进入的区域。它包括 I/O 继电器区（CIO）、内部辅助继电器区（WR）、保持继电器区（HR）、特殊辅助继电器区（AR）、暂时存储继电器（TR）、数据存储器（DM）、定时器（TIM）、计数器（CNT）、状态标志、时钟脉冲、任务标志（TK）、变址寄存器（IR）和数据寄存器（DR）等，主要用于存储输入/输出数据和中间变量，并提供定时器、计数器、寄存器等功能，还包括系统程序所使用和管理的系统状态和标志信息。I/O 存储区的分配参见表 2-14。

表 2-14 CP1H 型 PLC 存储器分配表

名　称		大　小	通 道 范 围	访 问 方 式
输入输出继电器	输入继电器	272 点	0~16	通道或位访问，可强制置位/复位
	输出继电器	272 点	100~116	通道或位访问，可强制置位/复位
内置模拟量输入输出(仅限 XA 型)	内置模拟量输入量	4 字	200~203	通道或位访问，可强制置位/复位
	内置模拟量输出量	2 字	210~211	通道或位访问，可强制置位/复位
CIO 区域	数据链接继电器	3200 点	1000~1199	通道或位访问，可强制置位/复位
	CPU 总线单元继电器	6400 点	1500~1899	通道或位访问，可强制置位/复位
	总线 I/O 单元继电器	15360 点	2000~2959	通道或位访问，可强制置位/复位
	串行 PLC 链接继电器	1440 点	3100~3189	通道或位访问，可强制置位/复位
	DeviceNet 继电器	9600 点	3200~3799	通道或位访问，可强制置位/复位
	内部辅助继电器	4800 点 37504 点	1200~1499 3800~6143	通道或位访问，可强制置位/复位
内部辅助继电器		8192 点	W000~W511	通道或位访问，可强制置位/复位
保持继电器		8192 点	H000~H511	通道或位访问，可强制置位/复位
特殊辅助继电器		15360 点	A000~A959	通道或位访问，不能强制置位/复位
暂时存储继电器		16 位	TR0~TR15	只能位访问，不能强制置位/复位
数据存储器		32768 字	D00000~D32767	只能通道访问，不可强制置位/复位
定时器当前值		4096 字	T0000~T4095	只能通道访问，不可强制置位/复位
定时完成标志		4096 点	T0000~T4095	只能位访问，可强制置位/复位
计数器当前值		4096 字	C0000~C4095	只能通道访问，不可强制置位/复位
计数完成标志		4096 点	C0000~C4095	只能位访问，可强制置位/复位
任务标志		32 点	TK0~TK31	只能位访问，不可强制置位/复位
变址寄存器		16 个	IR0~IR15	通道或位访问，不可强制置位/复位
数据寄存器		16 个	DR0~DR15	只能通道访问，不可强制置位/复位

对于各区的访问，CP1H PLC 采用字（也称作通道）和位的寻址方式，前者是指各个区可以划分为若干个连续的字，每个字包含 16 个二进制位，用标识符及 3～5 个数字组成字号来标识各区的字；后者是指按位进行寻址，需在字号后面再加 00～15 二位数字组成位号来标识某个字中的某个位。这样整个数据存储区的任意一个字、任意一个位都可用字号或位号唯一表示。

需要注意的是，在 CP1H PLC 的 I/O 存储区中，TR 区、TK 区只能进行位寻址；而 DM 区和 DR 区只能进行字寻址，除此以外的其他区域既支持字寻址又支持位寻址方式。

参数区包括各种不能由指令操作数指定的设置，这些设置只能由编程装置设定，包括 PLC 系统设定、路由表及 CPU 高功能单元系统设定区域。

CP1H 的 CPU 单元中内置有闪存，通过 CX-Programmer 软件向用户程序区和参数区写入数据时，该数据可自动备份在内置闪存中，下次电源接通时，会自动地从闪存中传送到 RAM 内的用户内存区。

存储盒可以保存程序、内存数据、PLC 系统设定、外部工具编写的 I/O 注释等数据。电源接通时，可将存储盒内保存的数据自动地进行读取。

2.5.2　数据区域结构

1. 工作位和工作字

数据区域中的某些字和位无固有用途时，在编程中可以用它们控制其他位。用于这种功能的字或位称为工作字或工作位。大多数（不是全部）未占用的位都可用作工作位。

2. 标志位和控制位

一些数据区域包括标志位和（或）控制位。当 PLC 的某些操作状态发生改变时，PLC 会自动地将对应的标志位置为"ON"或"OFF"。少数标志位可由用户设置为"ON"和"OFF"，但大多数标志位只能读，而不能直接控制。

控制位是由用户设置"ON"和"OFF"来控制特定操作的位。用"位"而非"标志"命名的位统称作控制位，例如重起动位就是控制位。

每个数据区域的数据位置都通过地址确定，地址指定了所需数据在区域中的字或位。如 CIO、W、H、A 和 D 区域等是由字组成的，每个字由 16 位组成，依次从右到左编号为 00～15。下面列出了字 W000 和 W001，每个字的内容都为 0，00 位称为最右位，15 位称为最左位：

位序号	15	14	13	12	11	10	09	08	07	06	05	04	03	02	01	00
字 W000	0	0	0	0	0	0	0	0	0	0	0	0	0	0	0	0
字 W001	0	0	0	0	0	0	0	0	0	0	0	0	0	0	0	0

术语"最高位"通常指最左位，"最低位"通常指最右位。但是在某些情况下不能如此简单定义，因为数据的字常分成几部分，每部分用作不同的参数或操作数，如果将不同字上的位连起来组成新字时，最右位就有可能成为实际上的最高位。

DM 区和 DR 区只能读取字，不能定义其中的某一位。而在 CIO、H、A 和 W 区中可以存取数据的字或位，这取决于操作数据的指令。

按字指定存储区域时，应包括存储区域简称（如有必要）和 3～5 位的字地址。若按位指定存储区域时，字地址加上位序号一同组成某个 4 或 5 位数的地址，见表 2-15。最右的两位数在 00～15 之间。

表 2-15　数据区字/位指定表

区　域	字　指　定	位　指　定
CIO	0000	000015（字 0000 的最左位）或 0.15
W	W252	W25200（字 252 的最右位）或 W252.00
DM	D12500	不能用
T	T215（指 PV）	T215（指完成标志）
A	A12	A1200 或 A12.00

注：相同的 T 字号（或 C 字号）可以用来指定定时器（或计数器）的当前值及完成标志位。

3．数据结构

以十进制形式输入的数据用 BCD 码形式存储，以十六进制形式输入的数据用二进制形式存储。字中每 4 位代表一位数，每一个十进制数或十六进制数都可以等价地表示成 4 位二进制。这样，一个字就能表示 4 位数字，这 4 位数依次从右向左编号，与二进制位号的对应关系如下：

数字序号	3				2				1				0			
位序号	15	14	13	12	11	10	09	08	07	06	05	04	03	02	01	00
内容	1	1	1	1	0	0	1	0	0	0	1	0	1	1	1	1

对于整个字，数字序号为 0 的数称为最右位数字，数字序号为 3 的数称为最左位数字。输入数据时，应按要求输入适当的形式。特别是按字输入数据时，究竟是用十进制还是用十六进制输入就要视所用的指令而定了，因此，用户编程时需要认真判断。

4．无符号的二进制数据

无符号二进制数在 CP1H 中是标准格式，本书中无特别声明都是指无符号数。无符号数总是表示正的，范围是 0（0000H）～65535（FFFFH），8 位数字的值范围从 0（0000 0000H）～4294967295（FFFF FFFFH），对应关系如下：

权值	16^3				16^2				16^1				16^0			
位序号	15	14	13	12	11	10	09	08	07	06	05	04	03	02	01	00
内容	1	1	0	0	0	1	0	1	0	0	1	1	1	0	0	1

5．带符号的二进制数据

带符号的二进制数可正可负，15 位为符号位，15 位为"OFF"时表示正；15 位为"ON"时表示负。正数范围从 0（0000H）～32767（7FFFH），负数范围从 -32768（8000H）～-1（FFFFH），对应关系如下：

符号位

权　值		16³				16²				16¹				16⁰		
位序号	15	14	13	12	11	10	09	08	07	06	05	04	03	02	01	00
内容	0	0	1	0	0	0	0	1	0	1	0	0	1	0	0	0

8 位数字的正值范围从 0（0000 0000H）～2147483647（7FFF FFFFH），8 位数字的负值范围从–2147483648（8000 0000H）～–1(FFFF FFFFH)。

6．不同数制的数据转换

二进制数与十六进制数的转换很简单，每 4 位二进制数等于一位十六进制数。按从右至左的次序进行转换。

十进制数与 BCD 码也很容易转换。每一个 BCD 码数字（即 4 个 BCD 位的组）等于一个十进制数字，例如 BCD 位 0101011001010110 以每 4 位为一组从右向左开始转换，二进制数 0110 对应十进制数 6，二进制数 0101 对应十进制数 5，因此对应的十进制数为 5656。注意，这与二进制数 0101011001010110 在数值上是不同的。因为每 4 位 BCD 码对应一个十进制数，所以大于 9 的 4 位二进制数不能用。例如，二进制数 1011 不允许出现，因为它对应十进制数的 11，不能用一位十进制数字表示；但在十六进制中允许用 1011，它等价于十六进制数 B。

BCD 码与十六进制数之间互相转换的指令，详见第 3 章。

2.5.3　CIO 区

CIO 区既可以用作控制 I/O 点的数据，也可以用作内部处理和存储数据的工作位，它可以按位或字存取。CIO 区在 CP1H PLC 中的字寻址范围是 CIO 0000～CIO 6143，在指定某一 CIO 区中的地址时无须输入缩写"CIO"，根据不同用途在 CIO 区中又划分了若干区域，未分配给各单元的区域可以作为内部辅助继电器使用。区域分配参见表 2-16。

表 2-16　CIO 区分配表

通道范围	型　号		注　释
	X/Y 型	XA 型	
0～16	输入继电器区	输入继电器区	用于内置输入继电器区
17～99	空闲	空闲	
100～116	输出继电器区	输出继电器区	用于内置输出继电器区
117～199	空闲	空闲	
200～211	空闲	内置模拟量输入输出区	内置模拟量输入：200～203 内置模拟量输出：210～211
212～999	空闲	空闲	
1000～1199	数据链接继电器区	数据链接继电器区	分配给 Controller 链接网
1200～1499	内部辅助继电器区	内部辅助继电器区	程序内部使用的继电器区
1500～1899	CPU 高功能单元继电器区 （25 通道/单元）	CPU 高功能单元继电器区 （25 通道/单元）	
1900～1999	空闲	空闲	

（续）

通道范围	型 号		注 释
	X/Y 型	XA 型	
2000～2959	高功能 I/O 单元继电器区 （10 通道/单元）	高功能 I/O 单元继电器区 （10 通道/单元）	
2960～3099	空闲	空闲	
3100～3189	串行 PLC 链接继电器区	串行 PLC 链接继电器区	用于与其他 PLC 进行数据链接
3190～3199	空闲	空闲	
3200～3799	DeviceNet 继电器区	DeviceNet 继电器区	适用 CJ 系列 DeviceNet 单元
3800～6143	内部辅助继电器区	内部辅助继电器区	程序内部使用的继电器区

1. 输入/输出继电器区

输入/输出继电器区是 PLC 输入输出单元映像区，它既可以字寻址，也可以位寻址。当字寻址时，只需用 4 位数字表示 I/O 字（或 I/O 通道）；若以位寻址，则需在字号后再加 2 位数字，用 6 位数表示 I/O 位（一个继电器）。

I/O 区中直接映像外部输入信号的那些位称为输入位，编程时可根据需要按任意顺序、无限次地使用这些输入位，但这些位不能用于输出指令。在 CP1H 中输入继电器区为 0～16 通道（0.00～16.15 位）。

I/O 区中直接控制那些外部输出设备的位称为输出位，编程时每个输出位只能被输出一次，但可以无限次地被调用作为其他输出的输入条件。在 CP1H 中输出继电器区为 100～116 通道（100.00～116.15 位）。

CP1H 中输入继电器、输出继电器的起始通道号是固定的。外部输入设备实际接入 0 通道和 1 通道；而外部输出设备接到 100 通道和 101 通道。输入输出继电器可通过 CX-Programmer 软件实现对某一位的强制置位或复位。

一台 CP1H CPU 单元最多可连接 7 个扩展单元，总计 34 个 I/O 通道数，一旦超出会产生 "I/O 点数超出" 错误，CP1H 不能运行。

在连接扩展单元时，输入型单元从 2 通道开始分配，输出型单元从 102 通道开始分配，按照单元连接顺序自动分配。需要注意的是连接不同的扩展 I/O 单元或扩展单元，其占用的输入输出通道数各不相同，相关内容参见 2.6 节。

2. 内置模拟量输入/输出继电器区（仅限 XA 型）

XA 型 CP1H 的内置模拟量输入/输出的通道分配见表 2-17。

表 2-17　内置模拟量输入/输出通道分配

种 类	占用通道号	内 容		
		数 据	6000 分辨率	12000 分辨率
模拟量输入 A-D 转换值	200	模拟量输入 0	–10～+10V 量程： F448～0BB8 Hex 其他量程： 0000～1770 Hex	–10～+10V 量程： E890～1770 Hex 其他量程： 0000～2EE0 Hex
	201	模拟量输入 1		
	202	模拟量输入 2		
	203	模拟量输入 3		
模拟量输出 D-A 转换值	210	模拟量输出 0		
	211	模拟量输出 1		

3. 数据链接继电器区

数据链接继电器区的寻址范围为 CIO 1000～CIO 1199，用于 ControllerLink 中的数据链接或 PLC 链接系统中的 PC 链接。不使用时可作为工作通道或工作位。ControllerLink 网结构如图 2-46 所示。

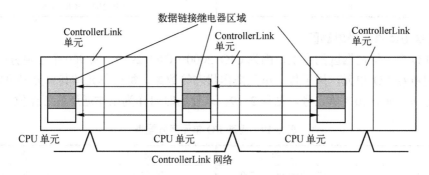

图 2-46　ControllerLink 网结构示意图

数据链接是指通过安装在各 PLC 上的 ControllerLink 单元所构成的网络，自动地（独立于程序）访问网络中其他 PLC，实现链接区的数据共享。数据链接可以自动创建（每个节点使用相同数量的字）或人工创建。当用人工定义数据链接时，它可以给每个节点指定任意数量的字，并可以设置节点为只发送或只接收。详细内容参考 ControllerLink 单元操作手册。

4. CPU 总线单元继电器区

CPU 总线单元区的寻址范围为 CIO 1500～CIO 1899，共 400 个通道分配给 CPU 总线单元，用于传送单元操作状态等数据，每个单元按其单元号可以分配 25 个通道，见表 2-18。I/O 刷新（发生在程序执行后）期间，每个周期同 CPU 总线单元交换一次数据（数据区中的字不能用立即刷新或 IORF 指令刷新）。未使用时可作为工作通道或工作位。

表 2-18　CP1H CPU 总线单元区字分配表

单 元 号	分 配 的 字
0	CIO 1500～CIO 1524
1	CIO 1525～CIO 1549
2	CIO 1550～CIO 1574
3	CIO 1575～CIO 1599
4	CIO 1600～CIO 1624
5	CIO 1625～CIO 1649
6	CIO 1650～CIO 1674
7	CIO 1675～CIO 1699
8	CIO 1700～CIO 1724
9	CIO 1725～CIO 1749
A	CIO 1750～CIO 1774
B	CIO 1775～CIO 1799
C	CIO 1800～CIO 1824

（续）

单 元 号	分 配 的 字
D	CIO 1825～CIO 1849
E	CIO 1850～CIO 1874
F	CIO 1875～CIO 1899

5. 特殊 I/O 单元继电器区

特殊 I/O 单元继电器区的寻址范围为 CIO 2000～CIO 2959，共 960 个通道分配给 CP1H 的 CJ 系列特殊 I/O 单元，用于传送单元操作状态等数据，每个单元按其单元号设定分配 10 个字，首字 n=2000+10×单元号，见表 2-19。未使用时可作为工作通道或工作位。

表 2-19 特殊 I/O 单元字分配表

单 元 号	分 配 的 字	单 元 号	分 配 的 字
0	CIO 2000～CIO 2009	10（A）	CIO 2100～CIO 2109
1	CIO 2010～CIO 2019	11（B）	CIO 2110～CIO 2119
2	CIO 2020～CIO 2029	12（C）	CIO 2120～CIO 2129
3	CIO 2030～CIO 2039	13（D）	CIO 2130～CIO 2139
4	CIO 2040～CIO 2049	14（E）	CIO 2140～CIO 2149
5	CIO 2050～CIO 2059	15（F）	CIO 2150～CIO 2159
6	CIO 2060～CIO 2069	16	CIO 2160～CIO 2169
7	CIO 2070～CIO 2079	17	CIO 2170～CIO 2179
8	CIO 2080～CIO 2089	⋮	⋮
9	CIO 2090～CIO 2099	95	CIO 2950～CIO 2959

6. 串行 PLC 链接继电器区

串行 PLC 链接继电器区的寻址范围为 CIO 3100～CIO 3189，共 90 个通道，用于 CP1H 之间或 CP1H 与 CJ1M 之间的数据链接。串行 PLC 链接通过内置 RS-232C 端口，进行 CPU 单元间的数据交换（无程序的数据交换）。串行 PLC 链接区的通道分配需根据主站中的 PLC 系统设定而自动设定。串行 PLC 链接结构如图 2-47 所示。

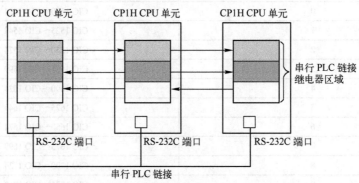

图 2-47 串行 PLC 链接结构示意图

7. DeviceNet 继电器区

DeviceNet 继电器区的寻址范围为 CIO 3200～CIO 3799，共 600 个通道。它是使用 CJ 系

列 DeviceNet 单元的远程 I/O 主站功能时，各从站被分配的继电器区域（固定分配时）。通过软件开关可选择表 2-20 中固定分配区域 1～3 中的任何一个。DeviceNet 链接结构如图 2-48 所示。

表 2-20　DeviceNet 继电器分配区域

区　　域	主站→从站 输出（OUT）区域	从站→主站 输入（IN）区域
固定分配区域 1	3200～3263	3300～3363
固定分配区域 2	3400～3463	3500～3563
固定分配区域 3	3600～3663	3700～3763

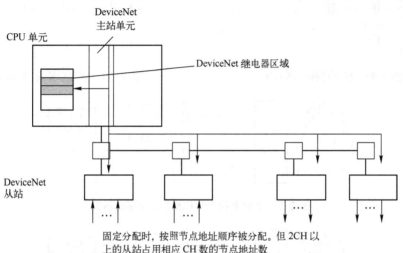

图 2-48　DeviceNet 链接结构示意图

2.5.4　内部辅助继电器区

内部辅助继电器是指只能在程序中调用的继电器。内部辅助继电器区由两部分构成，其寻址范围如下：

1）CIO 区中 1200～1499 通道和 3800～6143 通道，这两个区域在 PLC 扩展功能时可以被分配用作其他用途。

2）W000～W511 通道，此区域不能被分配用作其他用途，因此编程时应优先使用 W000～W511 通道。

2.5.5　保持继电器区

保持区可用于程序中的各种数据的存储和操作。保持区的寻址范围为 H000～H511（位寻址 H00000～H51115）。保持区既可以字访问，也可以位访问，但在字号或位号前需冠以 "H" 字符，以区别于其他区。当系统工作方式改变、电源中断或 PLC 操作停止时，保持区数据保持不变。

如果一个保持区的位在 IL(002) 和 ILC(003) 之间被调用，而且 IL(002) 的执行条件为

OFF 时，保持区的位将被清零。而在 IL(002) 执行条件为 OFF 时，仍需保持该位为 ON，则只能在 IL（002）前用 SET 指令将此位置为 ON。

只有采用自锁电路编程才能保持某一个保持区的位，即使当电源复位时自锁位也不清零，如图 2-49 所示。若采用图 2-50 所示的梯形图编程，当 0.01 为 OFF 或 0.02 为 ON 或电源复位时，H0.00 将复位。

当保持区中的位被 KEEP 指令调用时，注意不要用交流供电输入单元外接的常闭触点作为 KEEP 指令的复位输入，如图 2-51 所示，当供电关断或暂时中断时，输入将在 PLC 内部供电前关断，保持位将被复位。正确的使用方法如图 2-52 所示。

图 2-49　自保持梯形图示例　　　　　　图 2-50　非自保持梯形图示例

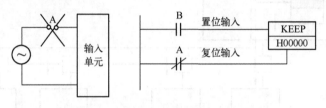

图 2-51　KEEP 指令中保持位错误用法示例

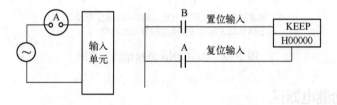

图 2-52　KEEP 指令中保持位正确用法示例

2.5.6　特殊辅助继电器区

特殊辅助继电器区的寻址范围是 A000～A959，它被系统预置了自诊断发现的异常标志、初始设定标志、操作标志、控制位及运行状态监视数据等。其中，A000～A447 为系统只读区，A448～A959 为可读写区，可以作为工作通道或工作位由用户使用。即使对于可读写区也不可进行持续的强制置位或复位。该区既可以字寻址，也可以位寻址，寻址方式为字号或位号前加前缀 "A"。关于特殊辅助继电器的功能，请参见 OMRON CP1H 的操作手册中的附录 3 和 4[⊖]。

2.5.7　暂时存储继电器区

TR 用于存储程序分支点的数据，适用于那些输出有许多分支点，但 IL 和 ILC 分支指令

⊖　可在封底查看本书配套资源的获取方式。

又不适合的场合。TR 区的寻址范围是 TR00～TR15，只能进行位寻址，TR 区寻址时需在地址号前加前缀 "TR"，在程序的一个分支内（即从梯形图左母线引出的单一分支内）同一个 TR 号不能重复使用，但在不同的程序分支间同一个 TR 号可重复使用。与上面所述的几个继电器区不同的是 TR 位只可以与 LD 和 OUT 指令联用，其他指令不能使用 TR 位作为数据。示例如图 2-53 所示。

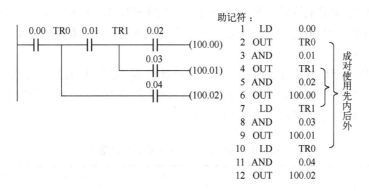

图 2-53　TR 位应用示例

2.5.8　定时器区

定时器区为定时器指令（TIM/TIMX）、高速定时器指令（TIMH/TIMHX）、超高速定时器指令（TMHH/TMHHX）、累积定时器指令（TTIM/TTIMX）、块程序的定时器待机指令（TIMW/TIMWX）、高速定时器待机指令（TMHW/TMHWX）等提供了 4096 个定时器的编号 T0000～T4095，用于访问这些指令的定时完成标志和当前值（PV）。

当定时器编号被用于位操作时，该编号为定时完成标志，此标志可以作为常开或常闭条件在程序中被调用；当定时器编号用于字处理时，该编号为定时器的 PV 值通道号，此值可以作为普通字读取。

需注意的是，定时器区寻址时需在地址号前加前缀 "T"，而且两个定时器指令不要使用相同的定时器编号，否则无法正确操作。表 2-21 列出了影响定时器的当前值和完成标志的情况。

表 2-21　定时器当前值及标志位状态表

指　　令	TIM/TIMX	TIMH/TIMHX	TMHH/TMHHX	TTIM/TTIMX	TIMW/TIMWX	TMHW/TMHWX
	定时器	高速定时器	超高速定时器	累积定时器	定时器待机	高速定时器待机
工作模式变更时（程序←→运行/监视模式）	当前值=0 到时标志=OFF					
电源复位时（ON→OFF→ON）	当前值=0 到时标志=OFF					
CNR/CNRX 指令（定时器/计数器复位）	当前值=9999/FFFF 到时标志=OFF					
按照 JMP-JME 指令转移时或任务为待机中时	启动中的定时器更新当前值			保持	启动中的定时器更新当前值	
IL-ILC 指令中的 IL 条件为 OFF 时	复位（当前值=设定值且到时标志=OFF）			保持	…	…

2.5.9 计数器区

计数器区为计数器指令（CNT/CNTX）、可逆计数器指令（CNTR/CNTRX）、块程序的计数器待机指令（CNTW/CNTWX）提供了 4096 个计数器的编号 C0000～C4095，通过计数器编号访问这些指令的计数完成标志和当前值（PV）。

当计数器编号被用于位操作时，该编号为计数完成标志，此标志可以作为常开或常闭条件在程序中被调用；当计数器编号被用于字处理时，该编号为计数器的 PV 值通道，此值可以作为普通字读取。

需注意的是，计数器区寻址时需在地址号前加前缀"C"，而且两个计数器指令不能使用相同的计数器编号，否则无法正确操作。内置高速计数器 0～3 不使用计数器编号。表 2-22列出了影响计数器的当前值和完成标志的情况。

表 2-22 计数器当前值及标志位状态表

指　　令	CNT/CNTX	CNTR/CNTRX	CNTW/CNTWX
	计数器	可逆计数器	计数器待机
复位时的当前值/计数结束标志	当前值=0；计数结束标志=OFF		
工作模式变更时（程序←→运行/监视模式）	保持		
电源再接通时	保持		
复位输入时	复位		
CNT/CNTX（定时器/计数器复位）指令	复位		
IL-ILC 指令内的 IL 条件 OFF 时	保持		

通过 CX-Programmer 软件可以将计数器的设定值及当前值更新设定方式，由 BCD 码（0000～9999）方式变更为 BIN 方式（0000～FFFF）。具体步骤如下。

1）用鼠标右键单击项目树的"新 PLC"，选择"属性"。如图 2-54 所示。

图 2-54 变更计数器/定时器当前值方式

2）在 PLC 的属性设定窗口中选择"以二进制形式执行定时器/计数器"，则在所有任务中的定时器及计数器将在 BIN 模式下执行。否则，定时器及计数器将在 BCD 模式下执行。如图 2-55 所示。

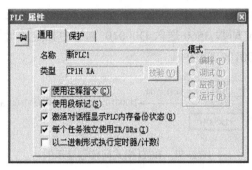

图 2-55　PLC 的属性设定窗口

2.5.10　数据存储器区

数据存储器区（DM）是一个只能以字为单位存取的多用途数据区，不能用于位操作指令，但可以用位测试指令 TST 和 TSTN。寻址范围及用途见表 2-23，寻址方式是在字号前加前缀"D"。PLC 上电或改变工作模式时 DM 区中数据保持不变。

表 2-23　DM 区字分配表

字　范　围	用　途
D00000～D19999	读写区
D20000～D29599	特殊 I/O 单元区域，每个单元按其单元号设定分配 100 个字 首字 m=D20000+100×单元号
D29600～D29999	读写区
D30000～D31599	CPU 总线单元区域，100 字/单元
D31600～D32199	读写区
D32200～D32299	串行端口 1 用
D32300～D32399	串行端口 2 用
D32400～D32767	读写区

DM 区用作数据处理和存储时，DM 字可以采用 BIN 模式或 BCD 模式进行间接访问。

1. 二进制模式寻址（@D）

若 DM 区地址前输入一个"@"字符，则 DM 字中的内容将按二进制数处理，指令将在此二进制地址所指的 DM 字上进行操作，全部 DM 区均可以通过十六进制数 0000～7FFF 进行间接寻址。

如图 2-56 所示，将立即数 3560 送入 D00010 通道中指定的地址，若@D00010 通道中为 0100，则将#3560 送入 D00256 通道中。

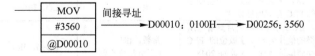

图 2-56　二进制模式间接寻址示例

2. BCD 模式寻址（*D）

若 DM 区地址前输入一个 "*" 字符，则 DM 字中的内容将按 BCD 码处理，指令将在此 BCD 码地址所指的 DM 字上进行操作，只有部分 DM 区（D00000～D09999）可以通过 BCD 码（0000～9999）进行间接寻址。

如图 2-57 所示，将立即数 3560 送入 D00010 通道中指定的地址，若*D00010 通道中为 0100，则将#3560 送入 D00100 通道中。

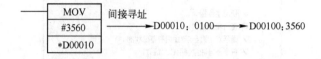

图 2-57　BCD 模式间接寻址示例

2.5.11　变址寄存器

16 个变址寄存器（IR0～IR15）用于间接寻址一个字，每个变址寄存器存储一个 PLC 存储地址，该地址是在 I/O 存储区中一个字的绝对地址。用 MOVR 指令将一个常规数据区地址转换成它的 PLC 存储地址，并将该值写到指定的变址寄存器中（用 MOVRW 指令在变址寄存器中设定定时器/计数器当前值的 PLC 存储地址）。如图 2-58 所示。

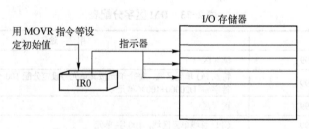

图 2-58　变址寄存器工作原理示意图

1. 间接寻址

若 IR 带前缀 "," 作为操作数，则指令将在 IR 中 PLC 存储地址所指的字上进行操作，而不是变址寄存器，IR 即为 I/O 存储区的指针。I/O 存储区（除变址寄存器、数据寄存器和状态标志位以外）中所有的地址都能用 PLC 存储地址唯一指定，无须指定数据区。除了基本的间接寻址外，还可以用常数、数据寄存器及自动增加或减少偏移 IR 中的 PLC 存储地址等方式实现每次执行指令时增大或减小地址来循环读写数据。参见表 2-24。应用示例如图 2-59 所示。

表 2-24　IR 间接寻址变量表

变　量	功　能	句　法		示　例
间接寻址	IR□的内容作为一个位或字的 PLC 存储地址处理	, IR□	LD, IR0	装载 IR0 所含的 PLC 存储地址位
常量偏移间接寻址	IR□的内容加上常量前缀所得的值作为一个字或位的 PLC 存储地址处理，常数为-2048～2047 的整数	常数, IR□（正负常数均可）	LD+5, IR0	IR0 的内容加 5 作为 PLC 存储地址，并装载该地址中的位

（续）

变　量	功　能	句　法	示　例
DR 偏移间接寻址	IR□的内容加上 DR 的内容所得的值作为一个字或位的 PLC 存储地址	DR□，IR□	LD DR0，IR0	IR0 的内容加 DR0 的内容作为 PLC 存储地址，并装载该地址中的位
地址自动递增的间接寻址	IR□的内容作为一个字或位的 PLC 存储地址后，IR□的内容自动加 1 或 2	加 1：，IR□+ 加 2：，IR□++	LD，IR0++	装载 IR0 中 PLC 存储地址中的位，并将 IR0 的内容加上 2
地址自动递减的间接寻址	将 IR□的内容自动减 1 或 2 并将结果作为一个字或位的 PLC 存储地址	减 1：，−IR□ 减 2：，−−IR□	LD，−−IR0	IR0 的内容减 2 作为 PLC 存储地址并装载该地址中的位

注：□指 0~15。

【例 2-1】　将字 CIO 00002 的 PLC 存储地址存储到变址寄存器 IR0 中。间接寻址过程如图 2-59 所示。

MOVR　2　IR0　　　　　　　　将 CIO 00002 的 PLC 存储地址存储在 IR0 中

MOVR　#0001，IR0　　　　　将#0001 写到 IR0 所含的 PLC 存储地址中

MOV　#0020　+1，IR0　　　读取 IR0 的内容并加 1 作为 PLC 存储地址，

　　　　　　　　　　　　　　　将#0020 写到该地址中

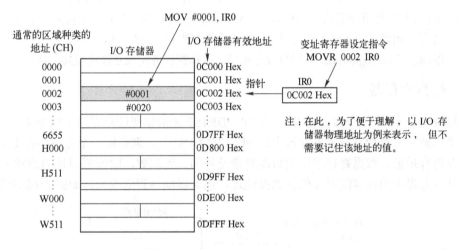

图 2-59　变址寄存器间接寻址示例

2. 直接寻址

若 IR 不带前缀"，"作为操作数，指令将对变址寄存器本身的内容（双字）进行操作，表 2-25 列出了可对变址寄存器直接寻址的指令，当这些指令对变址寄存器操作时，后者作为指针。

表 2-25　适用直接寻址指令表

指　令　组	指　令　名　称	助　记　符
数据移动指令	移位寄存器	MOVR
	将定时器/计数器当前值移入寄存器	MOVRW
	双字长传送	MOVL
	双字长数据交换	XCGL

（续）

指 令 组	指 令 名 称	助 记 符
表数据处理指令	设置记录位置	SETR
	取记录号	GETR
递增/递减指令	二进制递增 2	++L
	二进制递减 2	--L
比较指令	双字长等于	=L
	双字长不等于	<>L
	双字长小于	<L
	双字长小于或等于	<=L
	双字长大于	>L
	双字长大于或等于	>=L
	双字长比较	CMPL
符号算术运算指令	双字长带符号无进位二进制加法	+L
	双字长带符号无进位二进制减法	-L

启动一个中断任务时，变址寄存器中的值未知。若在一个中断任务中需使用变址寄存器，则总是在该任务中使用变址寄存器前用 MOVR 或 MOVRW 指令在变址寄存器中设定一个 PLC 存储地址。因为 IR 在初始设定中各任务相互独立，故不会相互影响。因此，IR 在各个任务中相当于有 16 个。IR 可以通过 CX-Programmer 的属性设定窗口，选择在任务间独立使用或共享使用。

2.5.12 数据寄存器

间接寻址中利用 16 个数据寄存器（DR0~DR15）来偏移变址寄存器中的 PLC 存储地址。将数据寄存器中的值加到变址寄存器中的 PLC 存储地址上，来指定一个位或字在 I/O 存储区中的绝对内存地址，数据寄存器中的数据是带符号的二进制数，取值范围是-32768~32767，因此变址寄存器中的内容既可以偏移到高地址，也可以偏移到低地址。如图 2-60 所示。

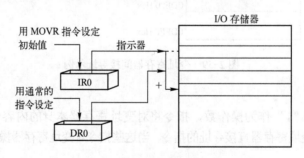

图 2-60 数据寄存器工作原理示意图

【例 2-2】 用数据寄存器来偏移变址寄存器中的 PLC 存储地址。

    LD   DR0，IR0   将 DR0，IR0 的内容相加得到 PLC 存储地址，
                               装载 PLC 内存中该地址的位

    MOV #0001 DR0，IR1   将 DR0，IR1 的内容相加得到 PLC 存储地址，
                               并将#0001 写到该地址中

需要注意的是，启动一个中断任务时，数据寄存器中的值未知。若在一个中断任务中需使用数据寄存器，则必须在使用该数据寄存器前设置一个值。DR 可以通过 CX-Programmer的属性设定窗口，选择在任务间独立使用或共享使用。不能从编程装置访问数据寄存器的内容。

2.5.13　任务标志

任务标志 TK00～TK31 对应着循环任务 0～31。当对应的循环任务处于运行状态时，任务标志置 ON；当对应的循环任务处于等待状态时，任务标志置 OFF。这些标志仅指示循环任务的状态，而不反映中断任务的状态。

2.5.14　状态标志

状态标志主要包括指令执行结果的运算标志，如错误标志、等于标志等，具体功能见表 2-26。这些标志的状态反映指令执行的结果，只能读取不能直接从指令或编程装置对这些标志进行写操作。它们是用标记（如 CY，ER）或符号（如 P_On，P_EQ）指定，而不是由地址指定。需注意的是以 P_开头的状态标志在 CX-Programmer 中作为全局符号，任务切换时所有的状态标志清零，因此状态标志的状态不能传递到下一个循环任务中，而 ER、AER 的状态只在出现错误的任务中保持。

表 2-26　状态标志功能表

名　　称	标　记	符　号	功　　能
错误标志	ER	P_ER	指令中的操作数据不正确（指令处理错误）时，该标志置 ON，以指示指令因为错误而停止 如果在"PLC 设置"中设置为停止指令错误时停止操作（指令操作错误），则在错误标志置 ON 时停止程序的执行，并且指令处理错误标志（A29508）也置 ON
存取错误标志	AER	P_AER	出现非法存取错误时，该标志置 ON。非法存取错误指示某指令试图访问一个不应该被访问的存储区域 如果在"PLC 设置"设置为指令错误（指令操作错误）时停止操作，则在存取错误标志置 ON 时停止程序的执行，并且指令处理错误标志（A429510）也置 ON
进位标志	CY	P_CY	算术运算结果中出现进位或数据移位指令将一个"1"移进进位标志时，该标志置 ON 进位标志是某些算术运算和符号运算指令执行结果的一部分
大于标志	>	P_GT	当比较指令中的第一个操作数大于第二个操作数或一个值大于指定范围时，该标志置 ON
等于标志	=	P_EQ	当比较指令中的两个操作数相等或某一计算结果为 0 时，该标志置 ON
小于标志	<	P_LT	当比较指令中的第一个操作数小于第二个操作数或一个值小于指定范围时，该标志置 ON
负标志	N	P_N	当结果的最高有效位（符号位）为 ON 时，该标志置 ON
上溢标志	OF	P_OF	当计算结果溢出结果字容量的上限时，该标志置 ON
下溢标志	UF	P_UF	当计算结果溢出结果字容量的下限时，该标志置 ON
大于等于标志	>=	P_GE	当比较指令中的第一个操作数大于或等于第二个操作数时，该标志置 ON
不等于标志	<>	P_NE	当比较指令中的两个操作数不相等时，该标志置 ON
小于等于标志	<=	P_LE	当比较指令中的第一个操作数小于或等于第二个操作数时，该标志置 ON
常通标志	ON	P_On	该标志总是为 ON（总是 1）
常断标志	OFF	P_Off	该标志总是为 OFF（总是 0）

所有指令共享状态标志，它们的状态通常在一个扫描周期内会改变，因此当指令执行完毕后须立即读取状态标志，最好是在同一执行条件的分支中。

2.5.15 时钟脉冲

时钟脉冲是由 CPU 内部的定时器按规定的时间间隔交替置 ON 和 OFF 的标志，它们用符号而不是地址指定，见表 2-27。时钟脉冲是只读标志，不能用指令或编程装置执行写操作。每个时钟位在规定的脉冲周期前半时内为"1"，在后半时内为"0"，即每个时钟脉冲发生器标志的占空比为 1:1。如图 2-61 所示。

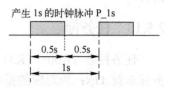

图 2-61　P_1s 时钟脉冲示意图

表 2-27　时钟脉冲位功能表

名　称	标　记	符　号	操　作	
0.02s 时钟脉冲	0.02S	P_0_02_S		ON：0.01s OFF：0.01s
0.1s 时钟脉冲	0.1S	P_0_1_S		ON：0.05s OFF：0.05s
0.2s 时钟脉冲	0.2S	P_0_2_S		ON：0.1s OFF：0.1s
1s 时钟脉冲	1S	P_1S		ON：0.5s OFF：0.5s
1min 时钟脉冲	1min	P_1min		ON：30s OFF：30s

以上是对 CP1H PLC I/O 存储区的简要介绍，它们简化了 PLC 对各种数据的管理，用户可以分门别类地存取、调用不同数据，关于各数据区更详细的内容请参见相关手册。

2.6　CP1H PLC 的 I/O 扩展单元

2.6.1　CPM1A 系列扩展单元

CP1H CPU 单元上最多可以扩展 7 个 CPM1A 系列的扩展 I/O 单元或扩展单元。这样，既可以增加 CP1H 系统的 I/O 点数（最多扩展 I/O 点数为 280 点），也可以增加新的控制功能（如温度传感器输入）。扩展方式如图 2-62 所示。

若使用 I/O 连接电缆 CP1W-CN811，可延长至 80cm，可以采用双排并行连接。如图 2-63 所示。

CP1H CPU 单元将按照连接顺序给扩展单元分配 I/O 通道号。输入通道号从 2 通道开始，输出通道号从 102 通道开始，分配通道示例如图 2-64 所示。

所连接的扩展单元、扩展 I/O 单元所占用的 I/O 通道数总和必须在 15 个通道以内。由于温度调节单元 CPM1A-TS002/102 占用 4 个输入通道，因此在使用此类单元时，要减少可分接的单元数。具体技术参数见表 2-28、表 2-29。

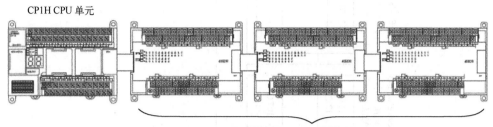

图 2-62　CPM1A 系列 I/O 扩展示意图

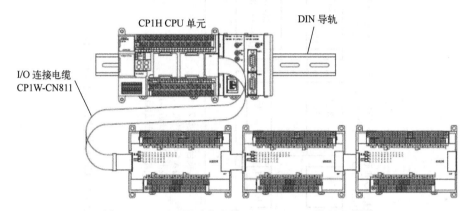

图 2-63　CP1H 用连接电缆 CP1W-CN811 扩展示意图

表 2-28　CPM1A 系列扩展 I/O 单元技术指标表

外　观	型　号	通用输入	通用输出	占用通道数 输入	占用通道数 输出	电流消耗 DC 5V	电流消耗 DC 24V
	CPM1A-40EDR	DC 24V 24 点	继电器输出16 点	2	2	0.080A	0.090A
	CPM1A-40EDT		晶体管输出（漏型）16 点			0.160A	—
	CPM1A-40EDT1		晶体管输出（源型）16 点				
	CPM1A-20EDR1	DC 24V 12 点	继电器输出 8 点	1	1	0.103A	0.044A
	CPM1A-20EDT		晶体管输出（漏型）8 点			0.130A	—
	CPM1A-20EDT1		晶体管输出（源型）8 点				
	CPM1A-8ED	DC 24V 8 点	无	1	无	0.018A	—
	CPM1A-8ER	无	继电器输出 8 点	无	1	0.026A	0.044A
	CPM1A-8ET		晶体管输出（漏型）8 点			0.075	—
	CPM1A-8ET1		晶体管输出（源型）8 点				

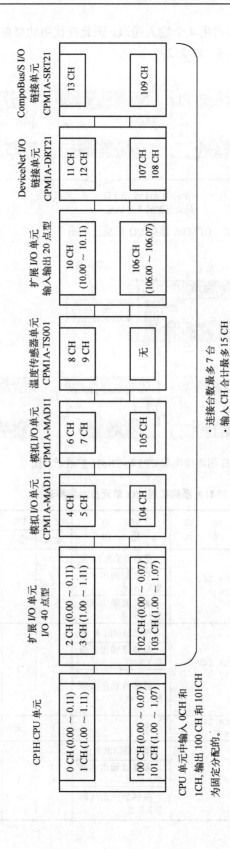

图 2-64 CP1H 的扩展通道通道号分配示例

表 2-29　CPM1A 系列扩展单元技术指标表

名称/外观	型　号	规　格		占用通道数		电流消耗	
				输入	输出	DC 5V	DC 24V
模拟量输入/输出单元	CPM1A-MAD01 分辨率：1/256	模拟量输入 2 点	0～10V/1～5V/ 4～20mA			0.066A	0.066A
		模拟量输出 1 点	0～10V/-10～+10V/ 4～20mA				
	CPM1A-MAD11 分辨率：1/6000	模拟量输入 2 点	0～5V/1～5V/ 0～10V/-10～+10V/ 0～20mA/4～20mA	2	1	0.083A	0.110A
		模拟量输出 1 点	1～5/0～10V/ -10～+10V/0～20 mA/ 4～20mA				
温度传感器单元	CPM1A-TS001	输入 2 点	热电偶输入 K，J	2	—	0.040A	0.059A
	CPM1A-TS002	输入 4 点					
	CPM1A-TS101	输入 2 点	测温电阻输入 Pt100，JPt100	4	—	0.054A	0.073A
	CPM1A-TS102	输入 4 点					
DeviceNet I/O 链接单元	CPM1A-DRT21	作为 DeviceNet 从站，被分配输入 32 点/输出 32 点		1	1	0.029A	—
CompoBus/S I/O 链接单元	CPM1A-SRT21	作为 CompoBus/S 的从站，被分配输入 8 点/输出 8 点		2	2	0.048A	—

2.6.2　CJ 系列扩展单元

CJ 系列的高功能单元（包括特殊 I/O 单元、CPU 总线单元等）最多只能连接 2 台，并配备 CJ 单元适配器 CP1W-EXT01 及端板 CJ1W-TER01。这样，可以扩展网络通信或协议宏等串行通信设备，如图 2-65 所示。CP1H 不能扩展连接 CJ 系列的基本 I/O 单元。

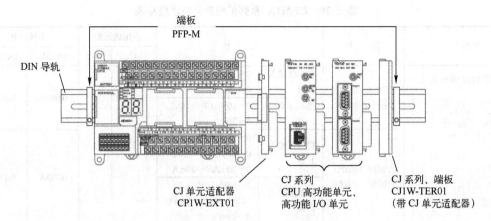

图 2-65　CJ 系列 I/O 扩展示意图

连接的 CJ 系列高功能 I/O 单元或 CPU 高功能单元的消耗电流见表 2-30。

表 2-30　CJ 系列扩展单元耗电表

单元种类	名　　称	型　　号	消耗电流（DC 5V）
CPU 高功能单元	Ethernet 单元	CJ1W-ETN11/21	0.38A
	ControllerLink 单元	CJ1W-CLK21-V1	0.35A
	串行通信单元	CJ1W-SCU21-V1	0.28A
		CJ1W-SCU41-V1	0.38A
	DeviceNet 单元	CJ1W-DRM21	0.29A
高功能 I/O 单元	CompoBus/S 主单元	CJ1W-SRM21	0.15A
	模拟量输入单元	CJ1W-AD081/081-V1/041-V1	0.42A
	模拟量输出单元	CJ1W-DA041/021	0.12A
		CJ1W-DA08V/08C	0.14A
	模拟量输入/输出单元	CJ1W-MAD42	0.58A
	处理输入单元	CJ1W-PTS51/52	0.25A
		CJ1W-PTS15/16	0.18A
		CJ1W-PDC15	0.18A
	温度调节单元	CJ1W-TC	0.25A
	高速计数单元	CJ1W-CT021	0.28A
	ID 传感器单元	CJ1W-V600C11	0.26A
		CJ1W-V600C21	0.32A

　　CP1H CPU 单元及扩展的扩展单元、扩展 I/O 单元、CJ 系列单元，消耗电流的合计不可以超过 2A（5V）或 1A（24V），合计消耗功率不可以超过 30W。此外，在交流电源类型中，还需要加上外部直流 24V 电源输出的消耗电流。核算方法见例 2-3。

　　【例 2-3】　主机 CP1H-X40DR-A 连接了 3 台 TS002，1 台 TS001、1 台 20EDT 和 2 台 8ER，共 7 个扩展单元，核算结果见表 2-31。

表 2-31　扩展单元容量核算表

台　数		CP1H-X 40DR-A	TS002 (3 台)	TS001 (1 台)	20EDT (1 台)	8ER (2 台)	合计 7 台	≤7 台
输入通道		—	4×3=12	2×1=2	1×1=1	0	合计 15 通道	≤15 通道
输出通道		—	0	0	1×1=1	1×2=2	合计 3 通道	≤15 通道
消耗电流	5V	0.420A	0.040A×3 =0.120A	0.040A×1 =0.040A	0.130A×1 =0.130A	0.026A×2 =0.052A	合计 0.762A	≤2A
	24V	0.070A	0.059A×3 =0.177A	0.059A×1 =0.059A	0	0.044A×2 =0.088A	合计 0.394A	≤1A
消耗功率		5V×0.762A=3.81W 24V×0.394A=9.46W					合计 13.27W	≤30W

通过表 2-31 对扩展单元总数、I/O 通道总数、消耗电流和消耗功率的全面核算可知，CP1H 的扩展配置满足各项限制条件，可以正常工作。

2.7　习题

1．CP1H PLC 的突出特点是什么？

2．X 型、XA 型与 Y 型 CP1H 的性能各有何特点？

3．CP1H CPU 单元指示灯的含义是什么？

4．CP1H CPU 单元的模拟电位器与外部模拟量输入连接器有什么区别？设定值存储在何处？

5．XA 型 CP1H 如何设定模拟量输入信号参数（电压型或电流型）？

6．RS-232C 选件板与 RS-422A/485 选件板在功能上有何区别？

7．CP1H PLC 的 I/O 扩展方式是什么？扩展能力是多少？

8．CPM1A 系列扩展单元与 CJ 系列扩展单元在使用上应注意什么？

9．CP1H PLC 的输出单元有哪些类型？它们各有什么特点？适合哪些场合？

10．字与位的区别是什么？在数据区中，哪些只能字寻址，哪些只能位寻址，哪些两者皆可？哪些数据区具有掉电保持数据的功能？

11．CP1H PLC 的存储器结构是什么？

12．工作位与标志位、控制位的区别是什么？举例说明。

13．若使指示灯产生半分钟亮、半分钟灭的效果，可以调用哪个时钟脉冲继电器？为什么？

14．BCD 码和十六进制数的区别是什么？BCD 码 28 转换为十六进制数是多少？十六进制数 26H 转换为 BCD 码又是多少？

15．某些指令的参数要求必须是 BCD 码，如果超出范围，什么标志位将置位？

16．某个特殊 I/O 单元应如何分配 CIO 区和 DM 区通道？

17．若三台 CP1H 实现串行 PLC 连接，应如何分配通道？

18．主机 CP1H-X40DR-A 扩展连接了 2 台 TS001、1 台 TS101、1 台 20EDR1 和 2 台 8ET，试进行消耗电流与消耗功率核算以确定能否正常工作。

19．将两路 4～20mA 和两路 0～10V 模拟量输入信号接入 CP1H，端子应如何接线？如何设定量程？如何设定分辨率与平均值功能？

20．从 CP1H 中产生两路模拟量输出信号，分别是 0～5V 和 4～20mA，端子应如何接线？如何设定量程？

第3章 CP1H PLC 的指令系统

CP1H PLC 的指令系统由基本指令与高级指令组成，其中基本指令包括时序输入指令、时序输出指令、时序控制指令以及定时器/计数器指令等；高级指令包括数据比较指令、数据传送、数据移位指令、递增/递减指令、四则运算指令、数据转换指令、逻辑运算指令、特殊运算指令、浮点转换运算指令、双精度浮点转换运算指令、表格数据处理指令、数据控制指令、子程序指令、中断控制指令、高速计数器/脉冲输出指令、步进指令、I/O 单元指令、串行通信指令、网络通信指令、显示功能指令、时钟功能指令、调试处理指令、故障诊断指令、特殊指令、块程序指令、字符串处理指令、任务控制指令、机型转换指令以及功能块特殊指令等。CP1H PLC 的指令系统功能强大而丰富，运行速度快，基本指令（如 LD 指令）执行时间为 0.1μs/条，高级指令（如 MOV 指令）执行时间为 0.3μs/条。相比之下，早期的 CPM2A PLC 的这两项指标分别为 0.64μs/条和 7.8μs/条。

本章将重点介绍常用的基本指令和典型的高级指令，关于 CP1H PLC 指令系统的详细功能可参见 CP1H 的编程手册。

3.1 PLC 的编程语言

PLC 是专为工业自动控制而开发的装置，其主要使用对象是广大工程技术人员及操作维护人员。为了满足他们的传统习惯和掌握能力，PLC 通常不直接采用微机的编程语言，而是采用面向控制过程、面向问题的"自然语言"编程。

为电子技术所有领域制订全球性标准的世界性组织 IEC（国际电工委员会）于 1994 年 5 月发布了可编程序控制器标准（IEC 1131），该标准鼓励不同种类的 PLC 制造商提供在外观和操作上相似的指令。该标准的第三部分（IEC 1131-3）涉及 PLC 的编程语言标准，越来越多的 PLC 厂家已经提供符合 IEC 1131-3 标准的产品。

IEC 1131-3 标准中定义了 5 种 PLC 编程语言的表达方式：

1）梯形图（Ladder Diagram，LD）。

2）指令表（Instruction List，IL）。

3）功能块图（Function Block Diagram，FBD）。

4）结构文本（Structured Text，ST）。

5）顺序功能图（Sequential Function Chart，SFC）。

其中，梯形图和指令表是最常用的编程语言，顺序功能图将在第 6 章介绍，本章简要介绍梯形图和指令表的用法。

1. 梯形图

梯形图是在传统的电气控制系统电路图的基础上演变而来的一种图形语言，世界上各厂家的 PLC 都把梯形图作为其第一用户编程语言，如图 3-1 所示。

梯形图由图形符号连接而成，采用了继电器控制逻辑中的常开触点、常闭触点、线圈以及串并联电路，并增加了特有的符号。梯形图比较形象、直观，对于熟悉继电器控制系统的人来说，易于理解。梯形图包含一些基本术语。

（1）常开/常闭条件

常开条件用在某位为"ON"时执行某操作，如图 3-1 中当 0.03 为"ON"时使线圈 20.01 产生输出。常闭条件是指某位为"OFF"时执行某操作，如图 3-1 中当 0.05 为"OFF"时使线圈 20.02 产生输出。

图 3-1 中左侧的一条垂直向下的直线称为左母线，相当于电气控制电路图中的电源线；右侧的一条垂直向下的直线称为右母线，相当于电气控制电路图中的零线。但是右母线可以省略不画。

（2）执行条件

在梯形图中，一条指令前面的"ON"及"OFF"的逻辑组合决定了组合条件，指令将在此条件下执行。这些为"ON"或"OFF"的组合条件即为指令的执行条件。如图 3-1 中常开触点 0.01、20.00 和常闭触点 0.04 组合作为输出线圈 20.00 的执行条件。

（3）操作数

操作数是指令的数据区，操作数提供了指令执行的对象和数据。操作数位可以是 CIO 区域、W 区域、HR 区域或 T 区域、C 区域中的任何位。

（4）逻辑块

在较复杂的梯形图中，由多个串并联触点组合而成、产生同一逻辑结果的条件组合称为逻辑块。逻辑块可以参见 3.2.1 节中的逻辑块或（与）指令。

2. 指令表

PLC 的指令又称为语句，它是用英文缩写字母来表示 PLC 各种功能的助记符。由若干条指令构成的、能完成控制任务的程序叫作指令表程序。每一条指令一般由程序地址、指令助记符和操作数三部分组成，如图 3-2 所示。

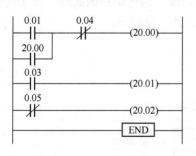

程序地址	指令助记符	操作数
00000	LD	0.01
00001	OR	20.00
00002	AND NOT	0.04
00003	OUT	20.00
00004	END	

图 3-1　梯形图示例　　　　　图 3-2　指令表示例

程序地址是指 PLC 程序存储器的地址（大多数场合是由 PLC 自动给出的，无须人为设定）；指令助记符是指要 PLC 执行何种操作；操作数是指令的作用对象。不难看出，PLC 语句表类似于计算机的汇编语言，但比汇编语言通俗易懂，配上带有 LED 显示器的手持编程器即可使用。语句表比较适合于熟悉 PLC 和逻辑程序设计的经验丰富的程序员，它可以实现某些不能用梯形图或功能块图实现的功能，因此也是应用较多的一种编程语言。

欧姆龙公司 CP1H PLC 的编程语言主要采用了梯形图和指令表编程方法，并能自动进行互译。在设计以开关量为主的控制程序时，建议使用梯形图，因为它具有清晰的逻辑关系，易于理解；而当处理一些梯形图不易处理的问题，如涉及通信、数学运算等高级应用程序时，建议使用指令表编程。

3.1.1　顺序输入/输出指令

1. 装载（LD）、装载非（LD NOT）和输出（OUT）、输出非（OUT NOT）指令

（1）装载指令（LD）

格式：LD　A　　符号：⊦│├─A

A 位的操作数区域：CIO，W，H，A，T，C，TK 或 TR 等。

装载指令的功能是将某一常开触点与母线连接，或作为电路块的起点。而 LD 型位测试指令 LDTST（350）与 LD 指令功能相同，其符号如下：

```
┌─────┐
│ TST │
│  S  │
│  N  │
└─────┘   S: 源通道
          N: 位号
```

与 LD 等价的 LDTST 梯形图如图 3-3 所示。

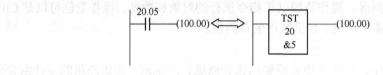

图 3-3　LDTST 梯形图示例

（2）装载非指令（LD NOT）

格式：LD NOT　A　　符号：⊦│/├─A

A 位的操作数区域：CIO，W，H，A，T，C 或 TK 等。

装载非指令的功能是将某一常闭触点与母线连接，或作为电路块的起点。而 LD 型位测试非指令 LDTSTN（351）与 LD NOT 指令功能相同，其符号如下：

```
┌──────┐
│ TSTN │
│  S   │
│  N   │
└──────┘   S: 源通道
           N: 位号
```

与 LD NOT 等价的 LDTSTN 梯形图如图 3-4 所示。

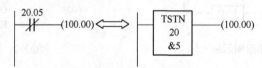

图 3-4　LDTSTN 梯形图示例

（3）输出指令（OUT）

格式：OUT　A　　符号：──（A）

A 位的操作数区域：CIO（输入卡占用的位不能使用），W，H，TR 或 A44800～A95915。

输出指令的功能是将逻辑运算结果（输入条件）输出到指定线圈。需要说明的是：

1）在一条逻辑行的起始处均要使用 LD 或 LD NOT 指令，当逻辑行的开始为常开触点时，使用 LD 指令；反之使用 LD NOT 指令。

2）OUT 指令不能用于驱动输入继电器。

3）OUT 指令可以同时并联驱动多个继电器线圈，示例见例 3-1。

【例 3-1】　LD，LD NOT，OUT 指令的梯形图与助记符示例如图 3-5 所示。

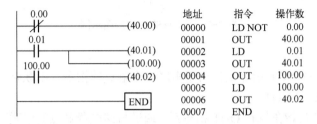

图 3-5　LD，LD NOT，OUT 梯形图和助记符示例

（4）输出非指令（OUT NOT）

格式：OUT NOT A　　　符号：

A 位的操作数区域：CIO（输入卡占用的位不能使用），W，H，TR 或 A44800～A95915。

输出非指令的功能是将逻辑运算结果（输入条件）取反并输出到指定线圈。

2. 与（AND）和与非（AND NOT）指令

（1）与指令（AND）

格式：AND　　A　　　符号：—┤├——┤├—^A

A 位的操作数区域：CIO，W，H，A，T，C 或 TK 等。

与指令的功能是串联一个常开触点。AND 型位测试指令 ANDTST（350）与 AND 指令功能相同，其符号如下：

```
 ┌─────┐
─┤ TST ├─
 │  S  │
 │  N  │
 └─────┘
```
S: 源通道
N: 位号

与 AND 等价的 ANDTST 梯形图如图 3-6 所示。

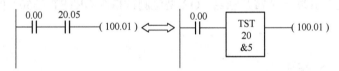

图 3-6　ANDTST 梯形图示例

（2）与非指令（AND NOT）

格式：AND NOT　A　　　符号：—┤├——┤／├—^A

A 位的操作数区域：CIO，W，H，A，T，C 或 TK 等。

与非指令的功能是串联一个常闭触点。AND 型位测试非指令 ANDTSTN（351）与 AND NOT 指令功能相同，其符号如下：

```
 ┌──────┐
─┤ TSTN ├─
 │  S   │
 │  N   │
 └──────┘
```
S: 源通道
N: 位号

与 AND NOT 等价的 ANDTSTN 梯形图如图 3-7 所示。

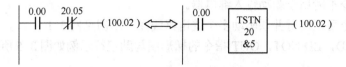

图 3-7　ANDTSTN 梯形图示例

需要说明的是：

1）AND 和 AND NOT 指令是只用于串联一个触点的指令。串联触点的数量不限，即可多次使用 AND 或 AND NOT。

2）"连续输出"是指在执行 OUT 指令后，通过与继电器触点的串联可驱动其他线圈执行 OUT 指令。连续输出只要电路设计顺序正确，可连续驱动多个线圈输出。示例见例 3-2。

【例 3-2】　AND，AND NOT 指令的梯形图与助记符示例如图 3-8 所示。

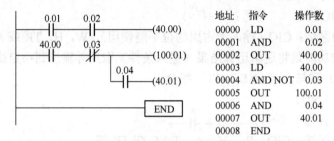

图 3-8　AND，AND NOT 梯形图和助记符示例

3．或（OR）、或非（OR NOT）指令

（1）或指令（OR）

格式：OR　A　　　符号：

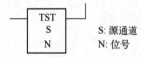

A 位的操作数区域：CIO，W，H，A，T，C 或 TK。

或指令的功能是并联一个常开触点。OR 型位测试指令 ORTST（350）的功能相同，其符号如下：

```
┌─ TST ─┐
│   S   │
│   N   │
└───────┘
```

S：源通道
N：位号

与 OR 等价的 ORTST 梯形图如图 3-9 所示。

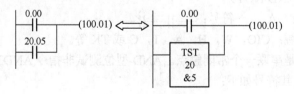

图 3-9　ORTST 梯形图示例

（2）或非指令（OR NOT）

格式：OR NOT　A　　　符号：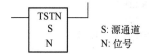

A 位的操作数区域：CIO，W，H，A，T，C 或 TK。

或非指令的功能是并联一个常闭触点。OR 型位测试非指令 ORTSTN（351）的功能相同，其符号如下：

TSTN
S
N

　　S: 源通道
　　N: 位号

与 OR NOT 等价的 ORTSTN 梯形图如图 3-10 所示。

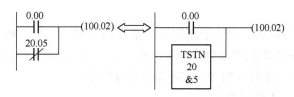

图 3-10　ORTSTN 梯形图示例

需要说明的是：

1）OR、OR NOT 是只用于并联一个触点的指令。并联多个串联触点不能使用此类指令。

2）OR、OR NOT 指令引起的并联，是从 OR 或 OR NOT 一直并联到前面最近的 LD 或 LD NOT 指令上，并联的数量不受限制。示例见例 3-3。

【例 3-3】　OR，OR NOT 指令的梯形图与助记符示例如图 3-11 所示。

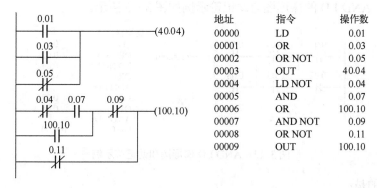

地址	指令	操作数
00000	LD	0.01
00001	OR	0.03
00002	OR NOT	0.05
00003	OUT	40.04
00004	LD NOT	0.04
00005	AND	0.07
00006	OR	100.10
00007	AND NOT	0.09
00008	OR NOT	0.11
00009	OUT	100.10

图 3-11　OR，OR NOT 梯形图和助记符示例

4. 逻辑块或指令（OR LD）

格式：OR LD　　　符号：

两个或两个以上的触点串联构成的逻辑电路称为"串联逻辑块"。

逻辑块或指令的功能是在并联串联逻辑块时，在支路起点要用 LD 或 LD NOT 指令，而在该支路终点要用 OR LD 指令。采用该指令编程有两种不同的方法，见例 3-4。

【例 3-4】　OR LD 的梯形图与助记符示例如图 3-12 所示。

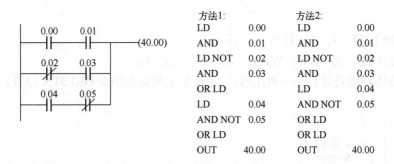

图 3-12　OR LD 梯形图和助记符示例

需要说明的是：

1）第一种方法是并联每一个串联逻辑块后加 OR LD 指令；第二种方法是将 OR LD 指令集中起来使用，但这样做串联逻辑块的个数不能超过 8 个，而第一种则没有限制。

2）OR LD 指令是一条独立指令，它不带任何操作数。

5．逻辑块与指令（AND LD）

格式：AND LD　　　符号：

两个或两个以上触点并联构成的逻辑电路称为"并联逻辑块"。

逻辑块与指令的功能是当并联逻辑块与前面电路串联连接时用 AND LD 指令，并联逻辑块的起点用 LD 或 LD NOT 指令，在用 AND LD 指令将并联逻辑块与前面电路串联连接前，应先完成并联逻辑块内的编程。示例见例 3-5。

【例 3-5】　AND LD 的梯形图与助记符示例如图 3-13 所示。

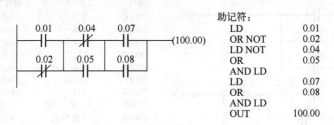

图 3-13　AND LD 梯形图和助记符示例

需要说明的是：

1）若有多个并联逻辑块顺次用 AND LD 指令与前面电路连接，则其使用次数可不受限制；但若将 AND LD 集中起来使用，如同 OR LD 指令一样，这种并联逻辑块的个数不能超过 8 个。

2）AND LD 指令也是一条独立指令，它不带任何操作数。

以上指令均采用常用指令的用法，由第 2 章 PLC 的工作流程可知，这些常用指令是将前次 I/O 刷新的数据带到下一个扫描周期运行程序后，再将结果在 I/O 刷新阶段输出。这里所说的 I/O 刷新是指 CPU 的内部存储器与 CPU 单元内置的输入/输出端子及 CPM1A 系列扩展（I/O）单元之间的数据交换。

除常用指令用法外，还有微分型指令和即时刷新型指令（符号为"！"）以及二者组合型指令等三种用法，其中微分型指令又分为上微分型指令（符号为"@"）和下微分型指令（符号为"%"）。这三种用法与常用指令用法的最大区别在于指令所处理的数据的输入/输出时序不同，如图 3-14 所示。表 3-1 列举了不同指令用法的功能和区别。

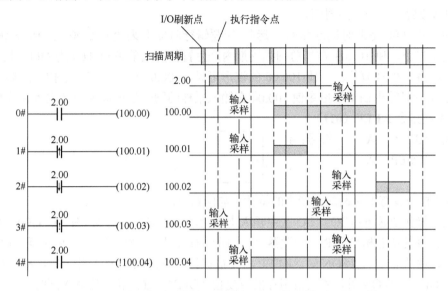

图 3-14　常用指令、微分型指令与即时刷新型指令对比示例

表 3-1　微分型与即时刷新型指令表

指 令 类 型	指 令 语 言	功　　能	I/O 刷新模式
常用指令	LD, AND, OR LD NOT, AND NOT, OR NOT	CPU 在当前扫描周期读入指定触点的 ON/OFF 状态后，将在下一周期产生执行结果	周期性刷新
	OUT, OUT NOT	指令执行后，将指定线圈的 ON/OFF 状态在下一扫描周期中输出	
上微分型指令	@LD, @AND, @OR	在指定触点的从 OFF 变为 ON 的上升沿时执行指令，并仅执行 1 个周期	
下微分型指令	%LD, %AND, %OR	在指定触点的从 ON 变为 OFF 的下降沿时执行指令，并仅执行一个周期	
即时刷新型指令	!LD, !AND, !OR !LD NOT, !AND NOT, !OR NOT	CPU 在当前扫描周期读入指定触点的 ON/OFF 状态后，立即执行指令	指令执行前刷新
	!OUT, !OUT NOT	执行指令后的结果立即输出给指定线圈	指令执行后刷新
上微分即时刷新型指令	!@LD, !@AND, !@OR	将指定触点的输入数据读入 CPU 后，在其从 OFF 变为 ON 的上升沿执行指令，并仅执行一个周期	指令执行前刷新
下微分即时刷新型指令	!%LD, !%AND, !%OR	将指定触点的输入数据读入 CPU 后，在其从 ON 变为 OFF 的下降沿执行指令，并仅执行一个周期	

注：即时刷新型指令仅适用于 CPU 单元内置的输入/输出点，不能用于 CPM1A 系列的扩展 I/O 单元，后者可以使用 IORF 指令实现即时刷新功能。

图 3-14 中，输入点 2.00 在第一个 I/O 刷新段后为 ON，经过了两个扫描周期后为 OFF，因此运行梯形图中 0# 逻辑行时将在第二个 I/O 刷新段采集到 2.00 为 ON 的状态并执行常用输出指令，100.00 在第三个 I/O 刷新段置位；而在采集到 2.00 为 OFF 的状态后的下一个周期使

100.00 复位。

当输入点 2.00 具有上微分型（1#逻辑行）或下微分型（2#逻辑行）时，将在第二个 I/O 刷新段采集到上升沿或在第 5 个 I/O 刷新段采集到下降沿，输出点 100.01 或 100.02 将在下一个 I/O 刷新段置位一个扫描周期。

当输入点 2.00 是即时刷新型时，运行 3#逻辑行时立即采集到 2.00 为 ON 的状态并执行常用输出指令，使 100.03 在当前扫描周期内产生置位；当采集到 2.00 为 OFF 时立即在当前扫描周期将 100.03 复位。对比 100.00 的波形可见，100.03 要早反应一个扫描周期。同理，运行 4#逻辑行时输出刷新型指令使 100.04 在输入采样的同一扫描周期内产生置位或复位。

6. 保持指令 KEEP（011）

格式：KEEP　A　符号：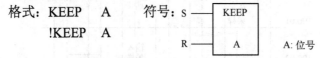

!KEEP　A

KEEP 指令具有即时刷新型指令的特性，如!KEEP。

A 位的操作数区域：CIO（I/O 区中输入卡占用的位不能使用），W，H，A44800～A95915。

保持指令的功能相当于 R-S 触发器，它有两个输入端——置位输入端 S 和复位输入端 R，当置位端条件从 OFF 变为 ON 时，KEEP 将使被保持的位置位（ON）并一直保持，直到复位端条件从 OFF 变为 ON 时，才使被锁存的位复位（OFF）。置位和复位输入同时为 ON 时，复位端优先。示例见例 3-6。

【例 3-6】　KEEP 指令的梯形图、波形图与助记符示例如图 3-15 所示。

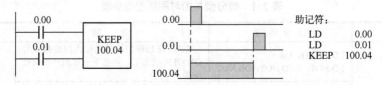

图 3-15　KEEP 梯形图、波形图与助记符示例

上例中，当置位输入 0.00 闭合时，输出继电器 100.04 即导通（0.00 上升沿触发）并自保持，只有当 0.01 闭合时，100.04 才复位（0.01 上升沿触发）。

【例 3-7】　自保持电路可以用 KEEP 指令代替，如图 3-16 所示。对比可以发现，自保持电路中的置位触点直接引用到 KEEP 指令的置位端；而两个复位触点取逻辑反后，串并联关系互换才能引用到 KEEP 指令的复位端。

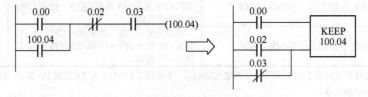

图 3-16　用 KEEP 代替自保持电路

7. 上微分指令 DIFU（013）和下微分指令 DIFD（014）

格式：DIFU　A　符号：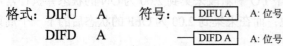

DIFD　A

上微分与下微分指令具有即时刷新型指令的特性，如!DIFU，!DIFD 等。

A 位的操作数区域：CIO（I/O 区中输入卡占用的位不能使用），W，H，A44800～A95915。

上微分指令 DIFU（13）的功能是输入脉冲的上升沿使指定继电器闭合一个扫描周期，然后复位。下微分指令 DIFD（14）的功能是输入脉冲的下降沿使指定继电器闭合一个扫描周期，然后复位。示例见例 3-8。

【例 3-8】　DIFU、DIFD 的梯形图、波形图与助记符示例如图 3-17 所示。

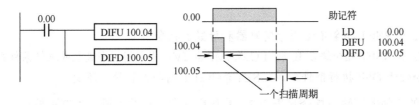

图 3-17　DIFU、DIFD 的梯形图、波形图与助记符示例

上例中，当 0.00 闭合时，其上升沿使 100.04 闭合一个扫描周期，而后断开；当 0.00 断开时，其下降沿使 100.05 闭合一个扫描周期，而后断开。DIFU 和 DIFD 可以分别由条件 ON 指令 UP（521）和条件 OFF 指令 DOWN（522）替代，功能完全相同。示例见例 3-9。

【例 3-9】　UP、DOWN 的梯形图、波形图与助记符示例如图 3-18 所示。

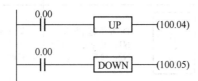

图 3-18　UP、DOWN 的梯形图、波形图与助记符示例

在 CP1H 的指令系统中，某些高级指令也具有微分特性，指令前加@表示上微分型指令；加%表示下微分型指令。这类微分型指令将在执行条件满足后的第一个扫描周期内执行一次。

8. 置位指令（SET）和复位指令（RSET）

格式：SET　A　　符号：—[SET A]　A：位号

　　　RSET　A　　　　—[RSET A]　A：位号

置位与复位指令具有微分型和即时刷新型指令的特性。如@SET，%SET，!SET，!@SET，!%SET，@RSET，%RSET，!RSET，!@RSET，!%RSET 等。

A 位的操作数区域：CIO（I/O 区中输入卡占用的位不能使用），W，H，A44800～A95915。

置位指令 SET 的功能是当执行条件为 ON 时，将指定位置位（ON）；当执行条件由 ON 变为 OFF 时，指定位仍保持为 ON，直至 RSET 指令将其复位。

复位指令 RSET 的功能是当执行条件为 ON 时，将指定位复位（OFF）；当执行条件由 ON 变为 OFF 时，指定位仍保持为 OFF，直至 SET 指令将其置位。示例见例 3-10。

【例 3-10】　SET、RSET 的梯形图与助记符示例如图 3-19 所示。

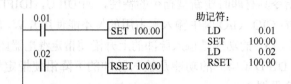

图 3-19　SET、RSET 的梯形图、波形图与助记符示例

注意：

1）SET 和 RSET 指令不适用于定时器和计数器指令。

2）SET 和 RSET 指令编在 IL 和 ILC 或 JMP 和 JME 指令间，当连锁或跳转条件符合（即 IL 或 JMP 指令处于 OFF 执行条件）时，SET 和 RSET 指令控制的位不变。

CP1H 的其他顺序输出指令见表 3-2，具体用法参见相关手册，本书不赘述。

表 3-2　其他顺序输出指令功能表

指令名称	指令助记符	符　号	功　能	特　点
多位置位	SETA(530)	SETA D N1 N2	D：置位起始通道号 N1：置位起始位号 N2：位数	输入条件为 ON 时，将指定的连续通道的连续若干位置位	可以对 DM 区、EM 区通道的连续指定位置位/复位
多位复位	RSTA(531)	RSTA D N1 N2	D：复位起始通道号 N1：复位起始位号 N2：位数	输入条件为 ON 时，将指定的连续通道的连续若干位复位	
1 位置位	SETB	SETB D N	D：通道号 N：位号	输入条件为 ON 时，将指定通道内的指定位置位且保持	可以对 DM 区、EM 区通道的指定位置位/复位
1 位复位	RSTB	RSTB D N	D：通道号 N：位号	输入条件为 ON 时，将指定通道内的指定位复位且保持	
1 位输出	OUTB(534)	OUTB D N	D：通道号 N：位号	将逻辑条件输出到指定通道的指定位。 当条件为 ON 时，指定位为 ON；当条件为 OFF 时，指定位为 OFF	可以对 DM 区通道的指定位操作

3.1.2　编程规则及技巧

1．编程的基本原则

1）输入/输出继电器、内部辅助继电器、定时完成标志、计数完成标志等触点可以重复使用。初学者特别要注意，不要为减少触点的使用次数而刻意使梯形图的结构变复杂，这样会影响程序的可读性。

2）梯形图每一行都是从左母线开始，输出线圈接在本逻辑行的最右端，紧靠右母线（右母线也可以省略不画）。触点不能置于线圈的右侧。如图 3-20 所示。

图 3-20　编程规则 2）的示例

a) 不正确的梯形图　b) 正确的梯形图

3）输出线圈或指令不能直接与左母线连接。若需要可通过一个在程序中未使用的内部辅助常闭触点或 P_ON（常通标志位）来连接，如图 3-21 所示。

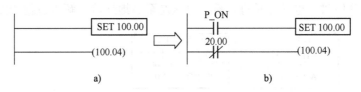

图 3-21　编程规则 3）的示例

a) 不正确的梯形图　b) 正确的梯形图

4）同一编号的线圈在一个程序中使用两次称为双线圈输出，双线圈输出虽然不影响程序的运行，但是容易造成编程的逻辑错误，因此编程工具在编译时会发出警告信息，应尽量避免双线圈输出。

5）梯形图必须顺序执行，即从左到右、从上到下地执行每个逻辑行。不符合"阶梯"结构的梯形图是不规范的，不能按顺序执行，必须进行转化。如图 3-22 所示的桥式结构梯形图即属于不规范的梯形图。

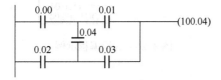

图 3-22　桥式结构梯形图示例

6）在梯形图中，串联触点和并联触点的使用次数没有限制，可以无限次使用，如图 3-23 所示。

7）两个或两个以上的线圈可以并联输出，如图 3-24 所示。

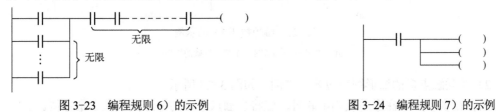

图 3-23　编程规则 6）的示例　　　　图 3-24　编程规则 7）的示例

2. 程序的简化

PLC 程序的编写必须遵守上述基本原则，对于较复杂的程序可先将程序分成几个简单程序段，每一段从最左边触点开始，由上至下向右编程，最后将程序逐段连接起来。复杂梯形图如图 3-25 所示。

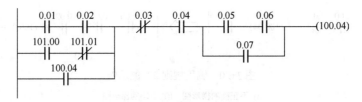

图 3-25　复杂梯形图示例

将图 3-25 的程序划分成 a、b、c、d、e、f 共 6 个子程序段，注意要从上至下、从左至右地划分，连接程序段时，也是先垂直连接，再从左至右地连接，解析过程如图 3-26 所示。

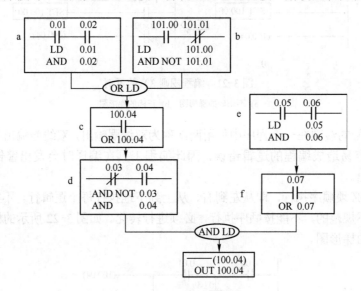

图 3-26　逐段编程示例

3. 编程技巧

1）将串联触点较多的程序段置于逻辑行的上方，如图 3-27 所示。

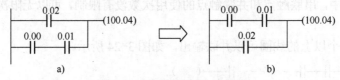

图 3-27　编程技巧 1）的示例

a) 安排不当的梯形图　b) 安排正确的梯形图

2）并联触点多的梯形图段应置于左侧，如图 3-28 所示。

当存在多个并联梯形图段相串联时，应将含触点最多的梯形图段置于最左侧。

当 PLC 运行图 3-28a 所示的梯形图时，会将该梯形图转换为助记符后才执行，因此，在运行图 3-28b 所示的梯形图时，会省去 OR LD 和 AND LD 两条指令。

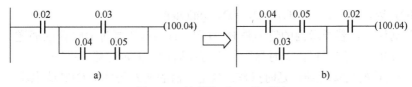

图 3-28　编程技巧 2）的示例

a) 安排不当的梯形图　b) 安排正确的梯形图

3）在并联线圈的梯形图中，从分支点到线圈之间没有触点，线圈应置于逻辑行的上方，如图 3-29b 所示。这样可省去 OUT TR0 及 LD TR0 指令，从而节省编程时间和存储空间。

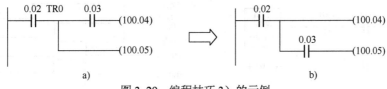

图 3-29　编程技巧 3）的示例

a) 安排不当的梯形图　b) 安排正确的梯形图

4）桥式梯形图的编程

如图 3-30a 所示梯形图是一个桥式梯形图，它是不规范的梯形图，不能直接运行，必须整理成图 3-30b 所示的梯形结构后才能运行。

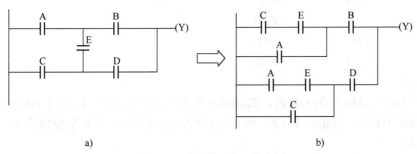

图 3-30　编程技巧 4）的示例

a) 桥式不规范的梯形图　b) 规范的梯形图

3.2　定时计数类指令

3.2.1　定时器指令

1. TIM 指令

格式：　TIM　　符号：
　　　　　N
　　　　　SV

N 是定时器的编号，其取值范围为 0000≤N≤4095。

SV 是定时器的设定值，其取值范围是 0～9999 之间的 BCD 码（十进制数）。其操作数区域可以是 CIO，W，H，A，T，C，D，*D，@D 或#。

当 SV 是通道时，若通道内的值不是 BCD 码，或者间接寻址 DM 区的通道号超过范围，错误标志位 P_ER 会被置"1"，此时尽管程序可以运行，但定时器不准确。

TIM 指令的功能是实现导通延时操作。当定时器的输入条件是 OFF 或电源断电时，定时器复位，此时定时器的当前值 PV 等于设定值 SV；当输入条件变为 ON 时，定时器开始定时，PV 值每隔 0.1s 减 1，当 PV 值为 0 时，定时器输出。

由于 TIM 的定时精度是 0.1s，因此 TIM 的定时范围是 0～999.9s。示例见例 3-11。

【例 3-11】 TIM 的梯形图与波形图示例如图 3-31 所示。

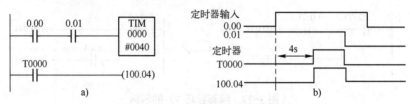

图 3-31　TIM 梯形图与波形图示例

a) 梯形图　b) 输入输出信号波形图

助记符：	LD	0.00
	AND	0.01
	TIM	0000
		#0040
	LD	T0000
	OUT	100.04

程序说明：

当输入 0.00 和 0.01 均为 ON 时，TIM0000 的输入条件为 ON，4s 到时 T0000 置位，输出继电器 100.04 为 ON；当 0.01 为 OFF 时，TIM0000 立即复位，当前值恢复为 4s 的设定值，100.04 为 OFF。

当 CPU 的扫描周期超过 100ms 时，编号为 16～4095 的定时器不能正常工作，应该使用编号为 0～15 的定时器。

当定时器处于待机状态时，使用编号为 0～15 的定时器的 PV 值可以被更新；而使用编号为 16～4095 的定时器的 PV 值将被保持。

TIMX(550)的功能与 TIM 相同，区别是设定值 SV 为十六进制数，取值范围是 0000～FFFF，定时范围是 0～6553.5s。

2. 高速定时器指令 TIMH(015)

格式：　TIMH　　　符号：
　　　　　N
　　　　　SV

```
─┬─┌────┐
 │ │TIMH│
 │ │ N  │
 │ │ SV │
   └────┘
```

TIMH 除以下两点之外，其余与 TIM 指令的性能完全相同。

1）TIMH 的定时精度为 0.01s，故定时范围是 0～99.99s。

2）使用编号为 0～15 的 TIMH 时，PV 值每 10ms 刷新一次。

定时类指令的汇总见表 3-3，具体用法参见相关手册，本书不赘述。

表 3-3　定时类指令功能表

指令名称		指令助记符	定时精度	定时范围	主要特点
定时器	BCD 设定值（0～9999）	TIM	0.1s	0～999.9s	单点递减计时
	HEX 设定值（0～FFFF）	TIMX(550)		0～6553.5s	
高速定时器	BCD 设定值（0～9999）	TIMH(015)	0.01s	0～99.99s	单点递减计时
	HEX 设定值（0～FFFF）	TIMHX(551)		0～655.35s	
超高速定时器	BCD 设定值（0～9999）	TMHH(540)	0.001s	0～9.999s	单点递减计时
	HEX 设定值（0～FFFF）	TMHHX(552)		0～65.535s	
累计定时器	BCD 设定值（0～9999）	TTIM(087)	0.1s	0～999.9s	单点累加计时
	HEX 设定值（0～FFFF）	TTIMX(555)		0～6553.5s	
长时间定时器	BCD 设定值（0～99999999）	TIML(542)	0.1s	115 天	单点递减计时
	HEX 设定值（0～FFFFFFFF）	TIMLX(553)	1s	49710 天	
多输出定时器	BCD 设定值（0～9999）	MTIM(543)	0.1s	0～999.9s	多点累加计时
	HEX 设定值（0～FFFF）	MTIMX(554)		0～6553.5s	

注意：定时器的编号由 TIM、TIMX(550)、TIMH(015)、TIMHX(551)、TMHH(540)、TMHHX(552)、TTIM(087)、TTIMX(555)、TIMW(813)、TIMWX(816)、TMHW(815) 和 TMHWX(817) 等指令共同占用，因此当不同的定时指令使用了同一编号时，只要二者不同时工作，即使 CP1H 自检时会将重复错误标志置位，但不会影响其定时操作；否则将不能准确定时。

3.2.2　计数器指令

1. CNT 指令

格式：　LD　　　计数输入　　　符号：

LD　　　复位输入

CNT　　N

SV

N 是计数器编号，其取值范围为 0000≤N≤4095。

SV 是计数器设定值，其取值范围必须是 0～9999 之间的 BCD 码（十进制数），其操作数区域为 CIO，W，H，A，T，C，D，*D，@D 或#。

当 SV 是通道时，若通道内的值不是 BCD 码，或者间接寻址 DM 区的通道号超过范围，错误标志位 P_ER 将被置"1"。

CNT 指令是预置计数器，实现减数操作功能。当计数输入端（C）信号从 OFF 变为 ON 时，计数当前值 PV 减 1，当 PV 值减为 0 时，计数器为 ON；当计数复位端（R）为 ON 时，计数器为 OFF，且 PV 值返回到 SV 值。当计数输入（C）和复位输入（R）同时为 ON 时，复位输入优先。示例见例 3-12。

【例 3-12】 CNT 的梯形图与波形图示例如图 3-32 所示。

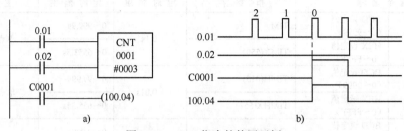

图 3-32　CNT 指令的使用示例

a) 梯形图　b) 输入输出信号波形图

助记符：	LD	0.01
	LD	0.02
	CNT	0001
		#0003
	LD	C0001
	OUT	100.04

指令说明：

计数输入 0.01 通断 3 次时，CNT0001 导通，继电器 100.04 为 ON；当复位输入 0.02 为 ON 时，CNT0001 复位。当电源断电时，计数器当前值保持不变，计数器不复位。

CNTX(546)的功能与 CNT 相同，区别是设定值 SV 为十六进制数，取值范围是 0000～FFFF，计数范围是 0～65535。

2. 可逆计数器指令 CNTR(012)

格式：　LD　　递增计数输入

　　　　LD　　递减计数输入

　　　　LD　　复位输入

　　　　CNTR　N　(0000～4095)

　　　　　　　SV　(0000～9999)

符号：

```
       ┌──────┐
ACP ───┤ CNTR │
SCP ───┤  N   │
 R  ───┤  SV  │
       └──────┘
```

SV 是计数器设定值，必须是 0～9999 之间的 BCD 码（十进制数），其操作数区域为 CIO，W，H，A，T，C，D，*D，@D 或#。

当 SV 是通道时，若通道内的值不是 BCD 码，或者间接寻址 DM 区的通道号超过范围，错误标志位 P_ER 置"1"。

CNTR 指令的功能如下：

1) 当 ACP 端信号从 OFF 变为 ON 时，CNTR 将计数当前值 PV 加 1；当 SCP 端信号从 OFF 变为 ON 时，CNTR 将 PV 值减 1；当 ACP 与 SCP 端同时从 OFF 变为 ON 时，CNTR 不计数。

2) R 端信号从 OFF 变为 ON 时，CNTR 复位，PV 值等于 0。R 端保持为 ON 时，CNTR 不能计数。

3）在电源掉电或 CNTR 指令位于 IL-ILC 间而 IL 条件为 OFF 时，CNTR 的 PV 被保持。

4）当递增计数时，若 PV 达到 SV，CNTR 不输出，当下一个 ACP 信号到达时，CNTR 才有输出；当递减计数时，若 PV 减为 0，CNTR 不输出，当下一个 SCP 信号到达时，CNTR 才有输出。如图 3-33 所示。

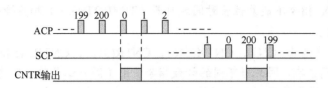

图 3-33　CNTR 的工作过程（计数设定值 200）

指令说明：

1）当 ACP 端信号的输入频率高于 SCP 端时，PV 值累计至设定值 200 时，CNTR 不输出；当再接收到一个递增信号时，PV 值变为 0，CNTR 产出输出，随后再接收第二个递增信号时，PV 值变为 1，CNTR 输出中断，由此可见，CNTR 只在两个脉冲间产生输出。

2）当 SCP 端信号的输入频率高于 ACP 端时，PV 值递减至设定值 0 时，CNTR 不输出；当再接收到一个递减信号时，PV 值变为设定值 200，CNTR 产出输出，随后再接收第二个递减信号时，PV 值变为 199，CNTR 输出中断，CNTR 只在两个脉冲间产生输出。

CNTRX(548)的功能与 CNTR 相同，区别是设定值 SV 为十六进制数，取值范围是 0000～FFFF，计数范围是 0～65535。

3．定时器/计数器复位指令 CNR(545)

格式：　CNR　　　符号：

```
      CNR
      D1
      D2
```

D1

D2

D1 是定时器/计数器首编号，其取值范围为 T0000～T4095 或 C0000～C4095。

D2 是定时器/计数器末编号，其取值范围为 T0000～T4095 或 C0000～C4095。D1 与 D2 必须在同一数据区域且 D1≤D2。

CNR 指令的功能是将从编号 D1 的定时器/计数器开始到编号 D2 的定时器/计数器为止的所有定时或计数完成标志位复位，并将它们的当前值 PV 置为最大值 9999。示例见例 3-13。

【例 3-13】　CNR 的梯形图示例如图 3-34 所示。

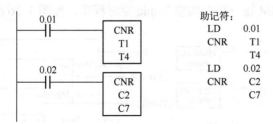

图 3-34　CNR 指令梯形图及助记符示例

指令说明：

当条件 0.01 为 ON 时，将 T1～T4 的定时完成标志置为 OFF，同时将它们的定时当前值置为最大值 9999；当条件 0.02 为 ON 时，将 C2～C7 的计数完成标志置为 OFF，同时将它们的计数当前值置为最大值 9999。

CNRX(547) 的功能与 CNR 相同，区别是它将定时器/计数器的 PV 置为最大值 FFFF。

注意：

1）CNR/CNRX 指令不能复位长时间定时器（TIML/TIMLX）和多输出定时器（MTIM/MTIMX）的当前值。

2）计数器的编号由 CNT、CNTX(546)、CNTR(012)、CNTRX(548)、CNTW(814) 和 CNTWX(818) 等共同占有，因此当不同的计数指令使用了同一编号时，只要二者不同时工作，即使 PLC 自检时会将重复错误标志置位，但不会影响其计数操作；否则将不能准确计数。

3.2.3　定时器与计数器的典型应用

定时器、计数器与基本逻辑指令配合使用可以实现丰富的控制任务，下面列举一些典型示例，可以在大型程序中直接引用。

1. 延时断开程序

【例 3-14】　延时 3s 断开程序，如图 3-35 所示。

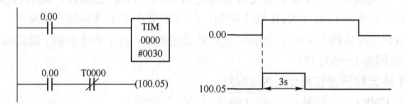

图 3-35　3s 脉冲程序示例

指令说明：

当输入 0.00 为 ON 时，定时器 TIM0000 的定时当前值开始做递减操作，同时输出继电器 100.05 接通。经过 3s 后 TIM0000 产生输出，其常闭触点 T0000 断开，同时输出继电器 100.05 断开，从而在 100.05 上产生了一个 3s 的延时中断输出。

本例旨在掌握定时器的常闭触点的应用。

2. 长时间定时程序

除采用长时间定时器（TIML/TIMLX）指令外，还可以通过编程实现长时间定时的功能。

【例 3-15】　两个 TIM 指令组合构成 30min 定时程序，如图 3-36 所示。

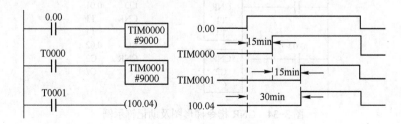

图 3-36　30min 定时程序示例 1

指令说明:

当输入 0.00 为 ON 时,TIM0000 定时 15min 产生输出,其常开触点 T0000 闭合使 TIM0001 开始定时,再定时 15min 后,TIM0001 输出,其常开触点 T0001 闭合,输出继电器 100.04 导通。显然,输入 0.00 接通后,延时 30min 使 100.04 接通。

本例旨在推导出采用多个定时器"接力"的方式,可以产生大于 999.9s 的任意定时效果。

【例 3-16】 TIM 与 CNT 指令组合构成 30min 定时程序,如图 3-37 所示。

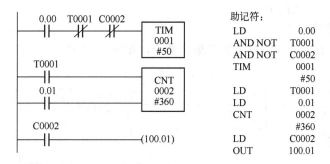

图 3-37　30min 定时程序示例 2

指令说明:

当启动开关 0.00 接通后,TIM0001 每 5s 产生一个脉冲,于是 CNT0002 每隔 5s 计一个脉冲,公式为:定时时间=(定时器设定时间+扫描周期)×计数器设定值。图 3-37 中定时器 TIM0001 的设定时间为 5s,计数器 CNT0002 的计数设定值为 360 次,扫描周期可忽略不计,因此计算得到总定时时间为 1800s,即 0.00 为 ON 30min 后,100.01 产生输出。由于 CNT0002 具有保持当前值的特性,所以必须将复位端 0.01 接通一次才能使 CNT0002 复位,从而可以重复计时使用。

本例旨在推导出采用"TIM+CNT"模式构成大于 999.9s 的任意定时效果。

【例 3-17】 时钟脉冲与 CNT 指令组合构成 30min 定时程序,如图 3-38 所示。

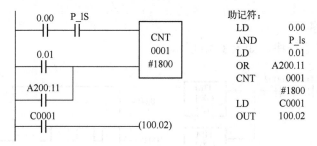

图 3-38　30min 定时程序示例 3

指令说明:

只要程序一运行,时钟脉冲 P_1s 就会连续发出周期为 1s、占空比是 1:1 的脉冲。接通起动开关 0.00 后,P_1s 的上升沿使 CNT0001 计一个脉冲,间隔为 1s,公式为:定时时间=时钟脉冲周期×计数器设定值。图 3-38 中选取 1s 的时钟脉冲,计数器 CNT0001 的计数设定值为 1800 次,则计算得到总定时时间约为 1800s,即 0.00 为 ON 30min 后,100.02 产生输出。由于 CNT0001 具有保持当前值的特性,所以必须将复位端 0.01 接通一次才能使 CNT0001 复位,从而可以重复计时使用。A200.11 是上电第一周期置位标志,它的作用是将计数器 CNT0001 上电初始复位。

若定时过程中断电,这种"时钟脉冲+计数器"的定时器可以保持当前值,这是例 3-15 长时间定时器所无法实现的。

本例旨在推导出采用"时钟脉冲+CNT"模式构成大于 999.9s 的任意定时效果,而且这种定时器能够保持定时的当前值。

3．扩展计数程序

【例 3-18】 计数值为 40000 次的扩展计数器,如图 3-39 所示。

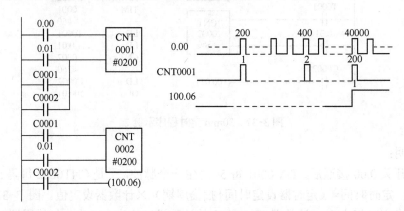

图 3-39 40000 次扩展计数示例

指令说明：

输入 0.00 是脉冲信号,CNT0001 每次计数到 200,就使 CNT0002 计数一次,当 CNT0002 计数到 200 次时,CNT0001 已经计数 200×200 次,即 40000 次使 100.06 产生输出。

本例旨在推导出采用多个计数器"接力"的方式,可以产生大于 9999 次的任意计数效果。

4．循环定时程序

【例 3-19】 双稳态程序,如图 3-40 所示。

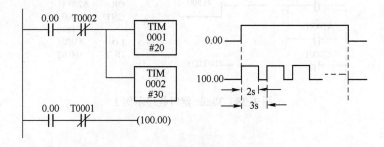

图 3-40 双稳态循环定时程序示例

指令说明：

双稳态程序可以实现任意占空比的循环连续输出。从图 3-40 中 100.00 的时序可以看出循环周期为 3s，为实现循环将设定值为 3s 的定时器 TIM0002 的常闭触点 T0002 串在 TIM0001 与 TIM0002 的输入条件中，当 TIM0002 到时输出，T0002 将在下一个扫描周期置为 ON，使 TIM0001 与 TIM0002 同时复位，因而 T0002 将在下一个扫描周期再被置为 OFF，从而使 TIM0001 与 TIM0002 的输入条件同时满足，于是二者又开始新一次周期的定时功能。分析扫描过程可以发现 TIM0001 与 TIM0002 仅复位了一个扫描周期后就恢复了。

本例旨在推导出循环定时的编程模式，即将循环周期的最终定时器的常闭触点串在周期内各个定时器及自身的执行条件上，以便实现周期到时将所有定时器复位一个扫描周期后重新开始新一个周期，特别适合于循环定时控制的场合，如交通信号灯控制程序等。

5. 定时器与自锁电路配合的程序

【例 3-20】 延时断开程序，如图 3-41 所示。

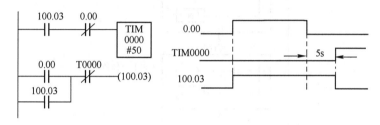

图 3-41 延时断开程序示例

指令说明：

从时序图可以分析出输入 0.00 是 100.03 的起动信号，而 TIM0000 的到时标志 T0000 是 100.03 的复位信号，因此 100.03 采用自锁电路的形式，当 0.00 为 OFF 且 100.03 为 ON 时，TIM0000 的执行条件满足开始定时。

定时器与自锁电路配合的另一种用法见例 3-21。

【例 3-21】 单稳态程序，如图 3-42 所示。

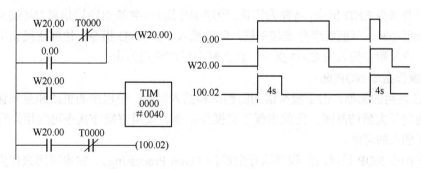

图 3-42 单稳态程序示例

输入 0.00 接通时，工作位 W20.00 为 ON 并由其常开触点自锁，同时使 TIM0000 开始定时 4s，100.02 产生输出。当 4s 到时，常闭触点 T0000 断开，100.02 复位。

分析梯形图可以发现无论 0.00 导通时间长短，100.02 的输出时间都是固定的，由定时器设定，因此称为"单稳态电路"。

3.3 顺序控制指令

1. 结束指令 END(01)

CP1H PLC 的程序是采用多任务顺序执行的方式，CPU 按任务编号依次扫描各程序段后执行 I/O 刷新，然后进行下一个周期扫描。END 指令表示一个循环内的程序段的结束，END 指令后面任何指令都不执行，转而执行下一任务程序。其工作过程如图 3-43 所示。

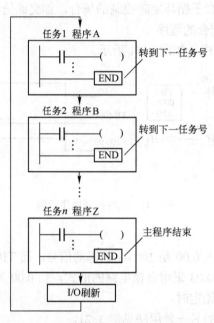

图 3-43　多任务顺序执行示意图

程序中若缺少 END 指令，将视为错误，程序中止运行，并给出错误信息"NO END INST"。在调试复杂程序时，可把程序分成若干段，每段插入一条 END 指令，达到逐段调试程序的目的，调通一段就删去插入的 END 指令，直到整个程序调通为止。

2. 空操作指令 NOP(00)

在 PLC 使用的初期，由于没有语句的删除和插入功能，使程序的更改和重新输入比较困难，从而浪费了大量的时间，因此出现了空操作指令。采用空操作指令可为用户程序的更改提供删除或插入的可能。

空操作指令 NOP 是对该步程序执行空操作（Non-Processing）。它也可用来作为一个极短暂的时间延时。当 CPU 扫描到该条指令时，不执行任何操作而继续扫描下一条指令。

3. 联锁指令 IL(002)和联锁清除指令 ILC(003)

格式：IL　　　符号：─| IL |
　　　ILC　　　　　　─| ILC |

IL(002)指令的功能是表示电路有一个新的分支起点。ILC(003)指令的功能是表示电路分支结束。IL 和 ILC 总是成对使用，分别位于某一段程序的段首和段尾。当 IL 的条件为 ON 时

（IL 前面支路的结果是 ON），则 IL 和 ILC 之间的程序继续执行，如同没有 IL 和 ILC 一样。当 IL 的条件为 OFF 时，则 IL 和 ILC 之间的程序将不执行，转去执行 ILC 后面的程序，此时 IL 和 ILC 之间的所有输出都联锁，具体处理方式见表 3-4。示例见例 3-22。

表 3-4　IL 和 ILC 之间联锁状态表

指 令 名 称	处 理 方 式
所有 OUT、OUT NOT 或 OUTB（534）指令驱动的位	OFF
TIM、TIMXX、TIMH、TIMHX、TMHH、TMHHX、TIML 和 TIMLX	复位
其他指令使用的通道或位	保持当前状态

【例 3-22】　IL，ILC 指令示例如图 3-44 所示。

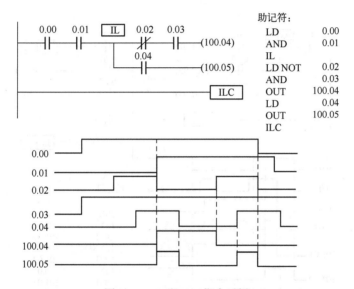

图 3-44　IL 和 ILC 指令示例

当 0.00、0.01 同时为 ON 时，IL 的执行条件为 ON，输出 100.04、100.05 的状态由触点 0.02、0.03 和 0.04 的状态决定，与没有使用 IL/ILC 指令状态相同。当 0.00、0.01 不同时为 ON 时，IL 的条件为 OFF，100.04、100.05 为 OFF。

IL 和 ILC 指令不能以嵌套方式使用，即不能出现"IL…IL…ILC…ILC"的程序格式，否则程序编译时会提示错误，但该错误不会影响程序的正常执行。可以将多个 IL 指令和一个 ILC 指令搭配使用，即"IL…IL…ILC"。

4. 跳转指令 JMP(004) 和跳转结束指令 JME(005)

格式：JMP　N　　　符号：─[JMP N]

　　　　JME　N　　　　　　　─[JME N]

N 是跳转号，其取值范围为 0≤N≤FF（0～255），其操作数区域为 CIO，W，H，A，T，C，D，*D，@D 或#。

JMP/JME 指令的功能与 IL/ILC 指令相似，JMP 和 JME 指令用于控制程序分支。JMP 位于程序段首，JME 位于段尾。当 JMP 的输入条件为 ON 时，在 JMP 和 JME 之间的程序将按照没有设置 JMP 和 JME 指令的情况正常执行。当 JMP 的输入条件为 OFF 时，在 JMP 和 JME 之间的程序将中止执行，即被跳过，程序将从 JME 指令后的第一条指令继续执行，此时 JMP 和 JME 之间的各继电器状态见表 3-5。示例见例 3-23。

表 3-5   JMP 和 JME 之间继电器状态表

继 电 器 名 称	继电器状态
所有 OUT、OUT NOT 或 OUTB(534)指令驱动的位	保持当前状态
TIM、TIMXX、TIMH、TIMHX、TMHH、TMHHX	保持当前值
其他指令使用的通道或位	保持当前值或状态

【例 3-23】   JMP，JME 指令示例如图 3-45 所示。

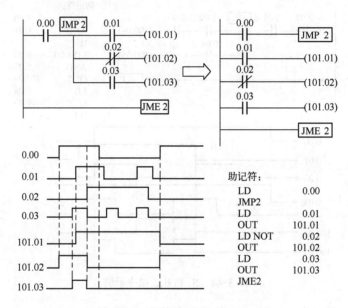

图 3-45   JMP 和 JME 指令示例

本例中，0.00 作为 JMP 指令的执行条件，当 0.00 为 ON 时，JMP 和 JME 之间的程序顺序执行；当 0.00 为 OFF 时，JMP 和 JME 之间的输出 101.01、101.02 和 101.03 保持原有状态。

使用 JMP 和 JME 指令时，需注意以下几点：

1）在一个程序中可有多组 JMP 和 JME，用跳转号对其进行编号。

2）在同一个任务程序段中，JMP 和 JME 可成对使用。

3）微分型指令不宜置于 JMP 和 JME 之间。

4）当跳转号 N 不存在或者对应跳转号的 JME 不存在或者对应跳转号的 JME 不在同一程序任务中时，错误标志 P_ER 置位（ON）。

可以更好地说明 IL/ILC 与 JMP/JME 指令的区别请参考例 3-24。

【例 3-24】   IL/ILC 与 JMP/JME 指令对比示例如图 3-46 所示。

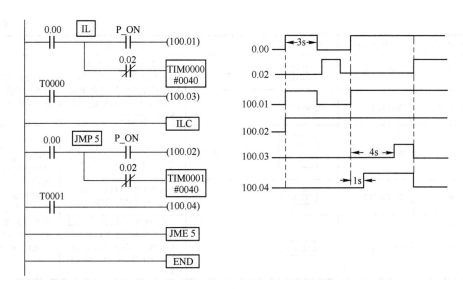

图 3-46　IL/ILC 与 JMP/JME 指令对比示例

　　在外部条件完全相同的情况下，当执行条件 0.00 由 ON 变为 OFF 时，IL 与 ILC 之间的 100.01 被复位；而 JMP 与 JME 之间的 100.02 保持当前值。

　　同样，当执行条件 0.00 由 ON 变为 OFF 时，IL 与 ILC 之间的 TIM0000 被复位，所以当 0.00 再次为 ON 时，TIM0000 需重新定时 4s 后才使 100.03 为 ON；而 JMP 与 JME 之间的 TIM0001 则保持了定时当前值（3s），当 0.00 再次为 ON 时，TIM0001 只需再延时 1s，100.04 为 ON。

　　CP1H 的其他顺序控制类指令见表 3-6，具体用法参见相关手册，本书不赘述。

表 3-6　其他顺序控制类指令功能表

指令名称	指令助记符	符　号	功　能	特　点
多重互锁 （微分标志保持型）	MILH(517)	MILH N D　　N：互锁编号 D：互锁状态输出	互锁编号 N 的 MILH（或 MILR）指令输入条件为 OFF 时，从该 MILH（或 MILR）指令到同一互锁编号的 MILC 指令之间的输出互锁；当输入条件为 ON 时，各指令正常执行	MILH（或 MILR）与 MILC 可以嵌套使用
多重互锁 （微分标志不保持型）	MILR(518)	MILR N D　　N：互锁编号 D：互锁状态输出		
多重互锁解除	MILC(519)	MILC N　　N：互锁编号		
条件转移	CJP(510)	CJP N　　N：转移编号	CJP 指令输入条件为 ON 时，直接转移到同一转移编号的 JMP 指令	CJP（或 CJPN）与 JMP 可以嵌套使用
条件非转移	CJPN(511)	CJPN N　　N：转移编号	CJPN 指令输入条件为 OFF 时，直接转移到同一转移编号的 JMP 指令	

（续）

指令名称	指令助记符	符号	功能	特点
多重转移	JMP0(515)	—[JMP0]	JMP0 指令的输入条件为 OFF 时，对从 JMP0 到 JME0 之间的指令进行 NOP 处理 输入条件为 ON 时，执行下一条指令的内容	JMP0 与 JME0 可以嵌套使用并可以在任意位置调用
多重转移结束	JME0(516)	—[JME0]		
重复开始	FOR(512)	[FOR N] N：循环重复次数	无条件地重复执行 FOR~NEXT 之间的程序 N 次后，执行 NEXT 指令后的程序 N 为 0 时，对 FOR~NEXT 之间的指令执行 NOP	FOR 与 NEXT 可以嵌套使用，最多 15 层 BREAK 只能作用于 1 个嵌套。若使多层嵌套中断，需配相同数的 BREAK 指令
重复结束	NEXT(513)	—[NEXT]		
循环中断	BREAK(514)	—[BREAK]	在 FOR~NEXT 之间使用，当输入条件为 ON 时，强制结束正在运行的重复程序，对该指令后的程序执行 NOP	

3.4 数据移位类指令

数据移位类指令根据数据移位的方向和数量而分类。通常，移位指令是由移位寄存器实现的。除此之外，根据移位的方向，可分为算术左移和算术右移指令、循环左移和循环右移指令、数字左移和数字右移及字移位指令等。大部分移位指令具有微分特性。

3.4.1 移位寄存器 SFT(010)

格式： SFT(010) B
　　　　　　　　 E

符号：

```
IN ─┐
CP ─┤ SFT
R  ─┤ B
     └ E ─┘
```

B：首通道号
E：末通道号

B、E 的操作数区域：CIO （I/O 区中输入卡占用的字不能使用），W，H，A448～A959。

SFT 的功能相当于一个串行输入移位寄存器。它要求移位的首通道和末通道必须是相同类型。移位寄存器必须按照数据输入（IN）、脉冲输入（CP）、复位输入（R）和 SFT 指令的顺序（首通道到末通道）编程，末通道的通道号应大于或等于首通道的通道号。

每一条 SFT 指令必须有若干 16 位通道来作为其移位区域，当复位端输入条件为 OFF 时，脉冲输入端每产生一个上升沿，SFT 指令就采集一个数据输入端的值（ON 为 "1"，OFF 为 "0"）移入参与移位通道的最低位，原位的数据依次向高位移位一次，最高位的值将溢出。若复位端输入条件为 ON 时，所有参与移位的通道数据将清零。示例见例 3-25。

注意：当 B、E 不在同一区域，或 B>E，或间接寻址 IR 通道不存在时，P_ER 将置位（ON）。

【例 3-25】 SFT 指令示例如图 3-47 所示。

例 3-25 中，首通道和末通道都是 100 通道表明该通道的 16 位参与移位，从 100.00 到 100.15。在脉冲输入端 0.01 的上升沿采集 0.00 的值并将其移入 100.00 位，以此类推。当复位信号 0.02 为 ON 时，100 通道的 16 位数据全部复位为 0。当脉冲输入端和复位输入端同时为 ON 时，复位信号优先。

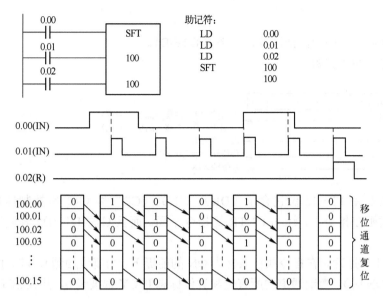

图 3-47　SFT 指令示例

若需要超过 16 位参与移位,可以增加参与移位的通道数,但首末通道必须属于同一区域,示例见例 3-26。

【例 3-26】　SFT 多通道移位示例如图 3-48 所示。

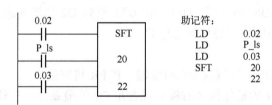

图 3-48　48 位移位寄存器示例

在图 3-48 中,移位的首通道为 20,末通道为 22,构成了一个从 20.00 到 22.15 的 48 位移位寄存器。

3.4.2　可逆移位寄存器 SFTR(084)/@SFTR(084)

可逆移位寄存器 SFTR 是实现移位方向可以切换的移位寄存器,具有上微分型指令的特性。其梯形图符号如下:

C:控制通道
D1:开始通道
D2:结束通道

操作数区域:

C:CIO,W,H,A,T,C,D,*D 或@D。

D1、D2:CIO （I/O 区中输入卡占用的字不能使用）,W,H,A448~A959,T,C,D,

*D 或@D。

D1 和 D2 必须在同一数据区域，且必须 D2≥D1。

控制通道 C 的数据如下：

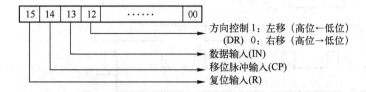

控制通道 C 中 12～15 位包含了（DR）、（IN）、（CP）和（R）等控制信息，而不是以输入端的形式画在指令上，这与 CNTR 等指令不同。而且 C 与 D1、D2 等通道可以不在同一数据区内。

SFTR 的工作原理是在指令执行条件为 ON 的前提下，当复位加到 SFTR 时（即控制通道 C 的 15 位为 ON 时），控制通道的所有位和进位标志 P_CY 都被清 0，并且 SFTR 的输入也被禁止。

当控制通道 C 的 15 位为 OFF，12 位为 ON（左移位）时，在移位脉冲（14 位）的作用下将数据输入端（13 位）的值（ON 为 "1"，OFF 为 "0"）移到 D1 通道的最低位，数据串依次左移一位，而 D2 通道的最高位则移到进位标志位 CY。

当控制通道 C 的 15 位为 OFF，12 位为 OFF（右移位）时，在移位脉冲的作用下将数据输入端（13 位）的值（ON 为 "1"，OFF 为 "0"）移到 D2 通道的最高位，数据依次右移一位，而 D1 通道的最低位则移到进位标志位 CY。

指令说明：

1）当 D1、D2 不在同一区域或 D1＞D2 时，P_ER 将置位。

2）每次移位后，D1 的最低位（右移）或者是 D2 的最高位（左移）将 "1" 送到标志位 P_CY 时，P_CY 将置位（ON）。

3.4.3　算术左移指令 ASL(025)/双字算术左移指令 ASLL(570)

算术左移指令 ASL 的功能是把指定通道的 16 位向左移一位，最高位（15 位）进入进位标志 CY，最低位（0 位）补 0。

ASL 具有上微分型指令的特性。其梯形图符号如下：

D: 进行移位的通道

操作数区域：CIO（I/O 区中输入卡占用的字不能使用），W，H，A448～A959，T，C，D，*D 或@D。

指令说明：

1）每次移位后，CY 接收移位通道 15 位的 "1" 时，P_CY 置位。

2）当移位通道的值为 0 时，等于标志位 P_EQ 置位。

3）当"1"移入移位通道的位 15 时，负标志位 P_N 置位。

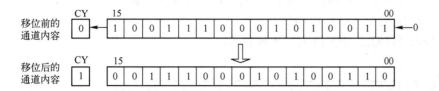

双字算术左移指令 ASLL 的功能是两个连续通道（即高字和低字）指定为移位通道串，当执行条件为 ON 时，32 位依次向左移一位，最高位（高字的 15 位）进入进位标志 P_CY，最低位（低字的 0 位）补 0。其用法与 ASL 相似，在此不赘述。

3.4.4　算术右移指令 ASR(026) / 双字算术右移指令 ASRL(571)

算术右移指令 ASR 的功能是把指定通道的 16 位向右移一位，最低位（0 位）进入进位标志 P_CY，最高位（15 位）补 0。

$$0 \rightarrow \boxed{15 \cdots\cdots 0} \rightarrow \boxed{CY}$$

ASR 具有上微分型指令的特性。其梯形图符号如下：

ASR(026)		@ASR(026)
D		D

D: 进行移位的通道

操作数区域：CIO（I/O 区中输入卡占用的字不能使用），W，H，A448～A959，T，C，D，*D 或@D。

指令说明：

1）每次移位后，CY 接收移位通道 0 位的"1"时，P_CY 置位。

2）当移位通道的值为 0 时，P_EQ 置位。

双字算术右移指令 ASRL 的功能是两个连续通道（即高字和低字）指定为移位通道串，当执行条件为 ON 时，32 位依次向右移一位，最低位（低字的 0 位）进入进位标志 P_CY，最高位（高字的 15 位）补 0。

3.4.5　循环左移指令 ROL(027) / 双字循环左移指令 ROLL(572)

循环左移指令 ROL 的功能是把指定通道的 16 位连带进位标志 P_CY 向左移一位，最高位（15 位）进入进位标志 P_CY，P_CY 的值进入最低位（0 位）。

$$\boxed{CY} \leftarrow \boxed{15 \cdots\cdots 0} \leftarrow$$

ROL 具有上微分型指令的特性。其梯形图符号如下：

ROL(027)		@ROL(027)
D		D

D: 进行移位的通道

操作数区域为 CIO（I/O 区中输入卡占用的字不能使用），W，H，A448～A959，T，C，D，*D 或@D。

指令说明：

1）每次移位后，P_CY 接收移位通道 15 位的"1"时，P_CY 置位。

2）当移位通道的值为 0 时，P_EQ 置位。

3）当"1"移入移位通道的位 15 时，P_N 置位。

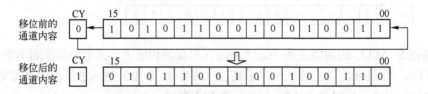

双字循环左移指令 ROLL 的功能是两个连续通道（即高字和低字）指定为移位通道串，当执行条件为 ON 时，32 位依次向左移一位，最高位（高字的 15 位）进入进位标志 P_CY，P_CY 的值进入最低位（低字的 0 位）。其用法与 ROL 相似，在此不赘述。

3.4.6 循环右移指令 ROR(028)/双字循环右移指令 RORL(573)

循环右移指令 ROR 的功能是把指定通道的 16 位连带进位标志 P_CY 向右移一位，最低位（0 位）进入进位标志位 P_CY，P_CY 的值进入最高位（15 位）。

ROR 具有上微分型指令的特性。其梯形图符号如下：

```
—┤ ROR(028) ├—     —┤ @ROR(028) ├—
    D                   D            D: 进行移位的通道
```

操作数区域：CIO（I/O 区中输入卡占用的字不能使用），W，H，A448～A959，T，C，D，*D 或@D。

指令说明：

1）每次移位后，P_CY 接收移位通道 0 位的"1"时，P_CY 置位。

2）当移位通道的值为 0 时，P_EQ 置位。

3）当"1"移入移位通道的位 15 时，P_N 置位。

双字循环右移指令 RORL 的功能是两个连续通道（即高字和低字）指定为移位通道串，当执行条件为 ON 时，32 位依次向右移一位，最低位（低字的 0 位）进入进位标志 P_CY，P_CY 的值进入最高位（高字的 15 位）。

3.4.7 数（4bit）左移指令 SLD(074)/数（4bit）右移指令 SRD(075)

数左移指令 SLD 的功能是把若干个通道构成的移位通道串内的数据（十六进制数）向左移一个数字（4 位二进制数），移位首通道的最低位数字（0～3 位）补入十六进制数 0，而移位首通道的最高位数字丢失。SLD 具有上微分型指令的特性。其梯形图符号如下：

操作数区域：CIO （I/O 区中输入卡占用的字不能使用），W，H，A448～A959，T，C，D，*D 或@D。

注意： D1 和 D2 必须在同一个数据区，且 D2≥D1。若 D1 和 D2 不在同一数据区或 D1＞D2，P_ER 将置位（ON）。

执行 SLD 以前，D2 和 D1 的通道值为：

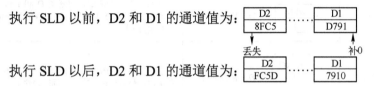

执行 SLD 以后，D2 和 D1 的通道值为：

数右移指令 SRD 的功能是把若干个通道构成的移位通道串内的数据（十六进制数）向右移一个数字（4 位二进制数），移位末通道的最高位数字（12～15 位）补入十六进制数 0，而移位首通道的最低位数字丢失。其用法与 SLD 相似，在此不赘述。

3.4.8　字移位指令 WSFT(016)/@WSFT(016)

字移位指令 WSFT 的功能是把一个源通道的数据写入到移位首通道，而原首通道中的数据以通道为单位写入高阶通道，依次上传，最终末通道内的数据将丢失。WSFT 具有上微分型指令的特性。其梯形图符号如下：

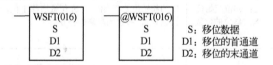

操作数区域：

S：CIO，W，H，A，T，C，D，*D 或@D。

D1、D2：CIO （I/O 区中输入卡占用的字不能使用），W，H，A448～A959，T，C，D，*D 或@D。

注意： D1 和 D2 必须在同一个数据区，且 D2≥D1。若 D1 和 D2 不在同一数据区或 D1＞D2 时，P_ER 将置位（ON）。

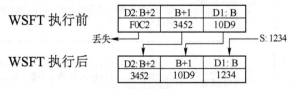

CP1H 的其他数据移位类指令见表 3-7，具体用法参见相关手册，本书不赘述。

表 3-7 其他数据移位类指令功能表

指令名称	指令助记符	符号		功能
非同步移位寄存器	ASFT(017)	ASFT C D1 D2	C：控制数据 D1：移位首通道 D2：移位末通道	当执行条件满足且移位标志为 ON 时，由移位方向标志决定移位方向，将通道串中非 0000H 的通道与相邻为 0000H 的通道交换，最终使非 0000H 的数值集中于通道串的高端或低端
无 CY 循环左移	RLNC(574)	RLNC D	D：移位通道	执行条件为 ON 时，将通道 D 的 16 位左移 1 位，最高位进最低位，同时也进 CY
无 CY 双字循环左移	RLNL(576)	RLNL D	D：移位通道	执行条件为 ON 时，将通道 D 和 D+1 的 32 位左移 1 位，D+1 的最高位进 D 的最低位，同时也进 CY
无 CY 循环右移	RRNC(575)	RRNC D N	D：移位通道	执行条件为 ON 时，将通道 D 的 16 位右移 1 位，最低位进最高位，同时也进 CY
无 CY 双字循环右移	RRNL(577)	RRNL D	D：移位通道	执行条件为 ON 时，将通道 D 和 D+1 的 32 位右移 1 位，D 的最低位进 D+1 的最高位，同时也进 CY
N 位数左移	NSFL(578)	NSFL D C N	D：移位首通道 C：移位起始位 N：移位的位数	执行条件为 ON 时，将指定的移位首通道 D 的起始位 C 开始，共 N 位数左移 1 位，C 位补 0，移位的最高位进 CY
N 位数右移	NSFR(579)	NSFR D C N	D：移位首通道 C：移位起始位 N：移位的位数	执行条件为 ON 时，将指定的移位首通道 D 的起始位 C 开始，共 N 位数右移 1 位，C 位进 CY，移位的最高位补 0
单字 N 位左移	NASL(580)	NASL D C	D：移位源通道 C：控制通道	执行条件为 ON 时，通道 D 左移 C 指定的位数，空位插入 C 指定的数。溢出位的最低位进 CY
双字 N 位左移	NSLL(582)	NSLL D C	D：移位源通道 C：控制通道	执行条件为 ON 时，通道 D 与 D+1 左移 C 指定的位数，空位插入 C 指定的数。溢出位的最低位进 CY
单字 N 位右移	NASR(581)	NASR D C	D：移位源通道 C：控制通道	执行条件为 ON 时，通道 D 右移 C 指定的位数，空位插入 C 指定的数。溢出位的最高位进 CY
双字 N 位右移	NSRL(583)	NSRL D C	D：移位源通道 C：控制通道	执行条件为 ON 时，通道 D 与 D+1 右移 C 指定的位数，空位插入 C 指定的数。溢出位的最高位进 CY

3.5　数据传送类指令

数据传送类指令用于 PLC 内部数据的传送和 PLC 与链接系统间的数据传送。各类数据传送指令都具有上微分型指令的特性。

3.5.1　传送指令 MOV(021)/求反传送指令 MVN(022)

传送指令 MOV 是将源数据（指定通道内的数据或一个 4 位十六进制数）传递到一个目标通道。MOV 具有上微分型指令和即时刷新型指令的特性，如@MOV，!MOV，!@MOV 等。其梯形图符号如下：

S：源数据
D：目标通道

求反传送指令 MVN 先把源数据（指定通道内的数据或一个 4 位十六进制数）求反后，再传送到一个目标通道。因其具有上微分特性，其梯形图符号如下：

S：源数据
D：目标通道

MOV/MVN 指令操作数区域：

S：CIO，W，H，A，T，C，D，*D，@D 或#。

D：CIO，W，H，A448～A959，T，C，D。

指令说明：

1）当传送数据为 0 时，P_EQ 置位。

2）当传送数据的最高位（15 位）为"1"时，P_N 置位。

MOV 与 MVN 指令的使用示例见例 3-27。

【例 3-27】　MOV/MVN 指令示例如图 3-49 所示。

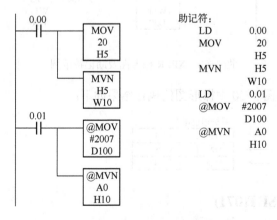

图 3-49　MOV/MVN 梯形图及助记符示例

图 3-49 中，当输入 0.00 为 ON 时，MOV 将 20 通道的值传送到 H5 通道；而 MVN 又把 H5 通道的值取反再传送到 W10 通道，而且每个扫描周期都执行一遍。

当输入 0.01 为 ON 时，@MOV 将立即数 2007H 传送到 D100 通道，而@MVN 将 A0 通道的值取反再传送到 H10 通道，由于二者是上微分型指令，因此这两条指令仅在一个扫描周期内执行。

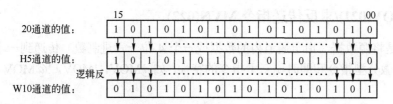

3.5.2 块传送指令 XFER(070)

块传送指令 XFER 是将若干个连续源通道的内容传送到相同数量的连续目标通道中，源通道和目标通道若在同一个区域，则不能重叠。XFER 具有上微分型指令的特性。其梯形图符号如下：

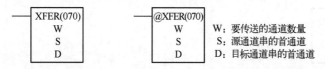

操作数区域：

W：CIO，W，H，A，T，C，D，*D，@D 或#。

S：CIO，W，H，A，T，C，D，*D 或@D。

D：CIO，W，H，A448～A959，T，C，D，*D 或@D。

XFER 指令的使用示例见例 3-28。

【例 3-28】 XFER 指令示例如图 3-50 所示。

图 3-50　XFER 梯形图及助记符示例

当 0.00 为 ON 时，图 3-50 中梯形图的执行结果如下：

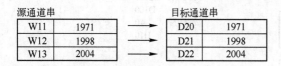

3.5.3 块设置指令 BSET(071)

块设置指令 BSET 是将一个通道内的数据或一个 4 位十六进制数复制到若干个连续通道

中。BSET 具有上微分型指令的特性。其梯形图符号如下：

操作数区域：

S：CIO，W，H，A，T，C，D，*D，@D 或#。

D1、D2：CIO，W，H，A448～A959，T，C，D，*D 或@D。

注意：D1、D2 必须在同一数据区且 D1≤D2，否则 P_ER 置位。

BSET 指令的使用示例见例 3-29。

【**例 3-29**】　BSET 指令示例如图 3-51 所示。

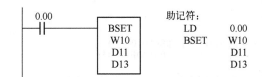

图 3-51　BSET 梯形图及助记符示例

当 0.00 为 ON 时，图 3-51 中梯形图的执行结果如下：

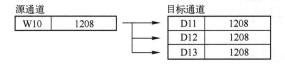

3.5.4　数据交换指令 XCHG(073)

数据交换指令 XCHG 是将两个不同通道的数据进行交换，XCHG 具有上微分型指令的特性。其梯形图符号如下：

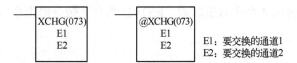

操作数区域：CIO，W，H，A448～A959，T，C，D，*D 或@D。

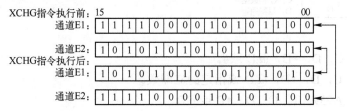

3.5.5　位传送指令 MOVB(082)

位传送指令 MOVB 是将源数据中的指定位传送到目标通道的指定位。其中源位和目标位的设定值以控制通道或 4 位立即数形式给出。MOVB 具有上微分型指令的特性。其梯形图符号如下：

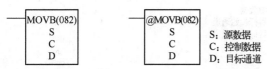

操作数区域：

S：CIO，W，H，A，T，C，D，*D，@D 或#。

C：CIO，W，H，A，T，C，D，*D，@D 或指定的立即数。

D：CIO，W，H，A448~A959，T，C，D，*D 或@D。

控制通道 C：

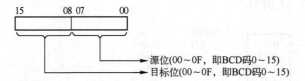

控制通道值由 4 位十六进制数组成，高两位代表目标位，低两位代表源位。

注意：控制数据设定的位不存在时 P_ER 置位。

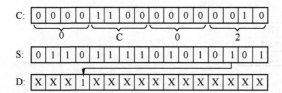

3.5.6 数（4bit）传送指令 MOVD(083)

数传送指令 MOVD 是将源数据中的 1~4 个数（十六进制数）传送到目标通道的指定数字位（十六进制位）上，一次最多可以传送 4 个十六进制数。MOVD 具有上微分型指令的特性。其梯形图符号如下：

操作数区域：

S：CIO，W，H，A，T，C，D，*D，@D 或#。

C：CIO，W，H，A，T，C，D，*D，@D 或指定的立即数。

D：CIO，W，H，A448~A959，T，C，D，*D 或@D。

源数据 S：

15	12	11	08	07	04	03	00
3位		2位		1位		0位	

控制通道 C：

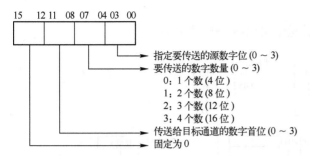

目标通道 D：

若传送 4 个数字，并且第一个目标数字是"2"，那么首先将数据传送到目标数字 2，然后是 3，0，1。

注意： 控制数据超出设定值范围时 P_ER 置位。

MOVD 指令实现多位传送的示例见例 3-30。

【例 3-30】　MOVD 指令实现多位传送的控制数据与传送结果如图 3-52 所示。

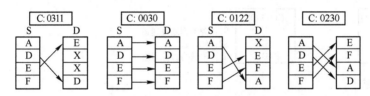

图 3-52　MOVD 指令多位传送示例

3.5.7　数据分配指令 DIST(080)

数据分配指令 DIST 是将源数据传送到以目标通道为基址加偏移数后所指定的通道中。DIST 具有上微分型指令的特性。其梯形图符号如下：

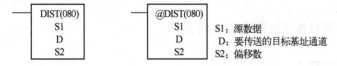

操作数区域：

S1：CIO，W，H，A，T，C，D，*D，@D，DR 或#。

D：CIO，W，H，A448～A959，T，C，D，*D 或@D。

S2：CIO，W，H，A，T，C，D，*D，@D，DR 或#。

指令说明：

1）传送数据为 0 时，P_EQ 置位。

2）传送数据的最高位（15 位）为 1 时，P_N 置位。

DIST 指令的示例见例 3-31。

【例 3-31】 DIST 指令梯形图与传送结果如图 3-53 所示。

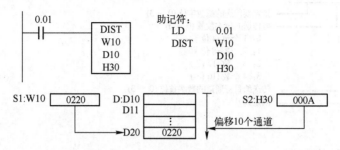

图 3-53　DIST 指令的应用示例

当 0.01 为 ON 时，由于偏移通道 H30 的值是 AH（即 BCD 码 10），因此在目标基址通道 D10 上加 10 个偏移通道，最终将源数据通道 W10 的值传送到 D20 内。通过改变 H30 的值可以实现对任意地址通道分配数据。

3.5.8　数据抽取指令 COLL(081)

数据抽取指令 COLL 是将源通道为基址加偏移数后所指定的通道值传送到目标通道中。COLL 具有上微分型指令的特性。其梯形图符号如下：

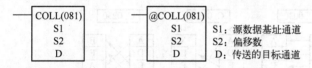

操作数区域：

S1：CIO，W，H，A，T，C，D，*D 或@D。

S2：CIO，W，H，A，T，C，D，*D，@D，DR 或#。

D：CIO，W，H，A448～A959，T，C，D，*D，@D 或 DR。

指令说明：

1）传送数据为 0 时，P_EQ 置位。

2）传送数据的最高位（15 位）为 1 时，P_N 置位。

COLL 指令的示例见例 3-32。

【例 3-32】 COLL 指令梯形图与传送结果如图 3-54 所示。

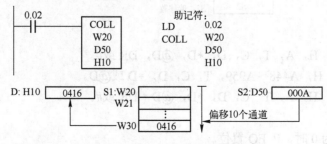

图 3-54　COLL 指令的应用示例

当 0.02 为 ON 时，由于偏移通道 D50 的值是 AH（即 BCD 码 10），因此在源基址通道 W20 上加 10 个偏移通道，最终将通道 W30 的值作为源数据传送到目标通道 H10 内。通过改变 D50 的值可以实现从任意地址通道中抽取数据。

CP1H 的其他数据传送类指令见表 3-8，具体用法参见相关手册，本书不赘述。

表 3-8　其他数据传送类指令功能表

指令名称	指令助记符	符　号	功　能
双字传送	MOVL(498)	MOVL S D　S：源数据 D：目标首通道	当执行条件为 ON 时，将双通道的值或 8 位十六进制数传送到两个目标通道中
求反双字传送	MVNL(499)	MVNL S D　S：源数据 D：目标首通道	当执行条件为 ON 时，将双通道的值或 8 位十六进制数取反后传送到两个目标通道中
多位传送	XFRB(062)	XFRB C S D　C：控制数据 S：源数据首通道 D：目标首通道	执行条件为 ON 时，根据控制数据，将源通道中从指定位开始的若干位的值传送到从目标通道指定位 D 开始的相同数量的位中
双字数据交换	XCGL(562)	XCGL D1 D2　D1：交换首通道 D2：交换首通道	执行条件为 ON 时，将一对双通道的数据进行交换
变址寄存器设定	MOVR(560)	MOVR S D　S：指定通道或触点 D：变址寄存器号	执行条件 ON 时，将除 TIM/CNT 的当前值外的通道或触点的有效地址传送到指定的变址寄存器中
变址寄存器设定	MOVRW(561)	MOVRW S D　S：定时器/计数器 D：变址寄存器号	执行条件 ON 时，将定时器/计数器当前值所在通道的有效地址传送到指定的变址寄存器中

3.6　数据比较类指令

数据比较类指令主要包括数据比较指令、数据块比较指令、数据表比较指令、区域比较指令、符号比较指令和时刻比较指令等。

3.6.1　无符号比较指令 CMP(020)

无符号比较指令 CMP 是将两个通道值或两个 4 位十六进制数进行比较，并将结果反映到状态标志位上，参与比较的两个数值不变。CMP 具有即时刷新型指令的特性。其梯形图符号如下：

S1：比较的数据 1
S2：比较的数据 2

操作数区域：

S1：CIO，W，H，A，T，C，D，*D，@D，#或 DR。

S2：CIO，W，H，A，T，C，D，*D，@D，#或 IR。

与 CMP 指令相关的各状态标志位见表 3-9。CMP 指令的使用示例见例 3-33 和例 3-34。

表 3-9　CMP 指令相关状态标志位表

CMP 执行结果	标志位状态					
	>,P_GT	>=,P_GE	=,P_EQ	<=,P_LE	<,P_LT	<>,P_NE
S1>S2	ON	ON	OFF	OFF	OFF	ON
S1=S2	OFF	ON	ON	ON	OFF	OFF
S1<S2	OFF	OFF	OFF	ON	ON	ON

【例 3-33】 CMP 指令梯形图及助记符示例如图 3-55 所示。

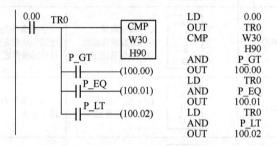

图 3-55　CMP 指令梯形图及助记符示例

【例 3-34】 利用 CMP 指令监视 TIM0000 的当前值，如图 3-56 所示。当 TIM0000 的当前值大于某值时，则产生相应的动作。

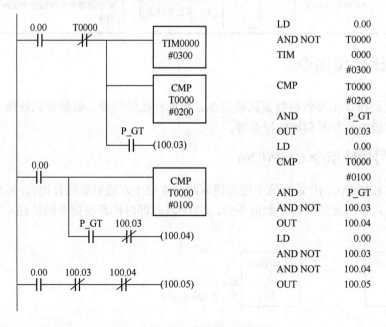

图 3-56　CMP 指令的应用示例

本例中，两个 CMP 监视 TIM0000 的当前值。第一个 CMP 的常数为 20s，第二个 CMP 的常数为 10s。在 0.00 为 ON 时，当 TIM0000 当前值大于 20s 而小于 30s 时，第一个大于标志 P_GT 为 ON，100.03 为 ON，则 100.04 和 100.05 为 OFF。

当 TIM0000 当前值大于 10s 而小于 20s 时，第一个大于标志 P_GT 为 OFF，100.03 为 OFF，而第二个大于标志 P_GT 为 ON，则 100.04 为 ON。

当 TIM0000 当前值大于 0 而小于 10s 时，两个 P_GT 均为 OFF，100.03 和 100.04 为 OFF，100.05 为 ON。

当 TIM0000 为 ON 时，TIM0000 复位，此比较过程重新开始。

注意：状态标志位必须紧跟 CMP 指令，二者共用一个执行条件且中间不能插入其他指令，如图 3-57 所示。

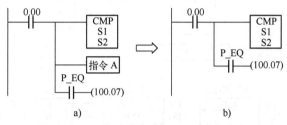

图 3-57　状态标志位用法示例

a) 状态标志位不正确用法　b) 状态标志位的正确用法

3.6.2　块比较指令 BCMP(068)

块比较指令 BCMP 是将一个 4 位十六进制数与一个由 32 个连续通道构成的比较表中的 16 组上、下限值进行逐一比较，该比较表中每两个连续通道组成一个数据组，在每个数据组中总是第一通道（通道号低）的值设为下限值，第二通道（通道号高）的值设为上限值，下限值必须小于或等于上限值，比较从第一个数据组开始，若比较的十六进制数在限值范围内时，则 BCMP 就将结果通道中的 0 位置 1，否则置 0。继续再比较第二个数据组，以此类推，完成 16 次比较后结果通道的 16 个位记录对应的比较结果。比较过程如图 3-58 所示。

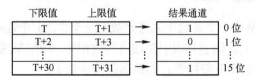

图 3-58　BCMP 指令比较过程示意图

BCMP 具有上微分型指令的特性。其梯形图符号如下：

S：源数据

T：比较块的第一个通道

D：结果通道

操作数区域：

S：CIO，W，H，A，T，C，D，*D，@D 或#。

T：CIO0000～CIO 6112，W000～W480，H000～H480，A000～A928，T0000～T 4064，C0000～C4064，D00000～D32736，*D 或@D。

D：CIO，W，H，A448～A959，T，C，D，*D 或@D。

注意： 当比较结果通道的值为 0 时，P_EQ 置位。

BCMP 指令的应用示例见例 3-35。

【例 3-35】 BCMP 指令梯形图与比较结果如图 3-59 所示。

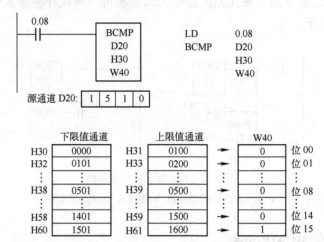

图 3-59　BCMP 指令的应用示例

本例中，当执行条件 0.08 为 ON 时，将 D20 通道值 1510H 与第一组上限通道 H31 的值 0100H、下限通道 H30 的值 0000H 进行比较，由于其超出了上限值，所以将比较结果通道 W40 的 0 位置 0。以此类推，D20 通道的值 1510H 再与其他各组上、下限通道值逐一比较，最终的执行结果是由于 1510H 处于第 16 组下限通道 H60 的值 1501H 和上限通道 H61 的值 1600H 之间，使 W40 的 15 位置位。

3.6.3　表比较指令 TCMP(085)

表比较指令 TCMP 是将一个 4 位十六进制数与一个由 16 个连续通道构成的比较表中的各个通道值逐一进行比较，若该值与表中某通道的值相等，则结果通道的对应位就置 1，否则置 0。TCMP 具有上微分型指令的特性。其梯形图符号如下：

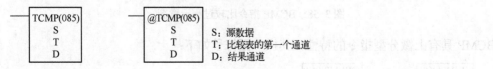

操作数区域：

S：CIO，W，H，A，T，C，D，*D，@D 或#。

T：CIO0000～CIO 6128，W000～W496，H000～H496，A000～A944，T0000～T 4080，

C0000～C4080，D00000～D32752，*D 或@D。

　　D：CIO，W，H，A448～A959，T，C，D，*D 或@D。

　　注意：当比较结果通道的值为 0 时，P_EQ 置位。

TCMP 指令的应用示例见例 3-36。

【**例 3-36**】　TCMP 指令梯形图与比较结果如图 3-60 所示。

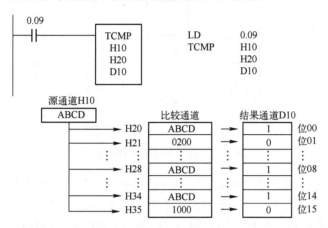

图 3-60　TCMP 指令的应用示例

　　上例中，当执行条件 0.09 为 ON 时，将源通道 H10 的值 ABCD 分别与比较通道串 H20～H35 的值逐一比较，由于 H20、H28 和 H34 通道的值均为 ABCD，因此将结果通道 D10 对应的 00 位、08 位和 14 位置 1。

3.6.4　区域比较指令 ZCP(088)

　　区域比较指令 ZCP 是将一个 4 位十六进制数与设定的上、下限值进行比较，将比较结果反映在状态标志位上。其梯形图符号如下：

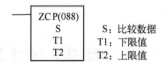

　　S：比较数据
　　T1：下限值
　　T2：上限值

操作数区域：

S，T1、T2：CIO，W，H，A，T，C，D，*D，@D，#或 DR。

与 ZCP 指令相关的各状态标志位见表 3-10。

表 3-10　ZCP 指令相关状态标志位表

ZCP 执行结果	标志位状态					
	>,P_GT	>=,P_GE	=,P_EQ	<=,P_LE	<,P_LT	<>,P_NE
S>T2	ON	—	OFF	—	OFF	—
T1≤S1≤T2	OFF	—	ON	—	OFF	—
S<T1	OFF	—	OFF	—	ON	—

注意：当 T1 > T2 时，P_ER 置位。

ZCP 指令的应用示例见例 3-37。

【例 3-37】 ZCP 指令梯形图与比较结果如图 3-61 所示。

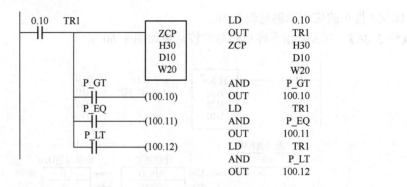

图 3-61 ZCP 指令的应用示例

本例中，当执行条件 0.10 为 ON 时，将源通道 H30 的值与下限通道 D10 的值和上限通道 W20 的值进行比较，当 H30 的值小于 D10 的值时，小于标志位置位，使 100.12 为 ON；当 H30 的值大于 W20 的值时，大于标志位置位，使 100.10 为 ON；当 H30 的值在限值范围之内时，等于标志位置位，使 100.11 为 ON。

3.6.5 符号比较类指令

符号比较类指令是将 2 个通道值或 4 位十六进制数进行无符号或带符号的比较，比较结果为真时，逻辑导通执行下一步程序。该类指令的逻辑连接方式分 LD 型、AND 型和 OR 型，其梯形图符号如下：

其中符号包括 "="，"＜＞"，"＜"，"＜＝"，"＞" 和 "＞＝" 等。选项包括 S（带符号）和 L（双字）。

操作数区域：

S1、S2：CIO，W，H，A，T，C，D，*D，@D，#或 DR。

符号比较指令的应用示例见例 3-38。

【例 3-38】 AND 型符号比较指令梯形图与比较结果如图 3-62 所示。

本例中，当执行条件 0.11 为 ON 时，将 H51 通道的值（BCD 码 34587）与 H81 通道的值（BCD 码 14876）进行无符号数的 "＜" 比较，由于 34587＞14876，所以 "＜" 指令后的逻辑行不导通，100.01 为 OFF。

当执行条件 0.12 为 ON 时，将 H52 通道的值（BCD 码 -30956）与 H82 通道的值（BCD 码 14876）进行有符号数的 "＜" 比较，由于 -30956＜14876，所以 "＜S" 指令后的逻辑行导通，100.02 为 ON。

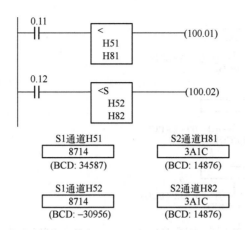

图 3-62　AND 型符号比较指令的应用示例

3.6.6　时刻比较类指令

时刻比较类指令是将两个时刻值（4 位 BCD 数）进行比较，比较结果为真时，逻辑导通，执行下一步程序。该类指令的逻辑连接方式分 LD 型、AND 型和 OR 型，其梯形图符号如下：

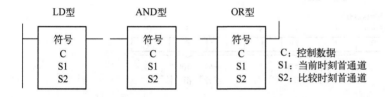

其中，符号包括 "=DT" "<>DT" "<DT" "<=DT" ">DT" 和 ">=DT" 等。

操作数区域：

C：CIO，W，H，A，T，C 或 D。

S1、S2：CIO，W，H，A，T，C，D，*D 或@D。

控制数据 C：

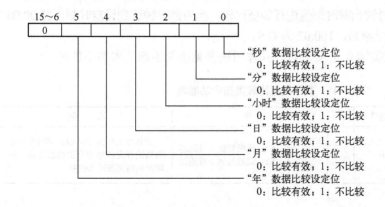

当前时刻数值通道 S1～S1+2：

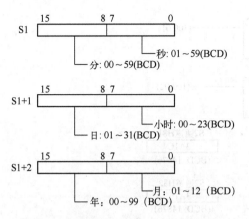

CPU 单元的内部时钟数据所占通道为 A351～A353，可以作为当前时刻的赋值通道。

比较时刻数值通道 S2～S2+2，其设定值的格式与 S1～S1+2 相同。

时刻比较指令的应用示例见例 3-39。

【例 3-39】 AND 型时刻比较指令示例如图 3-63 所示。

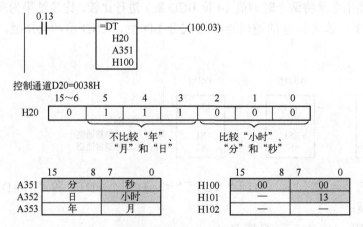

图 3-63　AND 型时刻比较指令的应用示例

本例中，由于控制通道 D20 的值是 0038H，表明仅对"秒""分"和"小时"的设定时刻与当前时刻进行比较。执行条件 0.13 为 ON，将 H100 和 H101 通道的值（图中阴影范围）与 A351 和 A352 的 CPU 内部时钟当前时刻值进行等值比较，当内部时钟达到设定时刻"13:00:00"时，"=DT"指令后的逻辑行导通，100.03 为 ON。

CP1H 的其他数据比较类指令见表 3-11，具体用法参见相关手册，本书不赘述。

表 3-11　其他数据比较类指令功能表

指 令 名 称	指令助记符	符 　号		功 　能
无符号双字比较	CMPL(060)	CMPL S1 S2	S1：比较数据 1 首通道 S2：比较数据 2 首通道	当执行条件为 ON 时，将两个双字的值进行无符号十六进制数比较，结果反映到状态标志位中

（续）

指 令 名 称	指令助记符	符 号		功 能
带符号 BIN 比较	CPS(114)	CPS S1 S2	S1：比较数据 1 S2：比较数据 2	当执行条件为 ON 时，将两个通道的值进行带符号十六进制数比较（15位为符号位），结果反映到状态标志位中
带符号双字 BIN 比较	CPSL(115)	CPSL S1 S2	S1：比较数据 1 首通道 S2：比较数据 2 首通道	当执行条件为 ON 时，将两个双字的值进行带符号十六进制数比较（最高位为符号位），结果反映到状态标志位中
多字比较	MCMP(019)	MCMP S1 S2 D	S1：比较数据 1 首通道 S2：比较数据 2 首通道 D：比较结果输出通道	当执行条件为 ON 时，将分别以 S1和 S2 为首通道的 16 个通道值进行对应比较，结果反映到结果输出通道的对应位中
扩展表比较	BCMP2(502)	BCMP2 S T D	S：比较数据 T：比较表的首通道 D：比较结果输出通道	当执行条件为 ON 时，将比较数据 S分别与 T 通道设定的若干组限值区间进行逐一比较，结果反映到结果输出通道的对应位中
双字区域比较	ZCPL(116)	ZCPL S T1 T2	S：比较数据（双字） T1：下限值首通道 T2：上限值首通道	当执行条件为 ON 时，将双字的值或 8 位十六进制数与设定的上、下限值进行无符号双字比较，结果反映到状态标志位中

3.7　数据转换类指令

数据转换类指令主要用于不同数制之间的数据转换，包括二进制数与十进制数的相互转换，十六进制数与 ACSII 码的相互转换等。数据转换类指令都具有上微分型指令的特性。

3.7.1　BCD→BIN 转换指令 BIN(023)

BCD→BIN 转换指令 BIN 是将一个通道中的 4 位 BCD 码换算成 16 位二进制数，并将换算后的数据输出到一个结果通道中。BIN 具有上微分型指令的特性。其梯形图符号如下：

S：源通道
D：转换结果通道

数据操作数区域：

S：CIO，W，H，A，T，C，D，*D 或@D。

D：CIO，W，H，A448～A959，T，C，D，*D 或@D。

指令说明：

1）当源通道内容不是 BCD 码时，P_ER 置位。

2）当结果通道的内容为全 0 时，P_EQ 置位。

BIN 指令的应用示例见例 3-40。

【例 3-40】 BIN 指令梯形图、助记符及执行结果示例如图 3-64 所示。

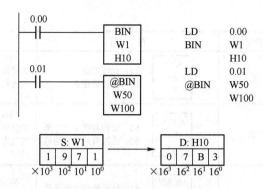

图 3-64　BIN 指令的应用示例

3.7.2　BIN→BCD 转换指令 BCD(024)

BIN→BCD 转换指令 BCD 是将源通道中的 16 位二进制数换算成 4 位十进制数，并将换算结果输出到结果通道中。BCD 具有上微分型指令的特性。其梯形图符号如下：

```
┌BCD(024)┐    ┌@BCD(024)┐
│    S   │    │    S    │      S：源通道
│    D   │    │    D    │      D：转换结果通道
└────────┘    └─────────┘
```

操作数区域：

S：CIO，W，H，A，T，C，D，*D 或@D。

D：CIO，W，H，A448～A959，T，C，D，*D 或@D。

指令说明：

1）源通道值大于 270F 时，P_ER 置位。当源通道值大于 270FH 时，换算结果就会大于 9999，出现这种情况时，指令不执行，D 通道值也不变。

2）当结果通道的内容为全 0 时，P_EQ 置位。

BCD 指令的应用示例见例 3-41。

【例 3-41】　BCD 指令梯形图、助记符及执行结果示例如图 3-65 所示。

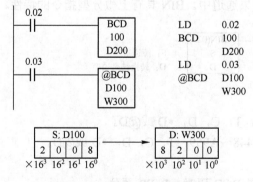

图 3-65　BCD 指令的应用示例

3.7.3　4→16/8→256 译码器 MLPX(076)

译码器指令 MLPX 根据转换类型可以实现 4→16 译码器或 8→256 译码器。

　　4→16 译码器是将源通道值（最多 4 个十六进制数）视作位置编号（0～15 的十进制数），将目标通道中与该编号对应的位置为"1"，其他位置为"0"。

　　8→256 译码器是将源通道的高字节或低字节值（2 位十六进制数）分别视作位置编号（0～255 的十进制数），通过设定的转换数决定将目标通道中与该编号对应的位置为"1"，其他位置为"0"。

　　MLPX 具有上微分型指令的特性。其梯形图符号如下：

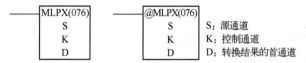

S：源通道
K：控制通道
D：转换结果的首通道

操作数区域：

S：CIO，W，H，A，T，C，D，*D 或@D。

K：CIO，W，H，A，T，C，D，*D，@D 或#。

D：CIO，W，H，A448～A959，T，C，D，*D 或@D。

4→16 译码器源通道 S：

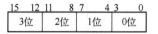

4→16 译码器控制通道 K：

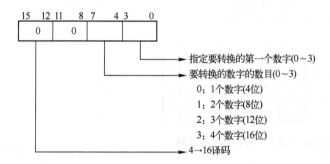

8→256 译码器源通道 S：

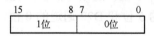

8→256 译码器控制通道 K：

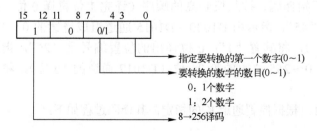

注意：控制通道值不在指定范围时，P_ER 置位。

MLPX 指令的应用示例见例 3-42。

【例 3-42】 MLPX 指令梯形图、助记符及执行结果示例如图 3-66 所示。

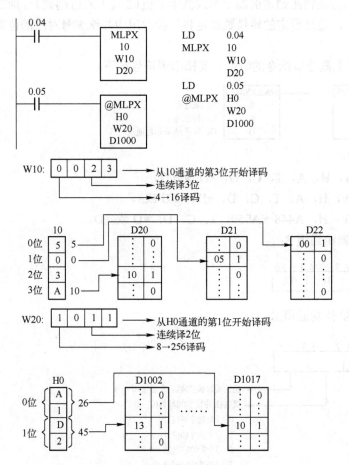

图 3-66　MLPX 指令的应用示例

本例中，当 0.04 为 ON 时，由于 W10 的值为 0023H，表示执行 4→16 译码器指令，从源通道 10 的 3 位开始译码，按从低到高的顺序（译完 3 位再译 0 位）连续译 3 位，位置编号 "10"，"5" 和 "0" 分别指示 D20 通道的 10 位，D21 通道的 5 位和 D22 通道的 0 位，将其全部置 "1"。

当 0.05 为 ON 时，由于 W20 的值为 1011H，表示执行 8→256 译码器指令，从源通道 H0 的 1 位（2 位十六进制数）开始译码，按从低到高的顺序（译完 1 位再译 0 位）连续译 2 位，1 位译出的位置编号是 "45"，指示由 D1000～D1015 通道组成连续的 0～255 位中的 45 位（D1002 通道的 13 位），将其置 "1"；0 位译出的位置编号是 "26"，指示由 D1016～D1031 通道组成连续的 0～255 位中的第 26 位（D1017 通道的 10 位），将其置 "1"。

当进行多个数字的 4→16 译码时，根据控制通道 K 的指定，其译码过程如下：

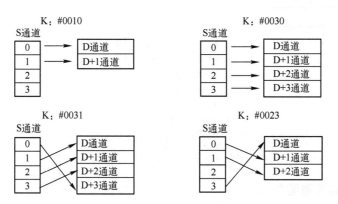

当进行多个数字的 8→256 译码时，根据控制通道 K 的指定，其译码过程如下：

3.7.4   16→4/256→8 编码器 DMPX(077)

编码器指令 DMPX 根据转换类型可以实现 16→4 编码器或 256→8 编码器。

16→4 编码器是将源通道（最多 4 个通道）中为 ON 的最高位或最低位（根据控制通道设定）的位号编成 1 位十六进制数，并将该数传送到结果通道的指定数字位上。

256→8 编码器是将从源通道开始的 16 个通道（0～255 位）中为 ON 的最高位或最低位（根据控制通道设定）的位号编成 2 位十六进制数，并将该数传送到结果通道的高字节或低字节上。

DMPX 具有上微分型指令的特性。其梯形图符号如下：

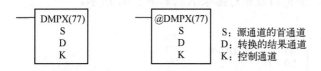

S：源通道的首通道
D：转换的结果通道
K：控制通道

操作数区域：

S：CIO，W，H，A，T，C，D，*D 或@D。

D：CIO，W，H，A448～A959，T，C，D，*D 或@D。

K：CIO，W，H，A，T，C，D，*D，@D 或#。

16→4 编码器源通道 S：

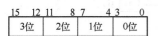

16→4 编码器控制通道 K：

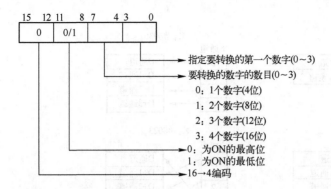

256→8 编码器源通道 S：

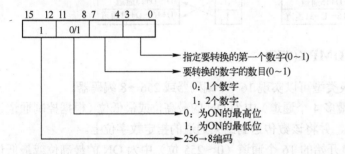

256→8 编码器控制通道 K：

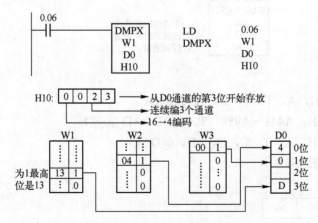

注意： 当控制通道值不在指定范围或源通道值是 0000H，P_ER 置位。

DMPX 指令的应用示例见例 3-43。

【例 3-43】 DMPX 指令梯形图、助记符及执行结果示例如图 3-67 所示。

图 3-67 DMPX 指令的应用示例

上例中，当 0.06 为 ON 时，由于控制通道 H10 的值为 0023H，表示执行 16→4 编码器指令，从源通道 W1 开始连续编 3 个通道，分别编码为"D""4"和"0"，并按指定顺序存放在 D0 通道的 3 位、0 位和 1 位。

当进行多个通道的 16→4 编码时，根据控制通道 K 的指定，编码过程如下：

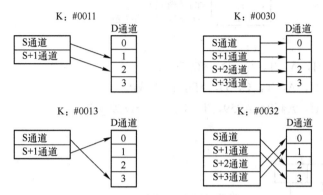

当进行多个通道的 256→8 编码时，根据控制通道 K 的指定，其译码过程如下：

3.7.5　七段译码指令 SDEC(078)

七段译码指令 SDEC 是将源通道中 1～4 位十六进制数根据设定分别译作供七段数码管显示的数据，并输出到指定的目标通道的低 8 位或高 8 位。七段显示码对应转换的十六进制数见表 3-12。

表 3-12　七段译码指令数据换算表

显 示 码	0	1	2	3	4	5	6	7	8	9	A	B	C	D	E	F
a 段	1	0	1	1	0	1	1	1	1	1	1	0	1	0	1	1
b 段	1	1	1	1	1	0	0	1	1	1	1	0	0	1	0	0
c 段	1	1	0	1	1	1	1	1	1	1	1	1	0	1	0	0
d 段	1	0	1	1	0	1	1	0	1	1	0	1	1	1	1	0
e 段	1	0	1	0	0	0	1	0	1	0	1	1	1	1	1	1
f 段	1	0	0	0	1	1	1	0	1	1	1	1	1	0	1	1
g 段	0	0	1	1	1	1	1	0	1	1	1	1	0	1	1	1
第 7 位	0	0	0	0	0	0	0	0	0	0	0	0	0	0	0	0
2 位 十六进制数	3F	06	5B	4F	66	6D	7D	27	7F	6F	77	7C	39	5E	79	71

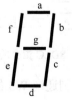

SDEC 具有上微分型指令的特性。其梯形图符号如下：

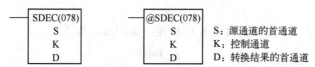

操作数区域：

S：CIO，W，H，A，T，C，D，*D 或@D。

K：CIO，W，H，A，T，C，D，*D，@D 或#。

D：CIO，W，H，A448～A959，T，C，D，*D 或@D。

控制通道 K：

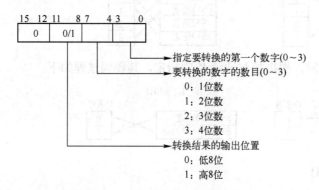

注意：若控制通道值超出指定范围，P_ER 将置位。

SDEC 指令的应用示例见例 3-44。

【**例 3-44**】 SDEC 指令梯形图、助记符及执行结果示例如图 3-68 所示。

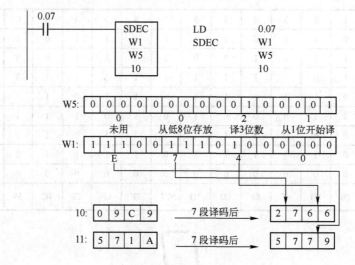

图 3-68 SDEC 指令的应用示例

上例中，当 0.07 为 ON 时，由于控制通道 W5 的值为 0021H，表示从源通道 W1 的 1 位开始连续译 3 位数，即分别将 7 段显示码 "4"、"7" 和 "E" 译为 "66"、"27" 和 "79"，并按指定顺序依次存放在 10 通道的低 8 位，高 8 位和 11 通道的低 8 位中，而 11 通道的高 8 位中的值保持不变。

3.7.6　ASCII 转换指令 ASC(086)

ASCII 转换指令 ASC 是将源通道中 1～4 个十六进制数分别转换成 8 位 ASCII 码形式，并将转换出的 ASCII 码输出到目标通道的低 8 位或高 8 位上。ASCII 码转换为十六进制数的对应关系见表 3-13。

表 3-13　ASCII 码换算表

ASCII 码数据					十六进制数								
数　值	位　的　值				代　码	位　的　值							
0	0	0	0	0	30H	*	0	1	1	0	0	0	0
1	0	0	0	1	31H	*	0	1	1	0	0	0	1
2	0	0	1	0	32H	*	0	1	1	0	0	1	0
3	0	0	1	1	33H	*	0	1	1	0	0	1	1
4	0	1	0	0	34H	*	0	1	1	0	1	0	0
5	0	1	0	1	35H	*	0	1	1	0	1	0	1
6	0	1	1	0	36H	*	0	1	1	0	1	1	0
7	0	1	1	1	37H	*	0	1	1	0	1	1	1
8	1	0	0	0	38H	*	0	1	1	1	0	0	0
9	1	0	0	1	39H	*	0	1	1	1	0	0	1
A	1	0	1	0	41H	*	1	0	0	0	0	0	1
B	1	0	1	1	42H	*	1	0	0	0	0	1	0
C	1	1	0	0	43H	*	1	0	0	0	0	1	1
D	1	1	0	1	44H	*	1	0	0	0	1	0	0
E	1	1	1	0	45H	*	1	0	0	0	1	0	1
F	1	1	1	1	46H	*	1	0	0	0	1	1	0

注：*为奇偶校验位。无奇偶校验时，此位为 0；有奇校验时，当参与校验的 0～7 位中为 "1" 的数目为奇数时该位为 "1"；偶校验时，当参与校验的 0～7 位中为 "1" 的数目为偶数时该位为 "1"。

ASC 具有上微分型指令的特性。其梯形图符号如下：

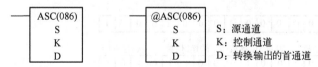

S：源通道
K：控制通道
D：转换输出的首通道

操作数区域：

S：CIO，W，H，A，T，C，D，*D 或@D。

K：CIO，W，H，A，T，C，D，*D，@D 或#。

D：CIO，W，H，A448～A959，T，C，D，*D 或@D。

源通道 S：

15	12	11		8	7		4	3			0
3位		2位			1位			0位			

控制通道 K：

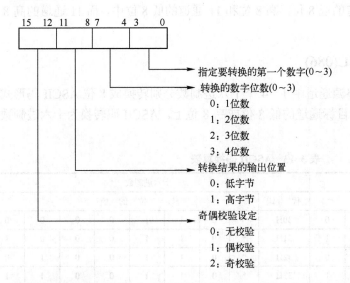

转换的目标通道：

注意：控制通道值超出指定范围时，P_ER 置位。

ASC 指令的应用示例见例 3-45。

【例 3-45】 ASC 指令梯形图、助记符及执行结果示例如图 3-69 所示。

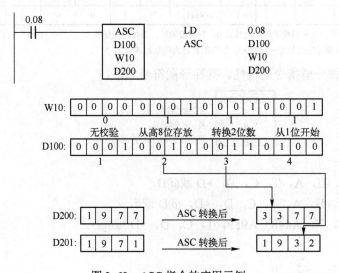

图 3-69 ASC 指令的应用示例

本例中，当 0.08 为 ON 时，由于控制通道 W10 的值为 0111H，表示从源通道 D100 的 1 位开始连续将 2 位十六进制数转换为 ASCII 码（无奇偶校验），即分别将"3"和"2"转换为 ASCII 码"$33"和"$32"，并按指定顺序依次存放在 D200 通道的高 8 位和 D201 通道的低 8 位中，而 D200 通道的低 8 位与 D201 通道的高 8 位中的值保持不变。

3.7.7　ASCII→HEX 转换 HEX(162)

ASCII→HEX 转换指令 HEX 是将从源通道开始的 1～4 个字节的 ASCII 码分别转换成 4 位十六进制数，并将其输出到目标通道的指定位上。HEX 具有上微分型指令的特性。其梯形图符号如下：

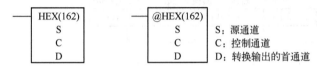

S：源通道
C：控制通道
D：转换输出的首通道

操作数区域：

S：CIO，W，H，A，T，C，D，*D 或@D。

C：CIO，W，H，A，T，C，D，*D，@D 或#。

D：CIO，W，H，A448～A959，T，C，D，*D 或@D。

源通道 S：

15	8 7	0
高字节	低字节	

控制通道 C：

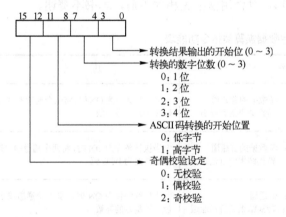

转换的目标通道 D：

15 12 11	8 7	4 3	0
3 位	2 位	1 位	0 位

指令说明：

1）源通道的 ASCII 码在奇偶校验时出错，P_ER 置位。

2）源通道为不可转换的 ASCII 码时，P_ER 置位。

3）控制通道值超出指定范围，P_ER 置位。

HEX 指令的应用示例见例 3-46。

【例 3-46】 HEX 指令梯形图、助记符及执行结果示例如图 3-70 所示。

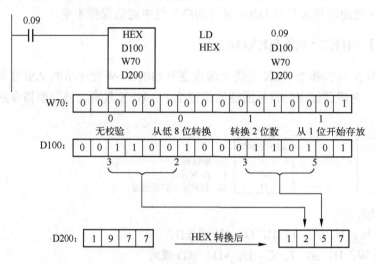

图 3-70 HEX 指令的应用示例

本例中，当 0.09 为 ON 时，由于控制通道 W70 的值为 0011H，表示从源通道 D100 的低字节开始连续将 2 个 ASCII 码转换为 2 位十六进制数（无奇偶校验），即分别将"$35"和"$32"转换为"5"和"2"，并按指定顺序存放在 D200 通道的 1 位和 2 位中，而 D200 通道其他数字位中的值保持不变。

CP1H 的其他换算比较类指令见表 3-14，具体用法参见相关手册，本书不赘述。

表 3-14 其他数据换算类指令功能表

指令名称	指令助记符	符　号	功　能
BCD→BIN 双字转换	BINL(058)	BINL S D　　S：源数据的首通道　D：转换结果的首通道	当执行条件为 ON 时，将两个通道的 BCD 码转换为二进制数
BIN→BCD 双字转换	BCDL(059)	BCDL S D　　S：源数据的首通道　D：转换结果的首通道	当执行条件为 ON 时，将两个通道的二进制数转换为 BCD 码
2 的补数转换	NEG(160)	NEG S D　　S：源通道　D：转换结果的目标通道	当执行条件为 ON 时，求 1 个通道或 16 位二进制数的补数
2 的补数双字转换	NEGL(161)	NEGL S D　　S：源通道　D：转换结果的目标通道	当执行条件为 ON 时，求两个通道或 32 位二进制数的补数
符号扩展	SIGN(600)	SIGN S D　　S：扩展源通道　D：结果通道	当执行条件为 ON 时，根据源通道符号位的值（0 或 1），将 0 或 FFFF 输出到 D+1 通道，源通道的值传送给结果通道

（续）

指令名称	指令助记符	符　号		功　能
位列→位行转换	LINE(063)	LINE S N D	S: 转换数据首字 N: 位指定控制通道 D: 转换结果通道	当执行条件为 ON 时，将从首通道开始的 16 个通道的指定位的值传送到结果通道的 0～15 位
位行→位列转换	COLM(064)	COLM S D N	S: 转换数据首字 D: 转换结果首通道 N: 位指定控制通道	当执行条件为 ON 时，将源通道的各位值分别传送到以转换结果首通道开始的 16 个通道的指定位
带符号 BCD→BIN 转换	BINS(470)	BINS C S D	C: 控制通道 S: 转换数据源通道 D: 转换结果通道	当执行条件为 ON 时，将带符号的 1 个通道 BCD 码转换为带符号的二进制数
带符号 BCD→BIN 双字转换	BISL(472)	BISL C S D	C: 控制通道 S: 转换数据首通道 D: 转换结果首通道	当执行条件为 ON 时，将带符号的双字 BCD 码转换为带符号的二进制数
带符号 BIN→BCD 转换	BCDS(471)	BCDS C S D	C: 控制通道 S: 转换数据源通道 D: 转换结果通道	当执行条件为 ON 时，将带符号的单通道二进制数转换为带符号的 BCD 码
带符号 BIN→BCD 双字转换	BDSL(473)	BDSL C S D	C: 控制通道 S: 转换数据首通道 D: 转换结果首通道	当执行条件为 ON 时，将带符号的双字二进制数转换为带符号的 BCD 码
格雷码转换	GRY(474)	GRY C S D	C: 控制首通道 S: 源数据首通道 D: 结果首通道	当执行条件为 ON 时，根据指定的分辨率将指定通道的格雷二进制代码转换为二进制数或 BCD 码或角度值

3.8　递增/递减指令

递增与递减指令主要实现数据的累加或递减，都具有上微分型指令的特性。

3.8.1　BCD 码递增指令++B(594)/双字 BCD 码递增指令++BL(595)

BCD 码递增指令++B 是将指定通道的 4 位 BCD 码内容加 1。++B 指令具有上微分型指令的特性。其梯形图符号如下：

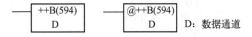

D: 数据通道

操作数区域：CIO，W，H，A448～A959，T，C，D，*D 或@D。

指令说明：

1）通道数据不是 BCD 码时，P_ER 置位。

2）当累加结果为 0000 时，P_EQ 置位。

3）当运算有进位时，P_CY 置位。

注： 当通道内容为 9999，执行++B 指令，通道内容将变为 0000。

++B 指令的应用示例见例 3-47。

【例 3-47】 ++B 指令梯形图及助记符示例如图 3-71 所示。

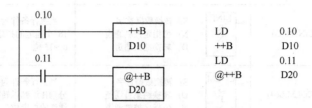

图 3-71　++B 指令梯形图及助记符示例

上例中当 0.10 为 ON 时，D10 的值每个扫描周期加 1；当 0.11 为 ON 时，D20 的值仅在导通后的第 1 个扫描周期加 1。

双字 BCD 码递增指令 ++BL 的功能是将两个连续通道（即高字和低字）作为指定通道，实现 8 位 BCD 码加 1。其用法与 ++B 指令相似，在此不赘述。

3.8.2　BCD 码递减指令 – –B(596)/双字 BCD 码递减指令 – –BL(597)

BCD 码递减指令 – –B 是将指定通道的 4 位 BCD 码内容减 1。当该 BCD 码为 0000 时，执行 – –B 指令后，通道内的数据将变为 9999。– –B 具有上微分型指令的特性。其梯形图符号如下：

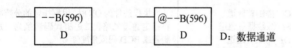

操作数区域：CIO，W，H，A448～A959，T，C，D，*D 或@D。

指令说明：

1）通道数据不是 BCD 码时，P_ER 置位。

2）当递减结果为 0000 时，P_EQ 置位。

3）当运算有借位时，P_CY 置位。

– –B 指令的应用示例见例 3-48。

【例 3-48】 – –B 指令梯形图及助记符示例如图 3-72 所示。

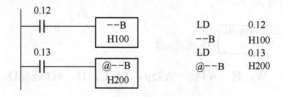

图 3-72　– –B 指令梯形图及助记符示例

上例中，当 0.12 为 ON 时，H100 的值每个扫描周期减 1；当 0.13 为 ON 时，H200 的值仅在导通后的第 1 个扫描周期减 1。

双字 BCD 码递减指令 – –BL 的功能是将两个连续通道（即高字和低字）作为指定通道，

实现 8 位 BCD 码减 1。其用法与 – – B 指令相似，在此不赘述。

3.8.3　二进制递增指令++(590)/双字二进制递增指令++L(591)

二进制递增指令++是将指定通道的 4 位十六进制数加 1。++具有上微分型指令的特性。其梯形图符号如下：

D：数据通道

操作数区域：CIO，W，H，A448～A959，T，C，D，*D 或@D。

指令说明：

1）当累加结果为 0000 时，P_EQ 置位。

2）当运算有进位时，P_CY 置位。

3）当通道 D 中的 15 位为 1 时，P_N 置位。

++指令的应用示例见例 3-49。

【例 3-49】　++指令梯形图及助记符示例如图 3-73 所示。

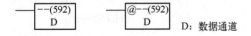

　　　　　　　　　　　　　　LD　　　0.14
　　　　　　　　　　　　　　@++　　D100

图 3-73　++指令梯形图及助记符示例

上例中，当 0.14 从 OFF 变为 ON 时，D100 的值仅在导通后的第 1 个扫描周期加 1，这是由++的上微分型指令的特性决定的。

双字二进制递增指令++L 的功能是将两个连续通道（即高字和低字）作为指定通道，实现 8 位十六进制数加 1。其用法与++指令相似，在此不赘述。

3.8.4　二进制递减指令– –(592)/双字二进制递减指令– –L(593)

二进制递减指令 – – 是将指定通道的 4 位十六进制数减 1。当通道值为 0 时，执行– –指令后，通道值将变为 FFFF。 – –指令具有上微分型指令的特性。其梯形图符号如下：

```
──┤──(592)┤──     ──┤@──(592)┤──     D：数据通道
       D                  D
```

操作数区域：CIO，W，H，A448～A959，T，C，D，*D 或@D。

指令说明：

1）当递减结果为 0000 时，P_EQ 置位。

2）当运算有借位时，P_CY 置位。

3）通道 D 中的 15 位为 1 时，P_N 置位。

– –指令的应用示例见例 3-50。

【例 3-50】　– –指令梯形图及助记符示例如图 3-74 所示。

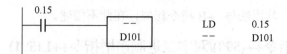

图 3-74 − −指令梯形图及助记符示例

本例中，当输入 0.15 为 ON 时，每个扫描周期 D101 的值就减 1。

双字二进制递减指令− −L 的功能是将两个连续通道（即高字和低字）作为指定通道，实现 8 位十六进制数减 1。其用法与− −指令相似，在此不赘述。

3.9 四则运算类指令

四则运算类指令包括 BCD 码及二进制数的加、减、乘、除等指令和双字 BCD 码及二进制数的加、减、乘、除等指令。这些指令也都有相应的微分指令。

3.9.1 置进位 STC(040)/清进位 CLC(041)

置进位指令 STC 是将进位标志位 P_CY 置为"1"；清进位指令 CLC 是将进位标志位 P_CY 置为"0"。两指令都具有上微分型指令的特性。其梯形图符号如下：

对于使用 P_CY 或影响 P_CY 的指令，STC 和 CLC 都适用。如在执行加法或减法运算之前应执行 CLC，将 P_CY 置 0，以免运算结果产生错误。与 P_CY 标志相关的指令见表 3-15。

表 3-15 与进位标志位相关的指令表

指　令	FUN	进位标志值的含义	
		1	0
+C/@+C +CL/@+CL +BC/@+BC +BCL/@+BCL	402 403 406 407	在加法操作中有进位	没有产生进位
-C/@-C -CL/@-CL -BC/@-BC -BCL/@-BCL	412 413 416 417	在减法操作中有借位	没有产生借位
ROL/@ROL ROLL/@ROLL	027 572	在移位以前，位 15 是 ON	在移位以前，位 15 是 OFF
ROR/@ROR RORL/@RORL	28 573	在移位以前，位 00 是 ON	在移位以前，位 00 是 OFF
SFTR/@SFTR	084	如果向右移位：位 00 是 ON	位 00 是 OFF
		如果向左移位：位 15 是 ON	位 15 是 OFF
STC/@STC	040	STC/@STC 执行	—
CLC/@CLC	041	—	CLC/@CLC 执行
END	001	—	END 执行

3.9.2　无 CY BCD 码加法指令+B(404)/带 CY BCD 码加法指令+BC(406)

无 CY BCD 码加法指令+B 是将两个通道内的 4 位 BCD 码或两个 4 位 BCD 码常数相加，并将和输出到结果通道中。结果超过 9999 时，产生进位将 P_CY 置 1。+B 具有上微分型指令的特性。其梯形图符号如下：

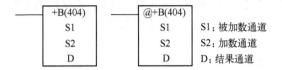

S1：被加数通道

S2：加数通道

D：结果通道

操作数区域：

S1、S2：CIO，W，H，A，T，C，D，*D，@D 或#。

D：CIO，W，H，A448～A959，T，C，D，*D 或@D。

指令说明：

1）相加的两个通道值有一个不是 BCD 码时，P_ER 置位。

2）相加的结果产生进位时，P_CY 置位。

3）求和的结果是 0000 时，P_EQ 置位。

+B 指令的应用示例见例 3-51。

【例 3-51】　+B 指令梯形图、助记符及执行结果示例如图 3-75 所示。

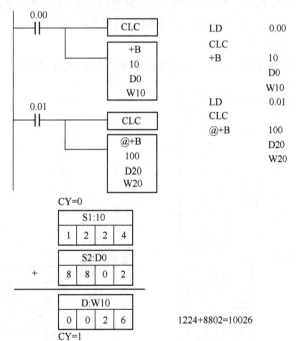

图 3-75　+B 指令的应用示例

本例中，当输入 0.00 为 ON 时，通道 10 和 D0 中的 BCD 码数据相加，并将计算结果 4 位 BCD 码输出到 W10。在求和的过程中若有进位，则进位标志 P_CY 置位为"1"。但 P_CY 本身不参与加法运算。

带 CY BCD 码加法指令+BC 的功能是将两个通道内的 4 位 BCD 码或两个 4 位 BCD 码常数连同 P_CY 标志位相加，并将和输出到结果通道中。+BC 与+B 的区别是 P_CY 本身参与加法运算，其他用法与+B 相似，在此不赘述。

3.9.3 无 CY BCD 码减法指令–B(414)/带 CY BCD 码减法指令–BC(416)

无 CY BCD 码减法指令–B 是将两个通道内的 4 位 BCD 码或两个 4 位 BCD 码常数相减，所得差输出到结果通道。–B 具有上微分型指令的特性。其梯形图符号如下：

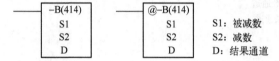

操作数区域：

S1、S2：CIO，W，H，A，T，C，D，*D，@D 或#。

D：CIO，W，H，A448～A959，T，C，D，*D 或@D。

指令说明：

1）相减的两个通道中有一个不是 BCD 码时，P_ER 置位。

2）求和的结果是 0000 时，P_EQ 置位。

3）相减的结果产生借位时，P_CY 置位。

4）当相减的结果是负数时，P_CY 置位且结果通道的数值将是其十进制的补码形式，因此若希望得到真实值，可用常数"0000"减去结果通道的数据。

–B 指令的应用示例见例 3-52。

【例 3-52】 –B 指令梯形图、助记符及执行结果示例如图 3-76 所示。

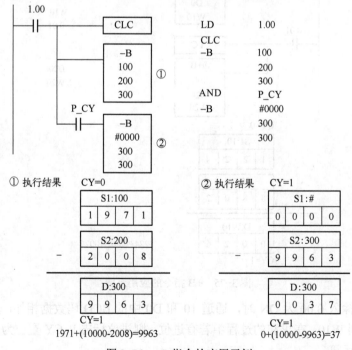

图 3-76 –B 指令的应用示例

带 CY BCD 码减法指令–BC 的功能是将两个通道内的 4 位 BCD 码或两个 4 位 BCD 码常数连同 P_CY 标志位相减，并将差输出到结果通道中。结果是负数时，以十进制补码形式输出到结果通道。

–BC 与–B 的区别是 P_CY 本身参与减法运算，其他用法与–B 相似，在此不赘述。

3.9.4　BCD 码乘法指令*B(424) /双字 BCD 码乘法指令*BL(425)

BCD 码乘法指令*B 是将两个 4 位的 BCD 码相乘，并将积输出到结果通道。结果需要占用两个通道。*B 具有上微分型指令的特性。其梯形图符号如下：

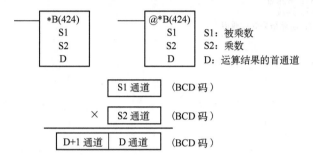

S1：被乘数
S2：乘数
D：运算结果的首通道

操作数区域：

S1、S2：CIO，W，H，A，T，C，D，*D，@D 或#。

D：CIO000～CIO6142，W000～W510，H000～H510，A448～A958，T0000～T4094，C0000～C4094，D00000～D32766，*D 或@D。

指令说明：

1）S1 或 S2 的内容不是 BCD 码时，P_ER 置位。

2）相乘的结果 D、D+1 通道值为 0 时，则 P_EQ 置位。

*B 指令的应用示例见例 3-53。

【例 3-53】　*B 指令梯形图、助记符及执行结果示例如图 3-77 所示。

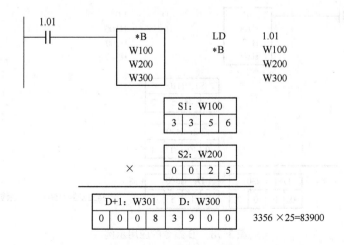

图 3-77　*B 指令的应用示例

双字 BCD 码乘法指令*BL 的功能是将两个由两个通道值组成的 8 位 BCD 码或两个 8 位

BCD 码常数相乘，并将积输出到 4 个结果通道中。*BL 与*B 的用法相似，在此不赘述。

3.9.5 BCD 码除法指令/B(434)/双字 BCD 码除法指令/BL(435)

BCD 码除法指令/B 是将两个通道内的 4 位 BCD 码或两个 4 位 BCD 码常数相除，所得商输出到结果通道。结果需占用两个通道，一个用于存储商，另一个用于存储余数。/B 具有上微分型指令的特性。其梯形图符号如下：

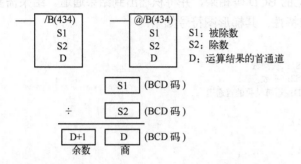

操作数区域：

S1、S2：CIO，W，H，A，T，C，D，*D，@D 或#。

D：CIO000～CIO6142，W000～W510，H000～H510，A448～A958，T0000～T4094，C0000～C4094，D00000～D32766，*D 或@D。

指令说明：

1）S1 或 S2 的内容不是 BCD 码且 S2 为 0 时，P_ER 置位。

2）相除的结果 D、D+1 通道值为 0 时，则 P_EQ 置位。

/B 指令的应用示例见例 3-54。

【例 3-54】 /B 指令梯形图、助记符及执行结果示例如图 3-78 所示。

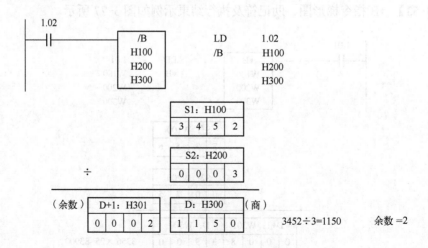

图 3-78 /B 指令的应用示例

双字 BCD 码除法指令/BL 的功能是将两个由两个通道值组成的 8 位 BCD 码或两个 8 位 BCD 码常数相除，并将结果输出到 4 个结果通道中，其中两个用来存储商，另两个用来存储余数。/BL 与/B 的用法相似，在此不赘述。

3.9.6　带符号无 CY BIN 加法指令+(400)/带符号 CY BIN 加法指令+C(402)

带符号无 CY BIN 加法指令+是将两个通道值或两个 16 位的二进制常数相加，并将结果输出到指定通道。和大于 FFFFH 时，进位标志 P_CY 置"1"。+指令具有上微分型指令的特性，其梯形图符号如下：

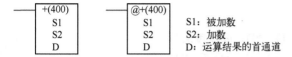

S1：被加数
S2：加数
D：运算结果的首通道

操作数区域：

S1、S2：CIO，W，H，A，T，C，D，*D，@D 或#。

D：CIO，W，H，A448～A959，T，C，D，*D 或@D。

指令说明：

1）当运算结果>FFFFH 时，P_CY 置位。

2）当运算结果为 0 时，P_EQ 置位。

3）当运算结果>32767（7FFF 时），P_OF 置位。

4）当运算结果<-32768（8000 时），P_UF 置位。

5）当运算结果通道的 15 位置 1 时，P_N 置位。

+指令的应用示例见例 3-55。

【例 3-55】　+指令梯形图、助记符及执行结果示例如图 3-79 所示。

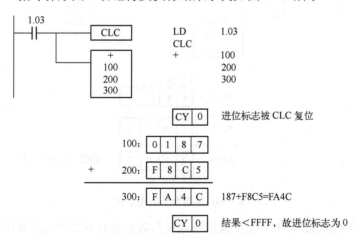

图 3-79　+指令的应用示例

带符号 CY BIN 加法指令+C 的功能是将两个通道值或两个 16 位二进制常数连同 P_CY 标志位相加，并将和输出到结果通道中。+C 与+的区别是 P_CY 本身参与加法运算，其他用法与+相似，在此不赘述。

3.9.7　带符号无 CY BIN 减法指令-(410)/带符号 CY BIN 减法指令-C(412)

带符号无 CY BIN 减法指令-是将两个通道值或两个 16 位二进制常数相减，并将结果送至指定通道。当结果是负数时，P_CY 将置"1"，同时结果是二进制的补码形式。–指令具有上微分型指令的特性。其梯形图符号如下：

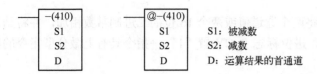

操作数区域：

S1、S2：CIO，W，H，A，T，C，D，*D，@D 或#。

D：CIO，W，H，A448～A959，T，C，D，*D 或@D。

指令说明：

1）当运算结果为负数时，P_CY 置位。

2）当运算结果为 0 时，P_EQ 置位。

3）当运算结果＞32767（7FFF）时，P_OF 置位。

4）当运算结果＜-32768（8000）时，P_UF 置位。

5）当运算结果通道的 15 位置 1 时，P_N 置位。

–指令的应用示例见例 3-56。

【例 3-56】 –指令梯形图、助记符及执行结果示例如图 3-80 所示。

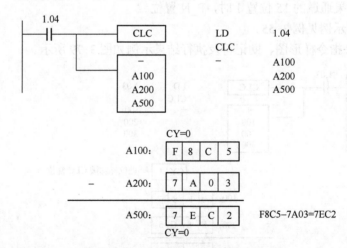

图 3-80 –指令的应用示例

当相减的结果是负数时，CY 置位且结果通道的数值将是其二进制的补码形式，因此若希望得到真实值，可用常数"0000"减去结果通道的数据。参见例 3-52。

带符号 CY BIN 减法指令–C 的功能是将两个通道值或两个 16 位二进制常数连同 P_CY 标志位相减，并将差输出到结果通道中。–C 与–的区别是 P_CY 本身参与减法运算，其他用法与–指令相似，在此不赘述。

3.9.8 带符号 BIN 乘法指令*(420)/带符号双字 BIN 乘法指令*L(421)

带符号 BIN 乘法指令*是将两个通道值或两个 16 位二进制常数相乘，结果为 32 位二进制数（占两个通道）送到指定通道。*指令具有上微分型指令的特性。其梯形图符号如下：

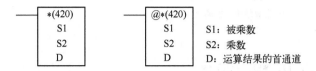

操作数区域：

S1、S2：CIO，W，H，A，T，C，D，*D，@D 或#。

D：CIO000～CIO6142，W000～W510，H000～H510，A448～A958，T0000～T4094，C0000～C4094，D00000～D32766，*D 或@D。

指令说明：

1）当运算结果为 0 时，P_EQ 置位。

2）当 D+1 通道的 15 位为 1 时，P_N 置位。

*指令的应用示例见例 3-57。

【例 3-57】 *指令梯形图、助记符及执行结果示例如图 3-81 所示。

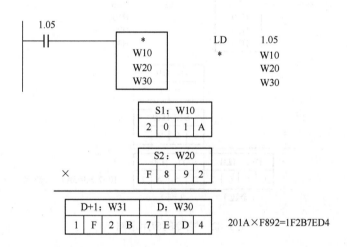

图 3-81　*指令的应用示例

带符号双字 BIN 乘法指令*L 的功能是将两个由两个通道值组成的 32 位二进制数或两个 32 位二进制常数相乘，并将积输出到 4 个结果通道中。*L 指令与*指令的用法相似，在此不赘述。

3.9.9　带符号 BIN 除法指令/(430)/带符号双字 BIN 除法指令/L(431)

带符号 BIN 除法指令/是将两个通道值或两个 16 位的二进制常数相除，并将结果送到指定的两个通道，分别存放商和余数，且二者均是 16 位二进制数。/指令具有上微分型指令的特性。其梯形图符号如下：

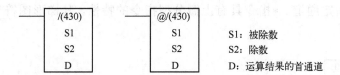

S1：被除数
S2：除数
D：运算结果的首通道

操作数区域：

S1、S2：CIO，W，H，A，T，C，D，*D，@D 或#。

D：CIO000～CIO6142，W000～W510，H000～H510，A448～A958，T0000～T4094，C0000～C4094，D00000～D32766，*D 或@D。

指令说明：

1）当通道 S2 的值为 0 时，P_ER 置位。

2）当商为 0 时，P_EQ 置位。

3）当通道 D 的 15 位为 1 时，P_N 置位。

/指令的应用示例见例 3-58。

【例 3-58】 /指令梯形图、助记符及执行结果示例如图 3-82 所示。

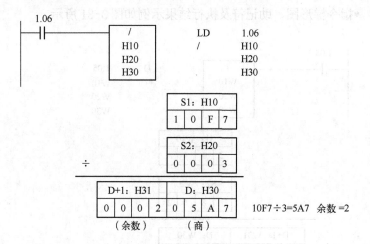

图 3-82 /指令的应用示例

带符号双字 BIN 除法指令/L 的功能是将两个由两个通道值组成的 32 位二进制数或两个 32 位二进制常数相除，并将结果输出到 4 个结果通道中，其中两个用来存储商，另两个用来存储余数。/L 指令与/指令的用法相似，在此不赘述。

四则运算指令还包括带符号无 CY 双字 BIN 加法指令+L(401)、带符号 CY 双字 BIN 加法指令+CL(403)、无 CY BCD 码加法指令+BL(405)、带 CY 双字 BCD 码加法指令+BCL(407)、带符号无 CY 双字 BIN 减法指令-L(411)、带符号 CY 双字 BIN 减法指令－CL(413)、无 CY 双字 BCD 码减法指令–BL(415)、带 CY 双字 BCD 码减法指令–BCL(417)、无符号 BIN 乘法指令*U(422)、无符号双字 BIN 乘法指令*UL(423)、无符号 BIN 除法指令/U(432)和无符号双字 BIN 除法指令/UL(433)等，其用法请参见相关手册，本书不赘述。

3.10　逻辑运算类指令

3.10.1　位取反指令 COM(029)/双字位取反指令 COML(614)

位取反指令 COM 是将指定通道内的各位取逻辑反。COM 具有上微分型指令的特性。其梯形图符号如下：

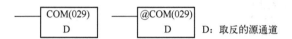

D：取反的源通道

操作数区域：CIO，W，H，A448～A959，T，C，D，*D 或@D。

指令说明：

1）当输入条件满足时，每个周期执行一次指令。

2）当取反的结果是 0 时，P_EQ 置位。

3）当运算的结果通道的 15 位为 1 时，P_N 置位。

	15															0
执行前 D:	1	0	0	1	1	0	0	1	1	0	0	1	1	0	0	0
执行后 D:	0	1	1	0	0	1	1	0	0	1	1	0	0	1	1	1

双字位取反指令 COML 的功能是将两个连续通道内的各位取逻辑反。COML 与 COM 的用法相似，在此不赘述。

3.10.2　字逻辑与指令 ANDW(034)/双字逻辑与指令 ANDL(610)

字逻辑与指令 ANDW 是将两个通道值或两个 16 位二进制常数进行逻辑与运算，并将结果送到指定通道。ANDW 具有上微分型指令的特性。其梯形图符号如下：

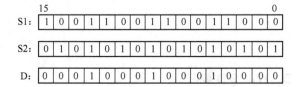

S1：数据 1
S2：数据 2
D：结果通道

操作数区域：

S1、S2：CIO，W，H，A，T，C，D，*D，@D 或#。

D：CIO，W，H，A448～A959，T，C，D，*D 或@D。

指令说明：

1）当逻辑与的结果是 0 时，P_EQ 置位。

2）当运算的结果通道的 15 位为 1 时，P_N 置位。

	15															0
S1:	1	0	0	1	1	0	0	1	1	0	0	1	1	0	0	0
S2:	0	1	0	1	0	1	0	1	0	1	0	1	0	1	0	1
D:	0	0	0	1	0	0	0	1	0	0	0	1	0	0	0	0

双字逻辑与指令 ANDL 的功能是将两个由两个连续通道组成的二进制数或两个 32 位二进制常数进行逻辑与运算。ANDL 与 ANDW 的用法相似，在此不赘述。

3.10.3 字逻辑或指令 ORW(035)/双字逻辑或指令 ORWL(611)

字逻辑或指令 ORW 是将两个通道值或两个 16 位的二进制常数进行逻辑或运算，并将结果送到指定通道。ORW 具有上微分型指令的特性。其梯形图符号如下：

 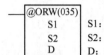

S1：数据 1
S2：数据 2
D：结果通道

操作数区域：

S1、S2：CIO，W，H，A，T，C，D，*D，@D 或#。

D：CIO，W，H，A448~A959，T，C，D，*D 或@D。

指令说明：

1）当逻辑或的结果是 0 时，P_EQ 置位。

2）当运算的结果通道的 15 位为 1 时，P_N 置位。

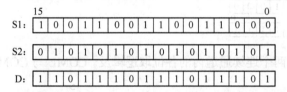

双字逻辑或指令 ORWL 的功能是将两个由两个连续通道组成的二进制数或两个 32 位二进制常数进行逻辑或运算。ORWL 与 ORW 的用法相似，在此不赘述。

3.10.4 字异或指令 XORW(036)/双字异或指令 XORL(612)

字异或指令 XORW 是将两个通道值或两个 16 位二进制常数相异或，并将结果送到指定通道。XORW 具有上微分型指令的特性。其梯形图符号如下：

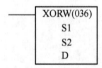

S1：数据 1
S2：数据 2
D：结果通道

输入通道或 16 位二进制数中对应的位不同时，输出通道中的一个对应位置"1"。逻辑关系式为 $S1 \cdot \overline{S2} + \overline{S1} \cdot S2 \rightarrow D$。

S1	S2		D
1	1	→	0
1	0	→	1
0	1	→	1
0	0	→	0

操作数区域：

S1、S2：CIO，W，H，A，T，C，D，*D，@D 或#。

D：CIO，W，H，A448～A959，T，C，D，*D 或@D。

指令说明：

1）当逻辑异或的结果是 0 时，P_EQ 置位。

2）当运算的结果通道的 15 位为 1 时，P_N 置位。

<table>
<tr><td></td><td colspan="16">15   0</td></tr>
<tr><td>S1：</td><td>1</td><td>0</td><td>0</td><td>1</td><td>1</td><td>0</td><td>0</td><td>1</td><td>1</td><td>0</td><td>0</td><td>1</td><td>1</td><td>0</td><td>0</td><td>0</td></tr>
<tr><td>S2：</td><td>0</td><td>1</td><td>0</td><td>1</td><td>0</td><td>1</td><td>0</td><td>1</td><td>0</td><td>1</td><td>0</td><td>1</td><td>0</td><td>1</td><td>0</td><td>1</td></tr>
<tr><td>D：</td><td>1</td><td>1</td><td>0</td><td>0</td><td>1</td><td>1</td><td>0</td><td>0</td><td>1</td><td>1</td><td>0</td><td>0</td><td>1</td><td>1</td><td>0</td><td>1</td></tr>
</table>

双字异或指令 XORL 的功能是将两个由两个连续通道组成的二进制数或两个 32 位二进制常数进行逻辑异或运算。XORL 与 XORW 的用法相似，在此不赘述。

3.10.5　字异或非指令 XNRW(037)/双字异或非指令 XNRL(613)

字异或非指令 XNRW 是将两个 16 位的二进制数相异或非，并把结果送到指定通道，异或非就是对异或的结果再求一次反。XNRW 前面也可以加@，因此是微分型指令。其梯形图符号如下：

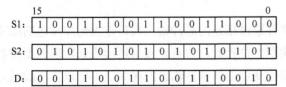

只有输入通道中对应的位相同时，输出通道中的一个对应位才为"1"。逻辑关系式为
$(\overline{S1}+S2)\cdot(S1+\overline{S2})\rightarrow D$。

S1	S2		D
1	1	→	1
1	0	→	0
0	1	→	0
0	0	→	1

操作数区域：

S1、S2：CIO，W，H，A，T，C，D，*D，@D 或#。

D：CIO，W，H，A448～A959，T，C，D，*D 或@D。

指令说明：

1）当逻辑异或非的结果是 0 时，P_EQ 置位。

2）当运算的结果通道的 15 位为 1 时，P_N 置位。

<table>
<tr><td></td><td colspan="16">15   0</td></tr>
<tr><td>S1：</td><td>1</td><td>0</td><td>0</td><td>1</td><td>1</td><td>0</td><td>0</td><td>1</td><td>1</td><td>0</td><td>0</td><td>1</td><td>1</td><td>0</td><td>0</td><td>0</td></tr>
<tr><td>S2：</td><td>0</td><td>1</td><td>0</td><td>1</td><td>0</td><td>1</td><td>0</td><td>1</td><td>0</td><td>1</td><td>0</td><td>1</td><td>0</td><td>1</td><td>0</td><td>1</td></tr>
<tr><td>D：</td><td>0</td><td>0</td><td>1</td><td>1</td><td>0</td><td>0</td><td>1</td><td>1</td><td>0</td><td>0</td><td>1</td><td>1</td><td>0</td><td>0</td><td>1</td><td>0</td></tr>
</table>

双字异或非指令 XNRL 的功能是将两个由两个连续通道组成的二进制数或两个 32 位二进制常数进行逻辑异或非运算。XNRL 与 XNRW 的用法相似，在此不赘述。

常用逻辑指令 ORW 和 ANDW 的应用示例见例 3-59。

【例 3-59】 利用 ORW 和 ANDW 指令将 16 组起保停程序段改写的梯形图如图 3-83 所示。

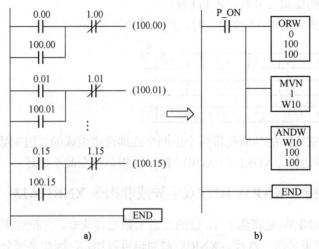

图 3-83　ORW 与 ANDW 指令应用示例

a) 起保停梯形图　b) 逻辑判断梯形图

图 3-83a 中有 16 组复位优先型起保停程序段，16 个起动信号依次接入 CIO 0000 通道，16 个复位信号依次接入 CIO 0001 通道，16 个输出信号依次接入 CIO 0100 通道。16 组程序段各自实现起保停功能，梯形图较为烦琐。

将图 3-83a 的起保停程序段利用逻辑指令改写为图 3-83b 的梯形图，ORW 指令使 CIO 0000 通道中某位置 1，则输出通道 CIO 0100 的对应位置 1；MVN 指令是将复位通道 CIO 0001 的各位取逻辑反后传送到中间通道 W10；ANDW 指令使中间通道 W10 中某位置 0，则输出通道 CIO 0100 的对应位置 0，换言之当复位通道 CIO 0001 某位为 1 时，输出通道 CIO 0100 的对应位置 0，由于 ANDW 指令位于 ORW 指令之后，最后才执行，所以保证了复位信号优先，与图 3-83a 的起保停程序段功能一致。

3.11　高速计数/脉冲输出指令

高速计数与脉冲输出指令主要应用于运动控制领域，其中常用指令包括频率设定指令、脉冲量设置指令、动作模式控制指令和读取脉冲数指令等。

3.11.1　频率设定指令 SPED(885)

频率设定指令 SPED 是设定脉冲频率并通过指定的脉冲输出端口输出无加减速的脉冲。它可以采用独立模式与 PULS 指令配合实现定位控制；也可以采用连续模式实现速度控制。若在脉冲输出过程中执行 SPED 指令，将改变当前的脉冲输出的频率值，可以实现阶跃方式的速度变化。SPED 具有上微分型指令的特性。其梯形图符号如下：

```
┌─ SPED(885) ┐        ┌─ @SPED(885) ┐
│     C1     │        │     C1      │    C1：端口指定
│     C2     │        │     C2      │    C2：输出端口
│     S      │        │     S       │    S：目标频率的首通道
└────────────┘        └─────────────┘
```

操作数区域：

C1、C2：设定的常数。

S：CIO 0000～6142，W000～W510，H000～H510，A000～A958，T0000～T4094，C0000～C4094，D00000～D32766，*D 或@D。

操作数的含义：

C1：端口设置值。

> 0000H：0#脉冲输出
> 0001H：1#脉冲输出
> 0002H：2#脉冲输出
> 0003H：3#脉冲输出

C2：模式设定。

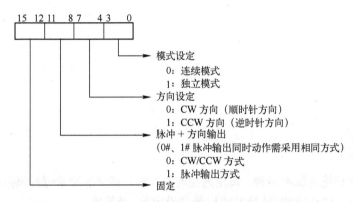

S：目标频率值的首通道，以 1Hz 为输出频率单位。

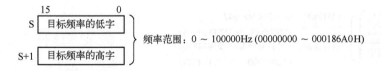

有下列情况出现时 P_ER 置位：

1）超出 C1、C2 和 S 所设定的范围。

2）在 PLS2 和 ORG 指令中，对正在脉冲输出的端口使用本指令。

3）在 SPED、ACC 指令中，对正在脉冲输出的端口，改变并使用由本指令指定的独立/连续模式。

4）在周期执行任务中执行控制脉冲输出指令时，若需要中断，在中断任务内执行本指令。

5）在未确定原点时设定由独立模式且绝对脉冲来执行本指令。

3.11.2　脉冲量设置指令 PULS(886)

脉冲量设置指令 PULS 是通过独立模式将设定的脉冲输出量在频率设定指令（SPED）或频率加减速控制指令（ACC）控制下产生输出。PULS 具有上微分型指令的特性。其梯形图符号如下：

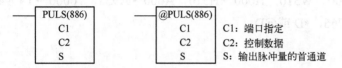

C1：端口指定
C2：控制数据
S：输出脉冲量的首通道

操作数区域：

C1、C2：设定的常数。

S：CIO 0000～6142，W000～W510，H000～H510，A000～A958，T0000～T4094，C0000～C4094，D00000～D32766，*D 或@D。

操作数的含义：

C1：端口设置值。

  0000H：0#脉冲输出
  0001H：1#脉冲输出
  0002H：2#脉冲输出
  0003H：3#脉冲输出

C2：控制数据。

  0000H：设定相对脉冲
  0001H：设定绝对脉冲

输出的脉冲量分相对脉冲和绝对脉冲两种，设定为相对脉冲时，移动脉冲量=脉冲输出量的设定值；设定为绝对脉冲时，移动脉冲量=脉冲输出量的设定值-当前值。

S：输出脉冲量的首通道。

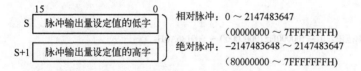

有下列情况出现时 P_ER 置位：

1）超出 C1、C2 和 S 所设定的范围。

2）对脉冲输出端口已使用本指令。

3）在周期执行任务中执行控制脉冲输出指令时，若需要中断，在中断任务内执行本指令。

PULS 与 SPED 指令的应用示例见例 3-60。

【例 3-60】 PULS、SPED 配合实现定位控制，如图 3-84 所示。

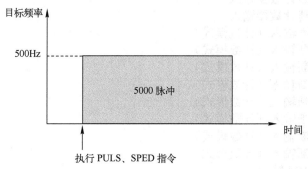

图 3-84　PULS 与 SPED 指令的应用示例

本例中，当 0.05 为 ON 时，PULS 指令设定 0#脉冲输出端口需发送的相对脉冲数为 5000 个，同时 SPED 指令采用 CW/CCW 方式、CW 方向及独立模式，以 500Hz 的频率起动 0#脉冲输出端口发出脉冲。

3.11.3　动作模式控制指令 INI(880)

动作模式控制指令 INI 是设置 PLC 的内置输入输出的动作模式，其动作模式有如下 6 种：

1）开始与高速计数器比较表的比较。

2）停止与高速计数器比较表的比较。

3）改变高速计数器的当前值。

4）改变中断输入（计数模式）的当前值。

5）改变脉冲输出当前值（由 0 确定原点）。

6）停止脉冲输出。

INI 具有上微分型指令的特性。其梯形图符号如下：

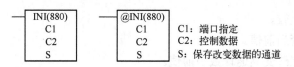

操作数区域：

C1、C2：设定的常数。

S：CIO 0000～6142，W000～510，H000～510，A000～958，T0000～4094，C0000～4094，D00000～32766，*D 或@D。

操作数的含义：

C1：端口设置值。

  0000H：0#脉冲输出
  0001H：1#脉冲输出
  0002H：2#脉冲输出
  0003H：3#脉冲输出
  0010H：0#高速计数器输入
  0011H：1#高速计数器输入
  0012H：2#高速计数器输入
  0013H：3#高速计数器输入
  0100H：0#中断输入（计数模式）
  0101H：1#中断输入（计数模式）
  0102H：2#中断输入（计数模式）
  0103H：3#中断输入（计数模式）
  0104H：4#中断输入（计数模式）
  0105H：5#中断输入（计数模式）
  0106H：6#中断输入（计数模式）
  0107H：7#中断输入（计数模式）
  1000H：0# PWM 输出
  1001H：1# PWM 输出

C2：控制数据。

  0000H：开始比较
  0001H：停止比较
  0002H：改变当前值
  0003H：停止脉冲输出

S：保存改变数据的首通道，当设定改变当前值（C2=0002H）时，保存改变数据；当设定改变当前值以外的值时，不使用此操作数的值。

15		0
S	变更数据的低字	
S+1	变理数据的高字	

脉冲输出／高速计数器输入数据范围 00000000 ~ FFFFFFFFH
中断输入／（计数模式）数据范围 00000000 ~ 0000FFFFH

有下列情况出现时 P_ER 置位：

1）超出 C1、C2 和 S 所设定的范围。

2）C1 和 C2 设定值不对应。

3）在比较表中未登录而设定开始比较。

4）在进行脉冲输出的端口设定改变当前值。

5）在未设定高速计数器的端口设定改变高速计数当前值。

6）改变中断输入（计数模式）当前值操作中设定了范围以外的值。

7）在 CTBL 指令执行中需中断，在中断任务内执行高速计数输入指定的 INI 指令。

8）在未设定中断输入（计数模式）的端口执行本指令。

INI 指令的应用示例见例 3-61。

【**例 3-61**】　INI 指令梯形图如图 3-85 所示。

```
  0.06
───┤├───       ┌─────────┐
               │@SPED    │
               │#0000    │  0# 脉冲输出
               │#0000    │  CW/CCW 输出，CW 方向，独立模式
               │D100     │  输出脉冲频率 500Hz(D110=01F4H，D111=0H)
               └─────────┘
  0.07
───┤├───       ┌─────────┐
               │@INI     │
               │#0000    │  0# 脉冲输出
               │#0003    │  脉冲输出停止
               │0000     │  （不用）
               └─────────┘
```

图 3-85　INI 指令的梯形图

本例中，当 0.06 为 ON 时，SPED 指令采用 CW/CCW 方式、CW 方向及独立模式以 500Hz 的频率起动 0#脉冲输出端口发出脉冲。当 0.07 为 ON 时，INI 指令停止 0#脉冲输出端口的脉冲输出。

3.11.4　读取脉冲数指令 PRV(881)

读取脉冲数指令 PRV 是读取 PLC 的内置输入输出的数据，这些数据包括：当前值（高速计数器当前值、脉冲输出当前值、中断输入当前值等）、状态信息（脉冲输出状态、高速计数器输入状态及 PWM 输出状态）、区域比较结果，以及脉冲输出的频率（脉冲输出 0～3）和高速计数的频率（仅 0#高速计数器输入）等。

PRV 具有上微分型指令的特性，其梯形图符号如下：

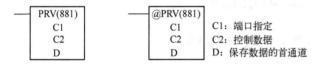

操作数区域：

C1、C2：设定常数。

D：CIO 0000～6142，W000～W510，H000～H510，A000～A958，T0000～T4094，C0000～C4094，D00000～D32766，*D 或@D。

操作数的含义：

C1：端口设置值。

  0000H：0#脉冲输出
  0001H：1#脉冲输出
  0002H：2#脉冲输出
  0003H：3#脉冲输出
  0010H：0#高速计数器输入
  0011H：1#高速计数器输入
  0012H：2#高速计数器输入
  0013H：3#高速计数器输入
  0100H：0#中断输入（计数模式）

0101H：1#中断输入（计数模式）
0102H：2#中断输入（计数模式）
0103H：3#中断输入（计数模式）
0104H：4#中断输入（计数模式）
0105H：5#中断输入（计数模式）
0106H：6#中断输入（计数模式）
0107H：7#中断输入（计数模式）
1000H：0# PWM 输出
1001H：1# PWM 输出

C2：控制数据。

0000H：读取当前值
0001H：读取状态
0002H：读取区域比较结果
0003H：C1=0000H 或 0001H 时，读取脉冲输出为 0 或 1 的频率
　　　　C1=0010H 时，读取高速计数输入 0 的频率
0003H：通常方式
0013H：高频率对应 10ms 采样方式
0023H：高频率对应 100ms 采样方式
0033H：高频率对应 1s 采样方式

D：保存当前值的首通道。

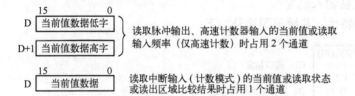

有下列情况出现时 P_ER 置位：

1）超出 C1、C2 和 D 所设定的范围时。

2）C1 和 C2 设定值不对应时。

3）在比较表中未登录而设定开始比较时。

4）在 0#高速计数器输入以外，设定并读取输入频率时。

5）在未设定高速计数器的端口执行本指令时。

6）在未设定中断输入（计数模式）的端口执行本指令时。

PRV 指令的应用示例见例 3-62。

【例 3-62】 PRV 指令梯形图如图 3-86 所示。

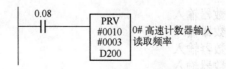

图 3-86　PRV 指令的梯形图

本例中，当 0.08 为 ON 时，PRV 指令将读取 0#高速计数器输入中的脉冲频率，并存储到 D200 和 D201 通道内。

3.11.5 比较表登录指令 CTBL(882)

比较表登录指令 CTBL 是对 PLC 内置的高速计数器的当前值进行目标值的一致性比较或计数区域比较，当条件满足时执行指定的中断任务。CTBL 具有上微分型指令的特性。其梯形图符号如下：

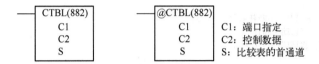

操作数区域：

C1、C2：设定常数。

S：CIO，W，H，A448～A958，T，C，D，*D 或@D。

操作数的含义：

C1：端口设定。

　　0000H：0#高速计数器输入
　　0001H：1#高速计数器输入
　　0002H：2#高速计数器输入
　　0003H：3#高速计数器输入

C2：控制数据。

　　0000H：登录目标值一致的比较表并开始比较
　　0001H：登录区域比较表并开始比较
　　0002H：只登录目标值一致比较表

S：比较表的首通道。

1）设定目标值一致比较时，S 的设定值定义如下：

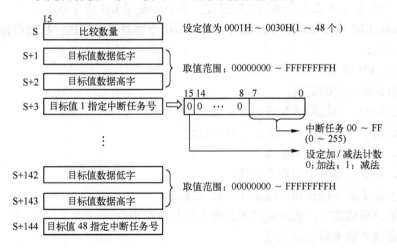

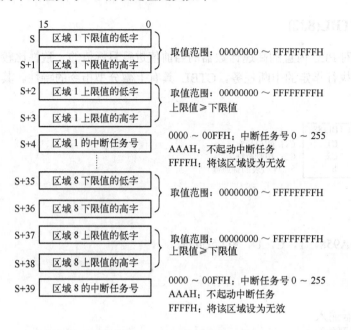

2）设定区域比较时，必须指定 8 个区域（40 个通道）。若设定值为足 8 个时，将 FFFF 设为中断任务号。S 的设定值定义如下：

CTBL 指令的功能是在 C2 设定的模式下对 C1 设定的端口读入脉冲值，开始执行与高速计数当前值进行比较的表的登录并进行比较。

当设定登录比较表（C2=0002H 或 0003H）时，该指令仅登录与高速计数当前值进行比较的比较表。此模式下必须执行 INI 指令来执行比较。

当设定登录比较表且比较（C2=0000H 或 0001H）时，该指令将登录与高速计数当前值进行比较的比较表并开始比较。当设定目标值一致比较（C2=0000H）时，高速计数当前值与比较表内设定的所有目标值进行逐一比较，相同时执行对应的中断任务。可以对同一中断任务进行重复比较。当设定区域比较（C2=0001H）时，高速计数当前值与比较表内设定的上、下限值进行逐一比较，处于上、下限值之间时执行对应的中断任务。

无论是用 CTBL 指令还是用 INI 指令启动的比较过程，都必须使用 INI 指令停止。

当设定登录比较表且比较（C2=0000H 或 0001H）时，该指令将登录与高速计数当前值进行比较的比较表并开始比较。

有下列情况出现时 P_ER 置位：

1）超出 C1、C2 和 S 所设定的范围。

2）在目标值一致比较中，将比较数量设为 0 或超出 48 个。

3）在目标值一致比较中，对同一目标值进行重复设定。

4）在区域比较中，反向设置上、下限值。

5）在区域比较中，所有区域设定值设为无效。

6）高速计数器设为加法脉冲模式而一致条件却设为减法。

7）设定高速计数的链路模式时，设定超过链路最大值且执行指令。

8）在执行指令时高速计数未设定输入端口。

9）在比较动作执行中采用不同的比较方法执行指令。

CTBL 指令的应用示例见例 3-63。

【例 3-63】 CTBL 指令梯形图如图 3-87 所示。

图 3-87　CTBL 指令的应用示例

本例中，当 0.09 为 ON 时，CTBL 指令将读取 1#高速计数器输入的当前值，登录目标值一致比较表并开始比较。由于高速计数当前值递增计数，当达到 500 个时，与目标值 1 相等，因此执行中断任务 No.1。当前值继续递增计数达到 1000 个时，与目标值 2 相等，因此执行中断任务 No.2。

高速计数/脉冲输出类指令还包括脉冲频率转换指令 PRV2(883)、定位指令 PLS2(887)、频率加减速指令 ACC(888)、原点搜索指令 ORG(889) 和占空比输出指令 PWM(891) 等，其用法请参见相关手册，本书不赘述。

3.12　习题

1. 根据图 3-88 所示梯形图写出语句表程序。

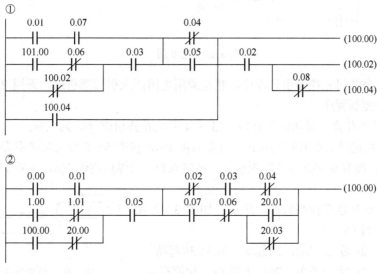

图 3-88　题 1 图

2．某抢答比赛，儿童三人参赛且其中任一人按钮就可以抢得，学生一人组队。教授二人参加比赛且二人同时按钮才能抢得。主持人宣布开始后方可按抢答按钮。主持人台设复位按钮，抢答及违例由各分台灯指示。有人抢得时有幸运彩球转动，违例时有报警声。设计该抢答器程序。

3．将三个指示灯接在输出端上，要求 SB0（0.00）、SB1（0.01）、SB2（0.02）三个按钮任意一个按下时，灯 L0（100.00）亮；任意两个按钮按下时，灯 L1（100.01）亮；三个按钮同时按下时，灯 L2（100.02）亮；没有按钮按下时，所有灯不亮。写出符合该要求的梯形图。

4．试设计一个电动机正/反转自动控制程序，要求电动机起动后先反转 8s 后停 15s，再正转 8s 后停 15s，如此循环，直到按下停止按钮。编程中需要考虑互锁。

5．设计一个 24h 的计时程序，要求每 1h 产生一个 5s 的外部输出（设输出口为 100.00），每 24h 产生一个 10s 的外部输出（设输出口为 100.01），用输入 0.01 来起动这个程序。

6．编一个通断均为 1s 的方波发生器程序，设输入 0.02 来起动发生器，方波由继电器 100.02 输出。

7．设计转速检测程序，要求：按下起动按钮使圆盘转动，圆盘每旋转一周由光开关产生 6 个输入脉冲，每转三周就停转 8s，然后再次旋转，如此循环往复。若圆盘转速超过 60°/s，则产生蜂鸣器报警 2s，圆盘停转。

8．用 CNT 和 TIM 指令分别实现以下功能：开关 0.00 接通 5s 后 100.05 接通；当开关 0.00 断开后，100.05 经过 3s 后再断开，设计梯形图程序。

9．根据图 3-89 所示梯形图和输入波形，画出输出继电器的输出波形。

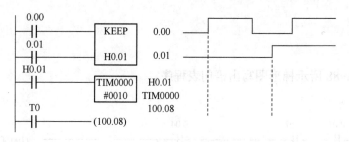

图 3-89　题 9 图

10．设计一个节日礼花弹引爆程序。礼花弹用电阻点火引爆器引爆，采用 PLC 控制，要求编制以下两种控制程序。

① 1～12 号礼花弹引爆间隔为 0.1s；13～14 号礼花弹引爆间隔为 0.2s。

② 1～4 号礼花弹引爆间隔为 0.1s，引爆后停 10s，接着 5～8 号礼花弹引爆，间隔 0.1s，引爆后又停 10s，接着 9～12 号礼花弹引爆，间隔 0.1s，引爆后再停 10s，接着 13～16 号礼花弹引爆，间隔 0.1s。

11．设计多级传送带控制程序，示意图如图 3-90 所示，其控制要求如下：

① 1#起动，2s 后 2#起动；2#起动，3s 后 3#起动。

② 1#停车，2s 后 2#停车；2#停车后 6s，3#停车。

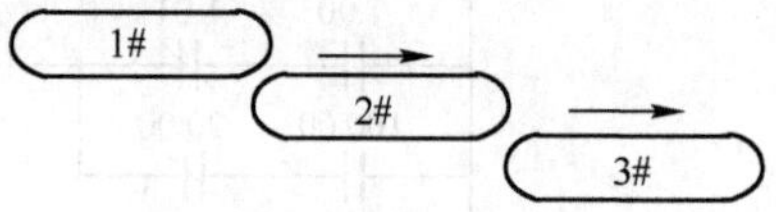

图 3-90　多级传送带示意图

③ 2#停车，1#立即停车；3s 后 3#停车。

④ 3#停车，1#和 2#立即停车。

12．设计一台计时精确到秒的闹钟，每天早上 6 点提醒你按时起床。

13．检测乒乓球的质量时，按下起动按钮将乒乓球从某一固定高度垂直释放，球每次落地弹起都可检测到一个输入脉冲，弹起 10 次则认定为合格品，检测到合格品时灯亮；检测到次品时蜂鸣器报警 2s。按下停止按钮复位。当相邻两次反弹的时间间隔小于 0.5s 时，认定测试结束，可做质量判断。编写控制梯形图。

14．编写一个 4 位密码锁程序，用户可以自行设置 4 位密码。在限定时间内输入正确密码，按确认键，门打开；若输入错误的密码，则按确认键后报警 3s，清除数据。用户可以按清除键重新输入。4 位密码需由七段译码显示，为安全起见，应在程序中限定密码的输入时间及次数。

15．一个抽水泵的自动控制示意图如图 3-91 所示，它自动抽水到蓄水塔。其控制要求如下：

① 若液位传感器 YW1 检测到地上的蓄水池有水，并且 YW2 检测到水塔未达到满水位时，抽水泵电动机运行，抽水到水塔。

② 若 YW1 检测到蓄水池无水，电动机停止运行，同时指示灯亮。

③ 若 YW3 检测到蓄水塔水满（高于上限），则电动机停止运转。

16．采用 PLC 控制的机械手运动示意图如图 3-92 所示。机械原点设在可动部分左上方，即压下左限开关和上限开关，并且工作钳处于放松状态；上升、下降和左、右移动由驱动气缸来实现；当工件处于工作台 B 上方准备下放时，为确保安全，用光开关检测工作台 B 有无工件，只在无工件时才发出下放信号；机械手工作循环为：起动→下降→夹紧→上升→右行→下降→放松→上升→左行→原点（电磁阀用输出继电器。）控制要求如下：

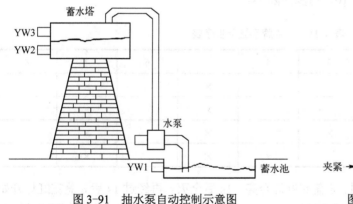

图 3-91　抽水泵自动控制示意图

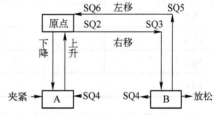

图 3-92　机械手运动控制示意图

① 工作方式设置为自动循环。

② 需考虑必要的电气保护和连锁。

③ 自动循环时应按上述顺序动作。

根据上述要求编写出梯形图，并在 PLC 上调试通过。

17．三台电动机相隔 5s 起动，各运行 5s 停止，循环往复。使用传送、比较指令编程，完成控制要求。

18. 编写一时钟程序，秒、分、小时分别放在 H000～H002 中（提示：可采用++B 和 CMP 指令）。另外，将秒位用 100 通道进行七段译码显示。

19. 有 4 台电动机 M1、M2、M3、M4，请根据以下控制要求，设计其梯形图程序，并在 PLC 上调试通过。

① 电动机的起动顺序：按下起动按钮，M1 起动→M2 起动→M3 起动→M4 起动，每台电动机起动的间隔时间为 10s。

② 电动机的停止顺序：按下停止按钮，M4 停止→M3 停止→M2 停止→M1 停止，每台电动机停止的间隔时间为 10s。

③ 在电动机起动过程中，随时按下停止按钮，立即停止刚起动的该台电动机，然后按停止顺序和原有时间间隔逐台停止所有电动机。

④ 数码管在电动机未起动前，显示"0"，并按亮 1s 灭 1s 的规律闪烁。电动机起动后，数码管显示已经起动的电动机数量。

⑤ 停止电动机时，数码管的显示数字也相应减少，并显示尚未关闭的电动机数量。当电动机全部停止后，数码管应显示"0"，并按亮 1s 灭 1s 的规律闪烁。

20. 现有 8 盏彩灯 L1～L8，将其设计成"追灯"（即流水灯）效果，试根据以下要求设计出梯形图，并在 PLC 上调试通过。

① "追灯"的控制：要求按单灯移动：L1 亮 1s 后灭→L2 亮 1s 后灭→L3 亮 1s 后灭→…，→L8 亮 1s 后灭→8 盏灯全灭 1s→8 盏灯全亮 1s→L1 亮 1s 后灭…，自动循环。

② 彩灯移动速度的控制：要求彩灯能按 2s/次的速度移动。

③ 其他要求：具有暂停功能。在任意时刻接通暂停按钮，彩灯保持该时刻状态不变；断开暂停按钮，彩灯继续运行。

21. 试用移位类指令实现广告牌字的闪耀控制。用 HL1～HL4 灯分别照亮"欢迎光临"4 个字。其控制流程要求参见表 3-16，每步间隔 1s。

表 3-16　广告牌字显示步序表

步序	1	2	3	4	5	6	7	8
HL1	×				×		×	
HL2		×			×		×	
HL3			×		×		×	
HL4				×	×		×	

22. 当按下手动开关 0.00 时，8 盏霓虹灯全亮，1s 后全灭。再经过 1s 后 8 盏霓虹灯开始从中间每隔 1s 往两边亮。待 8 盏灯全亮后，过 1s 立即全部熄灭。熄灭 1s 后再从两边每隔 1s 向中间亮，待灯全部亮完后又全灭。灭 1s 后，8 盏灯同时闪 3 下（间隔 1s/每闪一下），3s 后又从头开始循环。

23. 用传送与比较指令作简易 4 层升降机的自动控制，控制要求：

① 只有在升降机停止时，才能呼叫升降机。

② 只能接受一层呼叫信号，先按者优先，后按者无效。

③ 上升或下降或停止自动判别。

24．二分频与四分频程序设计。用秒脉冲作为输入，使 1#灯（100.01）输出一个周期为 2s 的对称波形，2#灯（100.02）输出一个周期为 4s 的对称波形，波形图如图 3-93 所示。

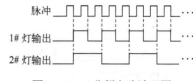
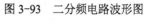

图 3-93　二分频电路波形图

25．计算图 3-94 所示梯形图程序的运行结果。

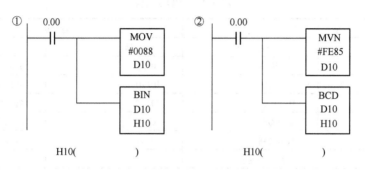

图 3-94　题 25 图

26．计算图 3-95 所示梯形图运行后的结果通道的内容。

① D100 内容为 7954。② D100 内容为 7954；D101 内容为 0066；D102 内容为 0077。

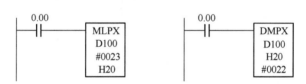

图 3-95　题 26 图

27．求(D100+D101)×D102 的值。将结果放在 D103、D104 中，设 D100～D102 通道内的数均为 BCD 码，并做溢出判断。

28．设上题中通道数据均为十六进制数，编程求值，并做溢出判断。

29．利用 PLC 设计一个步进电动机转速检测显示控制程序。步进电动机上装有一转速检测装置（每转输出 10 个脉冲）。电动机转速由 SPED、PULS 及 INI 等脉冲输出指令控制。控制要求如下：

① 检测电动机转速，并在七段数码管显示。

② 当检测值与给定值增加脉冲频率时，使实际转速与给定值相等。

③ 加上 16 键输入电路，用于输入给定值。

30．利用 PLC 对自动售货机进行控制，根据以下控制要求，编写梯形图和指令表：

① 此售货机可投入 1 元、5 元、10 元人民币。

② 当投入的人民币总值超过 12 元时，汽水按钮指示灯亮；当投入的人民币总值超过 15 元时，汽水及咖啡按钮指示灯都亮。

③ 当汽水按钮指示灯亮时，按汽水按钮，则汽水排出 7s 后自动停止。这段时间内，汽水指示灯闪动。

④ 当咖啡按钮灯亮时，按咖啡按钮，则咖啡排出 7s 后自动停止。这段时间内，咖啡指示灯闪动。

⑤ 当投入人民币总值超过按钮所需的钱数（汽水 12 元，咖啡 15 元）时，找钱指示灯亮，表示找钱动作，并退出多余的钱。

I/O 分配见表 3-17。

表 3-17 I/O 分配表

输 入 点		输 出 点	
地　址	注　释	地　址	注　释
0.00	1 元识别口	101.00	开启咖啡出口
0.01	5 元识别口	101.01	开启汽水出口
0.02	10 元识别口	101.02	咖啡指示灯亮
0.03	咖啡按钮	101.03	汽水指示灯亮
0.04	汽水按钮	101.04	找钱指示灯亮
0.05	计数手动复位		

第4章 CP1H编程软件的使用方法

CX-Programmer 是欧姆龙公司开发的、适用于 C 系列 PLC 的梯形图编程软件，它在 Windows 系统下运行，可实现梯形图的编程、监视和控制等功能，尤其擅长于大型程序的编写。5.1 版本的 CX-Programmer 在原来版本的基础上增加了功能块的功能，提高了编程的效率。CP1H 系列 PLC 只能使用 5.1 版本以上的编程软件。本章将简要介绍 CX-Programmer 5.1 的基本编程操作及功能块的使用。

4.1 CX-Programmer 的基本操作

4.1.1 梯形图离线编程

在梯形图离线编程部分，主要完成制作 I/O 表、清内存、设置 PLC 机型、PLC 系统设定、编写梯形图逻辑、语法检查和工程保存等项工作。

1. 编程准备

1）在 Windows 系统下启动 CX-Programmer（以下简称 CX-P），如图 4-1 所示。

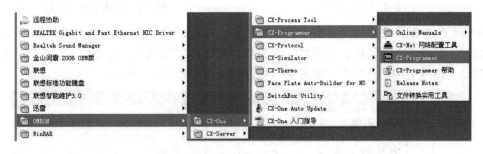

图 4-1　启动 CX-Programmer

2）进入 CX-P 主画面后，用鼠标单击主菜单中的"文件（F）"项下的"新建（N）"，或者直接单击工具栏上的"新建"图标来创建一个新文档。此时，屏幕上出现一个对话框，如图 4-2 所示。

3）设置 PLC。首先，用户可以在"设备名称"中填写新建工程的名称，然后进行 PLC 机型的设置。在"设备类型"的下拉菜单中选取所用的 PLC 型号，例如，选用 CP1H 型。如图 4-3 所示。

PLC 机型确定后，接着单击"设备类型"右侧的"设定（S）…"按钮，设置 PLC 的 CPU 类型，例如，选用 XA 型。如图 4-4 所示。

关于"网络类型"的设置，建议保持系统的默认值，如图 4-5 所示。这是由于 C 系列各型号 PLC 出厂设置的通信格式与"网络类型"中的默认值相同，一旦更改 CX-P 中"网络类型"的设置，则 PLC 中的设置也必须随之更改，反而带来不必要的麻烦。

图 4-2 配置 PLC 设备

图 4-3 PLC 选型

图 4-4 CPU 选型

图 4-5 网络类型的设置

4）当 PLC 配置完成后，单击"确定"按钮，进入 CX-Programmer 操作界面。此界面包括标题栏、菜单栏、工具栏、状态栏 4 个工作栏和 5 个工作窗口，分别是工程窗口、梯形图编辑窗口、地址引用工具窗口、输出窗口和查看窗口，如图 4-6 所示。

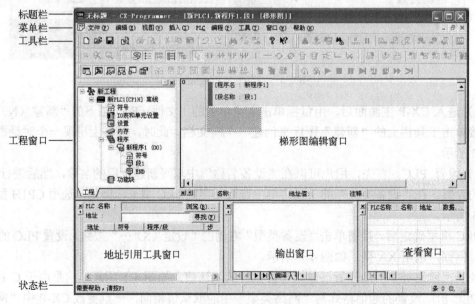

图 4-6 CX-Programmer 操作界面

其中，工程窗口主要列出与编程相关的工程项目；梯形图编辑窗口主要用于编辑梯形图；输出窗口主要显示编辑结果及错误信息；查看窗口用于在线状态下监视梯形图中某继电器位的状态变化；地址引用工具窗口用于检索大型梯形图中具有相同地址号的继电器位。例如在图 4-7 所示的机械手程序中，利用这两个窗口可以很方便地检索地址为"1.08"的输入位，并能实时地在线监视"D1""D2""D3"等通道的数值。

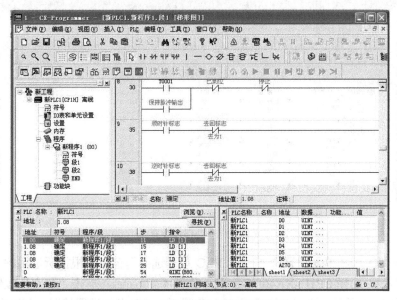

图 4-7　地址引用与查看窗口示例

5）图 4-6 中的工程窗口是新工程的离线编程状态，它由符号、I/O 表和单元设置、设置、内存、程序和功能块等项组成。单击"符号"，则右侧窗口显示 PLC 中的系统标志位。如图 4-8 所示。

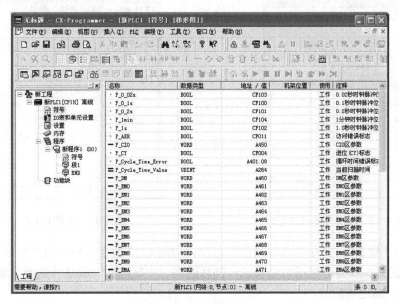

图 4-8　全局符号表

图 4-8 所示符号属于"全局符号"，某些型号的 PLC 可以执行若干"新程序"，在每个"新程序"中都能使用的符号被称为全局符号；而只能在特定"新程序"中使用的符号被称为本地符号，如图 4-9 所示的机械手程序符号就属于"新程序 1"下的"本地符号"，它只适用于"段 1"和"段 2"，而不能被"新程序 2"调用。

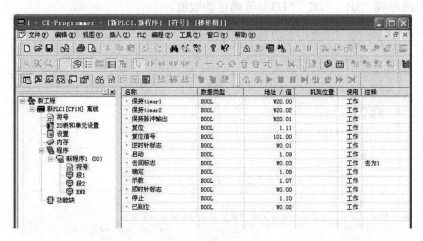

图 4-9　本地符号表

6）单击"IO 表和单元设置"，打开"PLC 型号选择"窗口。根据所选用的 PLC 的型号进行选取，例如，选择 CP1H-XA40DT-D 型，如图 4-10 所示，单击"确定"按钮，进入 I/O 表窗口，如图 4-11 所示。该窗口显示了 PLC 各母板上 I/O 卡的配置情况，可以根据实际插卡的情况在主母板或扩展母板上配置相应的 I/O 卡型号。这相当于使用手持编程器进行 I/O 表登记操作，CPU 上电后将校验 I/O 表。当然，此步骤可以省略。

图 4-10　PLC 型号选择窗口

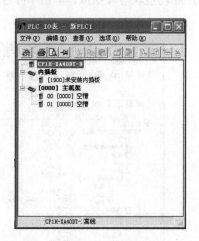

图 4-11　配置 I/O 表

7）单击"设置"，打开"PLC 设定"窗口，如图 4-12 所示。根据用户所需功能的不同，可以做全面的系统设置，包括启动模式、循环时间、中断响应、高速计数器、脉冲输出、模拟输入/输出、高速响应等。

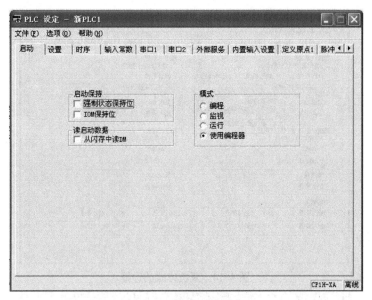

图 4-12　PLC 设定窗口

下面以高速计数器和模拟输入/输出的设置为例进行简要说明。进行高速计数器设置时，单击"内置输入设置"选项卡，如图 4-13 所示。选中"使用高速计数器 0"，进行计数模式、复位、输入设置的选择，如图 4-14 所示。

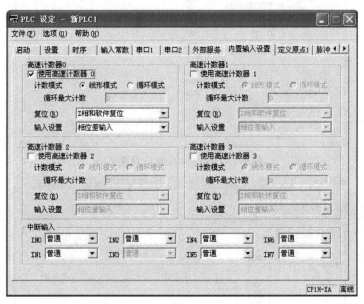

图 4-13　内置输入设置窗口

进行模拟输入/输出设置时，单击"内建 AD/DA"选项卡，选中"AD 0CH"进行范围的选择，如图 4-15 所示。

8）单击"内存"，打开内存界面，其左侧窗口显示了 PLC 中的各继电器区，例如，单击"D"区，右侧窗口即显示了 CP1H 的 D 区中各字的工作状态，它可以用数或文字方式表示，如图 4-16 所示。

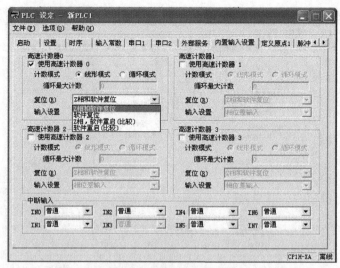

图 4-14　复位方式的选择

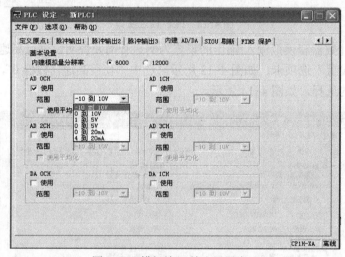

图 4-15　模拟输入/输出设置窗口

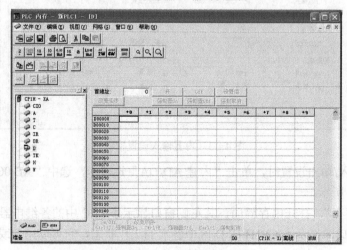

图 4-16　配置数据区

9）单击图 4-9 的工程窗口中新程序项中的"符号"子项，右侧窗口显示空白表格，在上面单击鼠标右键弹出快捷菜单，如图 4-17 所示。

图 4-17 插入新符号

单击"插入符号（I）"，打开"新符号"对话框，填入用户程序中新编的 I/O 点名称、地址和注释等，例如，名称为"起动"，数据类型为"BOOL"，地址为"1.07"，注释为"1 号电动机起动"。如图 4-18 所示，编辑完 I/O 点，单击"确定"按钮，结果即显示在表格第一行，如图 4-19 所示。插入"全局符号"的操作与此相同。

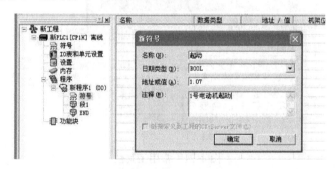

图 4-18 定义新符号

图 4-19 成功配置新符号

此符号子项内容属于"本地符号"，是用户自己调用的所有 I/O 点，与"全局符号"不同。建议在编写梯形图之前，先编辑好全部 I/O 点，这样在编程时就可以方便地调用，从而提高了编程效率。

10）如图 4-20 所示，单击"新程序 1"中的"段 1"子项，右侧窗口显示梯形图的编辑画面，从第一条指令行开始编辑，在 CX-P 软件中将指令行称为"条"，它从"0"开始编号，显示在指令条首的左上角。

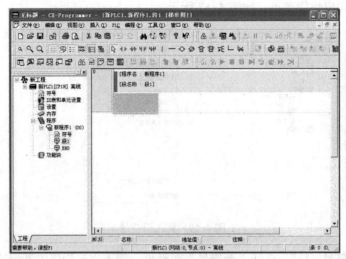

图 4-20 梯形图编程界面

此时，可利用单击鼠标的方法从工具栏中选取所需元件，并置于指令条内相应位置。系统提供的常用工具栏如图 4-21 所示。

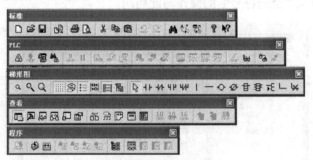

图 4-21 常用工具栏

11）大型梯形图程序往往需要分工分段编写，CX-P 软件提供了多段梯形图程序顺序循环扫描执行的功能。操作如图 4-22 所示，鼠标右键单击"新程序 1"，在弹出的快捷菜单中选择"插入段"，则插入"段 2"，如图 4-23 所示。

图 4-22 插入程序段

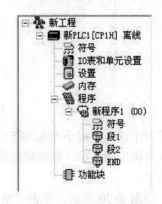

图 4-23 增加新程序段 2

12）对较复杂的顺序控制过程可以采用分段编程的方法，由于 I/O 点不同，所以 CX-P 软件提供了在同一台 PLC 上建立多段"新程序"的功能。操作如图 4-24 所示，鼠标右键单击"新 PLC1[CP1H]离线"，在弹出的快捷菜单中选择"插入程序"，则插入"新程序 2"，如图 4-25 所示。

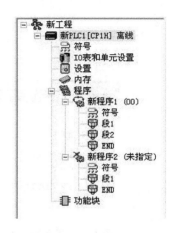

　　　　图 4-24　插入新程序　　　　　　　　　　　　　图 4-25　增加新程序 2

由于未给"新程序 2"设置执行顺序，故在其图标上有"×"标记，设置循环顺序的操作如图 4-26 所示，鼠标右键单击"新程序 2"弹出快捷菜单，选择"属性"，在图 4-27 所示的"程序属性"对话框中的"任务类型"下拉列表中选取除"循环任务 00"外的任意循环任务段（循环任务 00 已分配给了"新程序 1"），设置完成后"新程序 2"的图标将变为"　新程序2（01）"。PLC 将按循环任务的编号顺序执行程序。

需要注意的是，插入新程序段的功能只有高级 PLC（如 CP1H PLC 等）才具备。

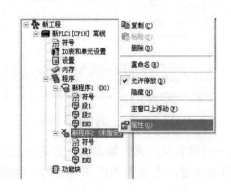
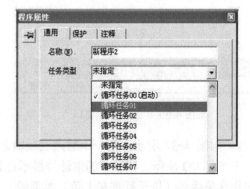

　　　图 4-26　设置新程序的属性　　　　　　　　　图 4-27　设置新程序的循环任务类型

13）CX-P 软件提供了多台 PLC 联控的功能，操作如图 4-28 所示，鼠标右键单击"新工程"，弹出一快捷菜单，选择"插入 PLC"，选择 PLC 机型"CP1H"后，则在"新工程"下出现"新 PLC2[CP1H]离线"项。如图 4-29 所示。

需要注意的是，各种符号属性的设置，都要区分"全局符号"与"本地符号"。

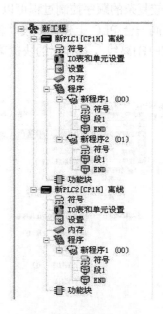

图 4-28　插入新 PLC

图 4-29　增加新 PLC2

2. 编程操作

下面以"单稳态"程序为例，利用 CP1H PLC 简要地示范编写梯形图的过程。

1）进入图 4-20 的画面，用鼠标选取梯形图工具栏中的常开触点符号"┤├"，此时鼠标指针变成"┤├"，在梯形图编辑窗口的蓝色区域内单击鼠标左键，出现新接点窗口，如图 4-30 所示。

在光标处输入该触点的地址，如图 4-31 所示，单击"确定"按钮。

图 4-30　"新接点"窗口

图 4-31　"新接点"窗口输入地址

2）如图 4-32 所示，第一个触点已经输入到第一行的首位，常开触点的上方是该点的名称，下方是 I/O 注释。该触点的地址号显示在该行首的中部，也是从"0"开始编号，注意不要与指令条编号（位于行首左上角）相混淆。

在第一个触点的左侧有一个红色条状标记，它说明该指令条中有逻辑性错误或者是该指令条没有继电器输出线圈，而上图中的错误正是后者造成的。

如果 I/O 注释字数较多或想改变触点符号的显示方式，可选择主菜单中的"工具（T）"，在下拉菜单中单击"选项（O）"，弹出"选项"对话框，如图 4-33 所示，根据用户的需要来调整梯形图的各种显示状态及参数等。

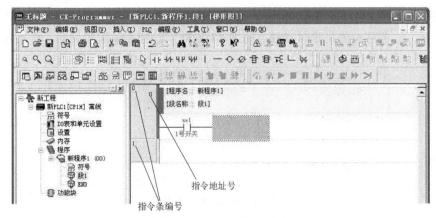

图 4-32　显示出第一指令条

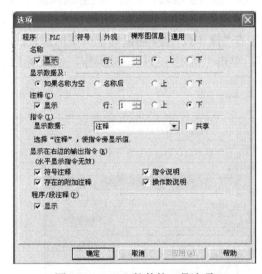

图 4-33　CX-P 软件的工具选项

3）在第一个触点输入后，继续用鼠标选取工具栏中的直线段，连续在该行上单击加入直线。注意，在紧靠右母板的指令位置选取输出线圈，符号为"-○-"，在该位置上单击后再次弹出"新线圈"对话框，填入相应信息，如图 4-34 所示，单击"确定"按钮完成输出指令。此时，行首的红色错误标记消失，说明该指令条逻辑正确。同时，第二指令条出现，等待输入指令。

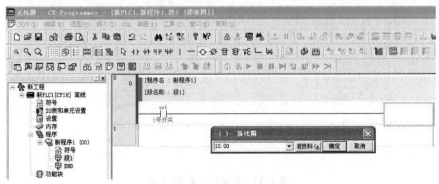

图 4-34　写入输出线圈地址

4）在指令行空白处按〈Enter〉键，可插入空行，重复上述步骤，再输入两个新触点，如图 4-35 所示，需注意的是定时器触点写为 "T0000"。该指令条编辑好后，将光标置于第二条首位。

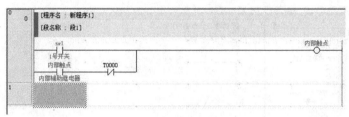

图 4-35　显示出第一指令条

5）输入常开触点 10.00，插入直线段，在右母板前输入定时器线圈。用鼠标选取工具栏中的指令按钮 "$\boxed{\exists}$"，并在紧贴右母板的位置单击，弹出 "新指令" 对话框，如图 4-36 所示，在指令处填入大写 "TIM"，在 "操作数" 处，用鼠标单击不同位置，分别填入 TIM 编号 "0000" 及定时器设定值 "#0020"。单击 "确定" 按钮完成操作，如图 4-37 所示。

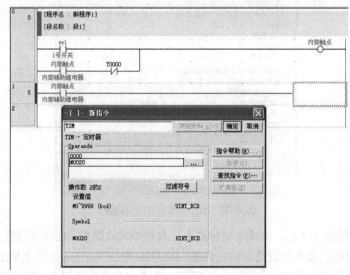

图 4-36　输入定时器指令的操作数

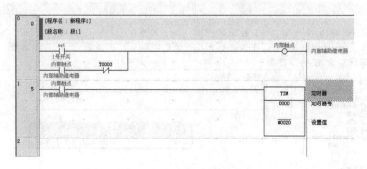

图 4-37　显示出定时器指令

此时，注意观察第二指令条上两类编号的变化。

6）按上述方法，输入第三指令条，结果如图 4-38 所示。

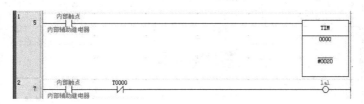

图 4-38　成功输入三行指令条

7）输入程序结束指令 END。同前，选取工具栏上的指令按钮，在右母板前单击，弹出"新指令"对话框，输入"END"，如图 4-39 所示。单击"确定"按钮结束指令的输入操作，如图 4-40 所示。至此，整个梯形图程序输入完毕。

图 4-39　输入 END 指令

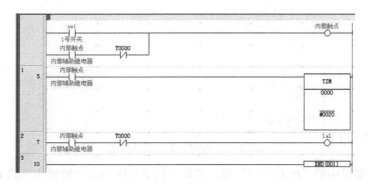

图 4-40　编程完毕

3. 检查程序和程序存盘

当程序编写完成后，应该自觉地对程序进行语法检查（也称为编译），这样做可以杜绝"低级"错误的发生，然后再保存程序或进行在线操作。操作方法如下：

1）继续延用上面的例子，选取主菜单中的"PLC（C）"项，在其下拉菜单中单击"程序检查选项（K）"子项，如图 4-41 所示。

此时弹出一个列表框，如图 4-42 所示，系统提供了 4 种检查级别供用户选择，分别是由高到低"A、B、C、定制"，选取某级，其检查项目即在列表框中显示。若选取了"定制"，则用户可以在列表框中任意选择检查项。选取完毕，单击"确定"按钮。

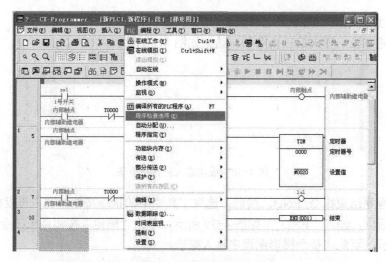

图 4-41 设置程序检查选项

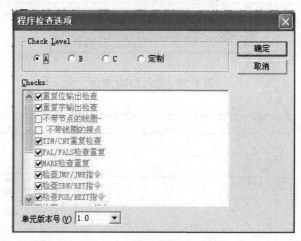

图 4-42 程序检查选项明细表

2）选取主菜单中的"PLC（C）"项，在其下拉菜单中单击"编译所有的 PLC 程序（A）"子项，检查结果将显示在输出窗口中的编译区内，单击工具栏中的"输出窗口"按钮，切换到输出窗口中的编译区，用户可查看系统检查的结果，如图 4-43 所示。

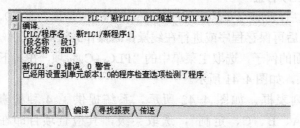

图 4-43 输出窗口显示编译结果

图中"新 PLC1 - 0 错误，0 警告"的含义是上面输入的梯形图语法正确，其中"错误"级别高，会导致程序不能运行；而"警告"级别相对较低，它不影响程序的执行。

此外，检查程序也可以选取主菜单中的"程序（P）"项，在其下拉菜单中单击"编译（C）"

子项，结果同样显示在编译区中。如果用户忘记编译操作也无妨，当下载程序到 PLC 时，CX-P 将自动地进行程序编译操作，检查程序的错误。

3）单击主菜单中"保存"按钮，弹出"保存 CX-Programmer 文件"对话框，如图 4-44 所示，填入保存路径和文件名，单击"保存（S）"按钮完成操作。

图 4-44　保存新建工程文件

4．编辑梯形图

编辑梯形图的操作包括指令条的复制、剪切和删除等，以及在指令条间加入条注释的操作。下面简要介绍其操作。

（1）指令条的复制

在编写梯形图程序时，经常会遇到相同结构的指令条，为了提高编程的效率，可以使用 CX-P 中提供的复制命令。

继续引用上面的例子，如图 4-45 所示，欲复制第一个指令条到"END"之前，用鼠标单击第一个指令条的编号"0"此时该指令条全部被选中，再单击鼠标右键，在弹出的快捷菜单中选取"复制"命令，然后将光标移到"END"指令条，并选中该条，接着单击鼠标右键，在弹出的快捷菜单中选取"粘贴"命令，则将第一指令条复制到"END"之前，如图 4-46 所示。

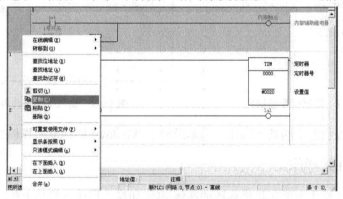

图 4-45　选取并复制指令条

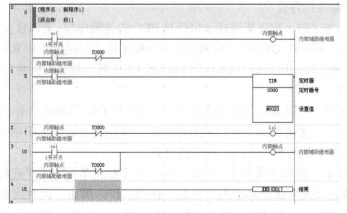

图 4-46　指令条复制成功

关于剪切、删除的操作与复制相类似，在此不赘述。

（2）创建指令条注释

由于大型程序往往是由若干相对独立的程序段构成的，需在独立段的指令条间加入条注释，这样配合 I/O 点注释和指令注释，使梯形图的可读性增强。下面举例说明。

如图 4-47 所示，选中第一指令条，单击鼠标右键，在弹出的快捷菜单中选取"属性（O）"，出现"条属性"对话框，填入"单稳态程序"，如图 4-48 所示，条注释显示在了第一指令条上方。若要删除条注释，可以单击"条属性"对话框中的删除按钮。

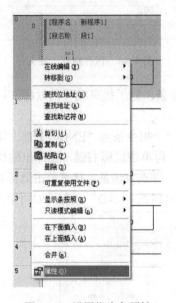

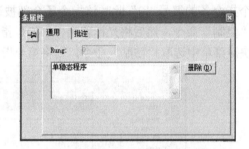

图 4-47　设置指令条属性　　　　图 4-48　输入指令条注释

梯形图在离线状态下的其他操作，基本沿袭了 Windows 的标准操作模式，在此不赘述。

4.1.2　梯形图在线操作

梯形图的在线操作主要包括梯形图的在线/离线切换、程序下载与上传、监视程序运行和在线调试等项工作。下面分别简要介绍。

1.　进入梯形图在线方式

在进入在线状态之前，首先需连接上位机与 PLC 的传输电缆。CP1H 型 PLC 的程序传送主要有两种方式。一种采用 USB 的传输模式；另一种采用串行通信接口 RS-232 的传输模式。采用 USB 的传输模式时，用一根 USB 线将 PLC 的 USB 端口与上位机的 USB 端口相连（必须在断电时连接）。

采用串口模式时，可用 RS-232C 选件板与上位机的 COM 口相连。由于现在使用 USB 口较为广泛，因此以下主要介绍 USB 口的程序传输。在完成上述操作的同时，上位机需运行 CX-P 软件，并在离线状态下进行 PLC 接口的设置。

准备工作完成后，选取主菜单中"PLC"项，在下拉菜单中单击"在线工作（W）"，如图 4-49 所示；或者直接用鼠标单击工具栏上"在线工作"按钮，此时屏幕出现提示框，如图 4-50 所示，需确认与 PLC 连接，单击"是（Y）"后，上位机与 PLC 开始通信，此时 CPU

面板上的通信灯不断闪烁，当梯形图编辑窗口的背景颜色由白色变为灰色时，如图 4-51 所示，表明系统已经正常地进入在线状态；否则，会出现通信出错的提示。

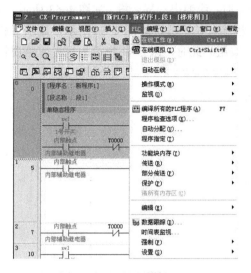

图 4-49　PLC 在线连接

图 4-50　在线连接提示框

上位机与 PLC 的在线状态与离线状态可以通过"在线工作"按钮灵活切换，只有当在线连接正常后，才能进行梯形图的传送及在线监控等其他在线操作。

2. 程序传送

程序传送操作可用于传送和比较上位机与 PLC 内存中的程序，是实现在线监视 PLC 程序运行和在线编辑程序的前提。

（1）将程序从上位机传送到 PLC

将上位机内编辑的程序、I/O 表、设置等传送到 PLC 的用户存储器中，具体步骤如下：

1）进入在线状态，选取主菜单中的"PLC"项，在下拉菜单中单击"传送（R）"，弹出下级菜单，如图 4-51 所示。

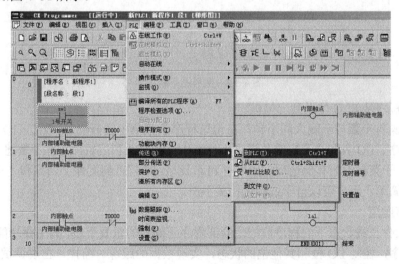

图 4-51　从上位机下载梯形图到 PLC

2）选中"到 PLC（T）"后，弹出"下载选项"对话框，如图 4-52 所示。在选项中选中"程序""设置""符号""注释""程序索引"，单击"确定"按钮。

3）如果此时 PLC 正处于运行或监视状态时，将弹出一提示框，如图 4-53 所示，单击"是（Y）"按钮，PLC 将自动转换为编程状态，程序开始下载，如图 4-54 所示，显示下载程序的大小和进程。当下载成功后，单击"确定"按钮。此时，PLC 将恢复为运行或监视状态，开始运行新程序。

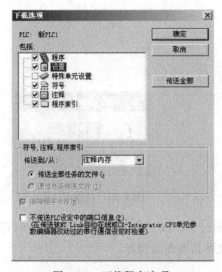

图 4-52　下载程序选项

图 4-53　下载程序提示框

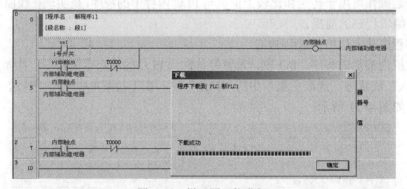

图 4-54　梯形图下载进程

（2）将程序从 PLC 传送到上位机

上载的操作步骤与下载大同小异，在传送程序子菜单中选择"从 PLC（F）"，目的是将 PLC 中的程序、I/O 表和指令表等传送到上位机中进行修改和编辑，在此不赘述。

"传送"子菜单中的其他选项，如"与 PLC 比较（C）""到文件（T）"和"从文件（M）"等操作比较简单，用户可以自学或参见相关手册。

3. 程序监控

CX-P 软件在线状态下的程序监控是验证程序正确性的重要手段，其主要功能包括在上位机上检查程序，控制 I/O 位和其他位的状态，实现数据的跟踪、监控，在线调试 PLC 程序，以及在现场直接修改程序等。

需要注意的是 PLC 内的程序必须与 CX-P 上编辑的程序一致，可采用传送程序或比较程序的操作来确认。

（1）在线监视

1）将程序传送至 PLC 后，CX-P 已处于在线状态，此时应使 PLC 运行下载的程序，选取主菜单中"PLC（C）"项，在下拉菜单中选取"操作模式（M）"，弹出下级菜单，如图 4-55 所示，在这一级菜单中，上位机可以设置 PLC 的工作状态。

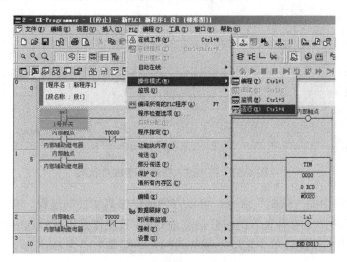

图 4-55　在线设置 PLC 的工作状态

2）选择"运行（R）"或"监视（M）"后，PLC 即开始运行程序，此时 CPU 面板上运行指示灯亮。接着，选取主菜单中"PLC（C）"项，在下拉菜单中选取"监视（O）"后，弹出下级菜单，单击"监视（M）"，如图 4-56 所示。或者直接单击工具栏上的"监视"按钮，也可以使 CX-P 进入在线监视状态。

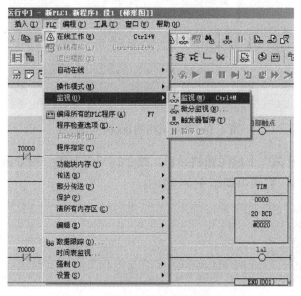

图 4-56　设置上位机在线监视 PLC

3）程序进入监视状态后，如图 4-57 所示，指令条中的绿色标记代表该处逻辑上是导通的，否则为断开状态。例如图中的 T0000 的常闭触点，定时器线圈等。利用"监视"命令可以方便而直观地监控程序的运行状况，增强了 PLC 的人机交互性。

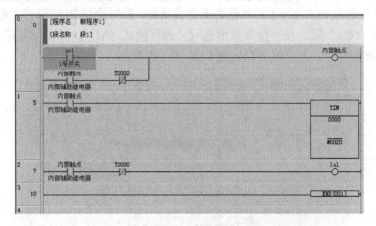

图 4-57　程序进入在线监视 PLC 状态

4）CX-P 软件中的"强制"命令，可以方便地模拟真实控制过程，有效地验证了程序的正确性。例如，强制"1 号开关"的常开触点为 ON，其操作是用鼠标选中"1 号开关"，单击鼠标右键，在弹出的快捷菜单中选取"强制（F）"子菜单中"为 On"项，如图 4-58 所示。

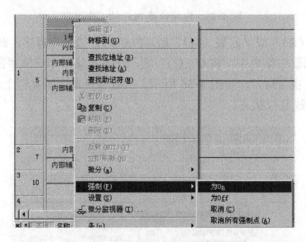

图 4-58　上位机强制 00001 位为 On

5）此时，"1 号开关"上出现强制标识，绿色标记表明第一指令条逻辑导通，定时器也开始计时，且"1 号灯"输出，如图 4-59 所示。

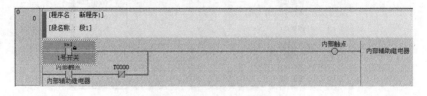

图 4-59　继电器 10.00 强制输出

6）当计时 2s 后，定时器输出，"1 号灯"灭，如图 4-60 所示，绿色标记的变化使"单稳态"程序的正确性一目了然。其他"强制"子命令不再赘述。

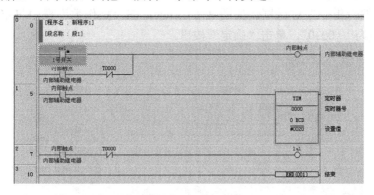

图 4-60　定时器到时导通

（2）在线修改程序

当 PLC 正在运行程序时，如果要对某条指令作小修改，如更改某个参数等，可以采用"在线编辑"功能，这就避免了先离线修改程序，再传送到 PLC 中执行的过程，提高了编程效率。

下面以修改程序中 TIM0000 的设定值为例，简述在线修改程序的操作。

1）承接上例，使程序投入在线状态，用鼠标选中定时器的设定值，如图 4-61 所示。

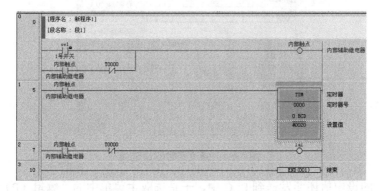

图 4-61　选取在线修改定时器设定值

2）选择主菜单中的"程序（P）"，在下拉菜单中选中"在线编辑（E）"子项，在它的子菜单中选择"开始（B）"，如图 4-62 所示。

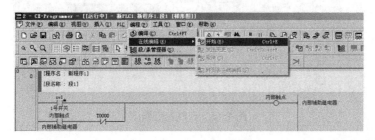

图 4-62　在线编程操作

3）此时，定时器 TIM 0000 所在指令条背景色由灰色变为白色，如图 4-63 所示，下面可以编辑定时器，操作方法与离线状态下相同，单击鼠标右键，在弹出的快捷菜单中选"编辑（E）"，打开"编辑指令"对话框，如图 4-64 所示，在"操作数"框中将定时器的设定值从"#0020"改为"#0030"，单击"确定"按钮。

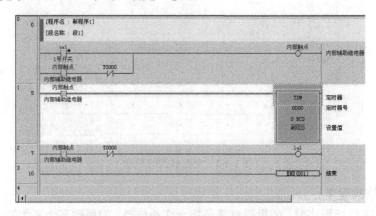

图 4-63　定时器指令进入在线修改状态

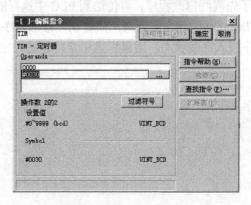

图 4-64　修改定时器设定值

4）修改后的设定值还要发送到 PLC 中，于是选取主菜单中的"编辑（P）"，在下拉菜单中选中"在线编辑（E）"子项，接着在它的子菜单中单击"发送变更（E）"，如图 4-65 所示。

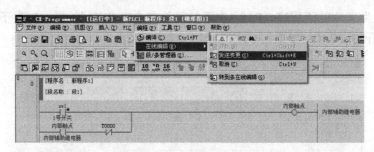

图 4-65　在线发送修改

5）修改值被发送后，该指令条的背景色又由白色恢复为灰色，如图 4-66 所示。再次运行程序时，定时器将计时 3 秒后产生输出。

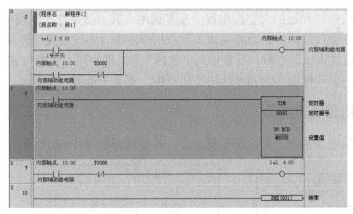

图 4-66　在线编程操作成功

限于篇幅，本章对在线状态下的其他操作不做介绍，可以参见《CX-Programmer 操作手册》。

4.2　功能块的基本操作

4.2.1　功能块概述

功能块是一个包含预先定义好的标准处理功能的基本单元。用户可以直接将功能块嵌入到梯形图程序中调用，同时设置执行功能块的输入/输出条件。由于功能块具有标准处理功能，因此它不包含实际地址，仅包含变量。用户可以在这些变量中设置地址或常数。

采用 CX-P 将单个功能块保存为一个独立文件，从而使该功能块也适用于其他 PLC 的应用程序。为此，可以将不同功能的功能块集合成一个功能块库。功能块的相关应用如图 4-67 所示。

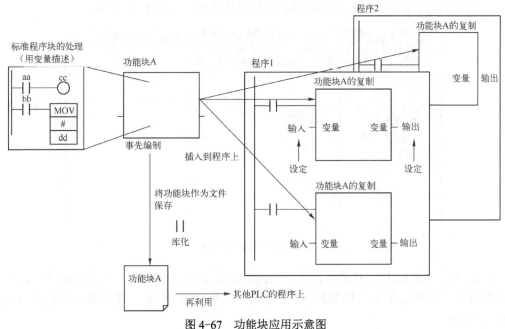

图 4-67　功能块应用示意图

功能块可以被结构相近的大型应用程序反复调用。其方法是在功能块中创建通用程序段并将其保存为独立文件，再将该功能块嵌入到应用程序中，通过设置功能块的 I/O 参数即可反复调用。在创建或调试程序时，反复使用"成熟"的功能块可以大量节省程序开发的时间，有效地减少人为的编码错误，使程序结构简明清晰，更易于理解。

4.2.2　创建新功能块的定义

每个功能块的定义包含了算法和变量定义，其示意图如图 4-68 所示。

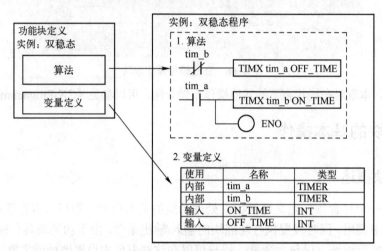

图 4-68　算法和变量定义示意图

下面以"双稳态程序"为例，介绍功能块的创建过程。

1. 创建新功能块

1）进入编程界面，在工程窗口中将出现功能块图标。如图 4-69 所示。

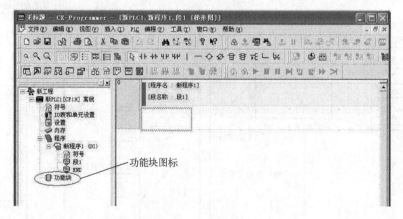

图 4-69　功能块图标

2）在功能块图标上单击鼠标右键，在弹出的快捷菜单中单击"插入功能块（I）"项，在弹出的子菜单中再单击"梯形图（L）"项，如图 4-70 所示。成功插入功能块 1 后如图 4-71 所示。

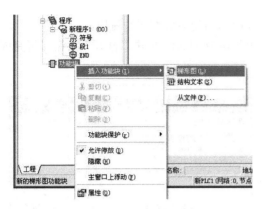

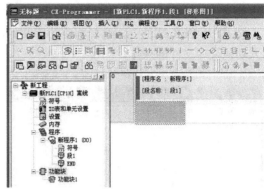

图 4-70　插入功能块操作　　　　　　　　图 4-71　成功插入功能块 1

3）每个功能块必须定义一个名称，名称最多可由任意 64 个字符组成。默认的功能块名称为"功能块 1"，按创建顺序编号。功能块的结构如图 4-72 所示。

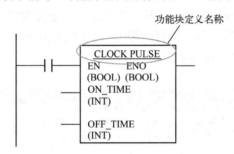

图 4-72　功能块结构示意图

在功能块 1 的图标上单击鼠标右键，将弹出一快捷菜单，如图 4-73 所示。再单击"重命名（R）"更改功能块的名称，输入"双稳态程序"，更改结果如图 4-74 所示。

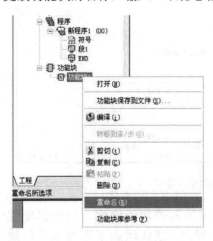

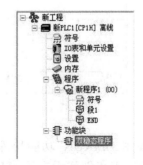

图 4-73　重命名功能块　　　　　　　　图 4-74　功能块的新名称

4）可以按以下步骤在程序中插入功能块库文件（格式为*.cxf）：

① 在功能块图标上单击鼠标右键，在弹出的快捷菜单中单击"插入功能块（I）"项，然

后再单击"从文件（F）..."项，将弹出如图 4-75 所示的功能块库文件窗口。

② 打开 CLK 文件夹，选择相应的库文件，如图 4-76 所示。单击"打开"按钮即可完成插入功能块库文件的操作。

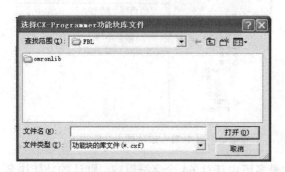

图 4-75　功能块库文件窗口

图 4-76　选择功能块库文件

5）双击"新创建功能块 1"图标，将出现功能块的定义窗口，如图 4-77 所示。它由变量表和梯形图编辑区两个窗口组成。算法采用梯形图编程方式写在梯形图编辑区内；变量定义采用变量表的形式在变量表中写入。

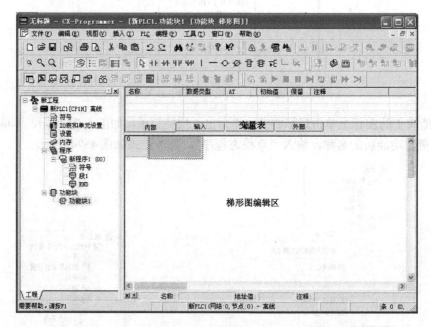

图 4-77　功能块定义窗口

6）使用 OMRON 功能块库文件时，双击插入的功能块库，显示已创建于右上窗口中的变量表和创建于右下窗口中的梯形图程序。默认状态下不显示功能块库文件内部。若需要显示时，则右键单击该文件，在弹出的菜单中选择"属性"，并在属性窗口中选中"显示功能块的内部"。两个窗口均呈灰色时表示不能进行编辑操作。如图 4-78 所示。

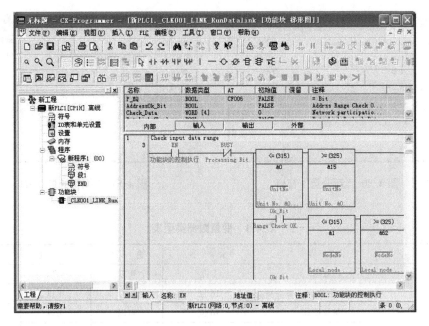

图 4-78　库文件中的功能块定义

2. 定义变量

1）将光标置于内部变量表格中，单击鼠标右键，弹出如图 4-79 所示的快捷菜单。选中"插入变量（I）…"项，将弹出如图 4-80 所示的"新变量"窗口。在该窗口中包含名称、数据类型、使用、初始值、保留、注释和高级按钮等项目。

图 4-79　插入表格快捷菜单

2）在"新变量"窗口中输入定时器 1 的变量名"n1"，其中变量名的写法需注意以下几项：

① 变量名可达 30000 字符长。

② 变量名中不能有空格或以下的任何字符：

!" # $ % & ' ( ) = - ~ ^ \ |　'　@ { [+ ; * :] } < > ，．? /

③ 变量名不能以数字开头（0～9）。

④ 变量名一行不能有两个下画线字符。

3）在"新变量"窗口中选择定时器 1 的数据类型为"TIMER"，如图 4-81 所示。数据类型的种类及属性可参见表 4-1。

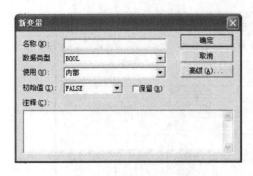

图 4-80 "新变量"窗口

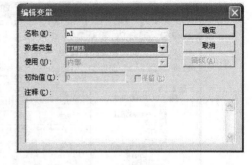

图 4-81 "编辑变量"窗口

表 4-1 变量数据类型表

数据类型	内　容	大　小	输　入	输　出	内　部
BOOL	位数据	1 位	可以	可以	可以
INT	整数	16 位	可以	可以	可以
UINT	无符号整数	16 位	可以	可以	可以
DINT	双整数	32 位	可以	可以	可以
UDINT	无符号双整数	32 位	可以	可以	可以
LINT	长（4 个字）整数	64 位	可以	可以	可以
ULINT	无符号长（4 个字）	64 位	可以	可以	可以
WORD	16 位数据	16 位	可以	可以	可以
DWORD	32 位数据	32 位	可以	可以	可以
LWORD	64 位数据	64 位	可以	可以	可以
REAL	实数	32 位	可以	可以	可以
LREAL	长实数	64 位	可以	可以	可以
TIMER	定时器	标记: 1 位 PV: 16 位	不支持	不支持	可以
COUNTER	计数器	标记: 1 位 PV: 16 位	不支持	不支持	可以

4）图 4-81 中定时器 1 的"使用"项中显示为"内部"，代表该变量类型为内部变量，如图 4-82 所示。内部变量是只能在功能块内部使用的变量，它们不能直接作为应用程序中的 I/O 参数。

图 4-81 中"使用"项的背景为灰色，说明不能对其进行编辑操作。从表 4-1 可知，TIMER 型数据仅支持内部变量。

变量类型除内部变量外，还有输入变量、输出变量和外部变量。输入变量是指可以从功能块外输入数据的变量；输出变量是指可将数据输出到功能块外的变量，如图 4-83 所示。外部变量是指预先存储的系统定义变量或用户定义的全局符号。

5）图 4-81 中的"初始值"是指在初次执行功能块时设置的变量值。在功能块运行过程中可以修改。该项背景为灰色表明不能对其进行编辑操作。

6）图 4-81 中的"保留"项是指当 PLC 重新上电运行时，若某些变量的数据需保持不变，则选择此项。该项背景为灰色表明不能对其进行编辑操作。

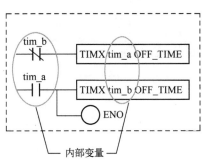

图 4-82　功能块内部变量

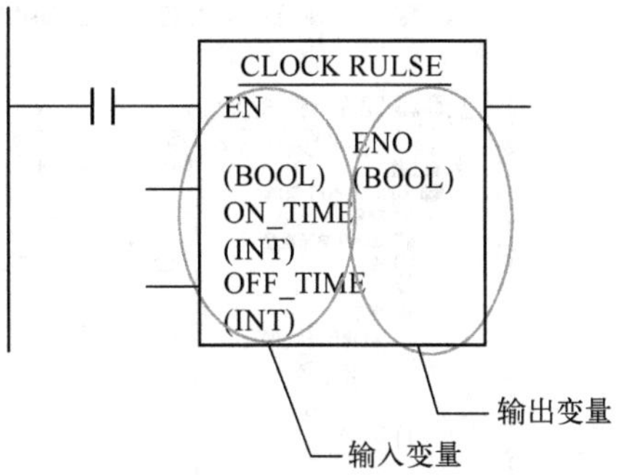

图 4-83　功能块输入输出变量

7）图 4-81 中的"注释"项用于介绍变量用途，可以选用。单击图中右上角的"高级"按钮进入"高级设置"窗口，如图 4-84 所示，在此窗口可以设置 AT 地址和数组变量。具体操作可参见相关手册。

图 4-84　高级设置窗口

综上所述，对不同类型变量的属性设置可参见表 4-2。

表 4-2　属性的设置

属　　性	变　量　用　法		
	内　部　变　量	输　　入	外　部　变　量
名称	必须设置	必须设置	必须设置
数据类型	必须设置	必须设置	必须设置
AT（指定地址）	可以设置	不能设置	不能设置
初始值	可以设置	可以设置	可以设置
保持	可以设置	可以设置	可以设置

8）单击图 4-81 中的"确定"按钮，名称"n1"的变量就注册到了内部变量表中，如图 4-85 所示。

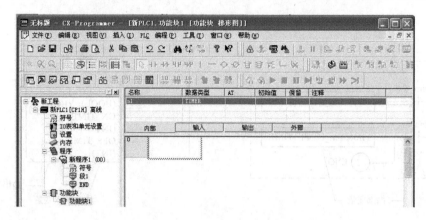

图 4-85　n1 注册到内部变量表

按照上述步骤注册其他变量，本功能块所需全部变量汇总于表 4-3 中。

表 4-3　变量的定义

用　法	名　　称	数 据 类 型
内部	n1	TIMER
内部	n2	TIMER
输入	on_time	WORD
输入	off_time	WORD

需特别注意的是，变量类型应与控制指令相符，否则将会导致程序错误。详情请参见《OMRON CX-Programmer 6.1 操作手册》的 2.6.1 小节。

所有变量注册结果如图 4-86、图 4-87 所示。

名称	数据类型	AT	初始值	保留	注释
n1	TIMER				
n2	TIMER				

内部　输入　输出　外部

图 4-86　注册的内部变量

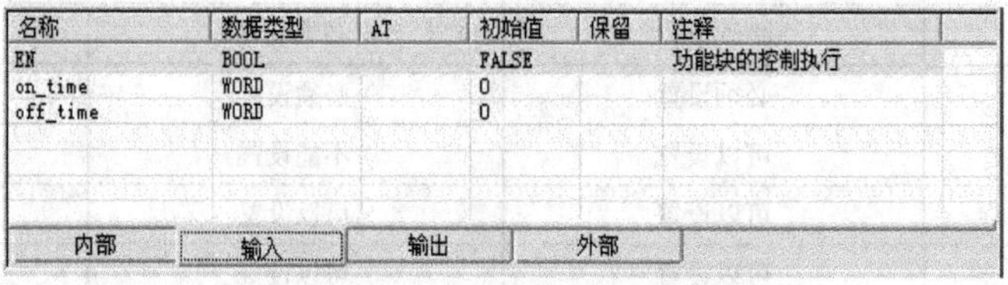

名称	数据类型	AT	初始值	保留	注释
EN	BOOL		FALSE		功能块的控制执行
on_time	WORD		0		
off_time	WORD		0		

内部　输入　输出　外部

图 4-87　注册的输入变量

3. 创建算法

在创建功能块算法时，不能直接引用 PLC 的 I/O 点或内部辅助触点作为功能块内指令的执行条件。否则该 I/O 点只能视为功能块内的某一变量名。但是立即数可以作为功能块内指令的操作数。需注意的是，"#" 代表十六进制数；"&" 代表十进制数。

在编写功能块内的梯形图程序时，不能使用下列指令，否则会产生错误。

● 块编程指令（包括 BPRG 和 BEND 的所有指令）。

● 子程序指令（包括 SBS、 GSBS、RET、MCRO、SBN、GSBN 和 GRET）。

● 跳转指令（包括 JMP、CJP、CJPN 和 JME）。

● 步进指令（包括 STEP 和 SNXT）。

● 立即刷新指令（！）。

● I/O REFRESH 指令（包括 IORF）。

● TMHH 和 TMHHX 指令。

● CV 地址转换指令（包括 FRMCV 和 TOCV）。

● 堆栈记录位置指令（包括 PUSH、FIFO、LIFO、SETR 和 GETR）。

● FAILURE POINT DETECTION 指令（包括 FPD 等）。

● 定时器/计数器 PV 移至寄存器指令（包括 MOVRW 等）。

按以下步骤在功能块中创建双稳态算法。

1）用鼠标单击图 4-77 中的梯形图编辑区，此时常用工具栏由灰变黑，用鼠标单击"⊬"
图标后，鼠标指针变成了"⊬"，拖动该图标至 0#指令条的起始位置并单击左键，出现如
图 4-88 所示的新节点窗口。

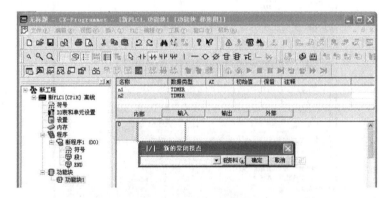

图 4-88　新节点窗口

2）在新节点窗口的下拉菜单中选择前面已注册的变量 n2，如图 4-89 所示。单击"确定"
按钮后，常闭触点 n2 已经输入第一行首位，结果如图 4-90 所示。

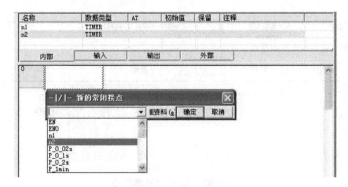

图 4-89　选择变量

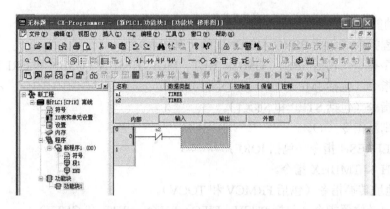

图 4-90　输入第一个触点

3）单击工具栏中的指令按钮"　"，并在紧贴右母板的位置单击，弹出"新指令"对话框。在"指令"处填入大写"TIM"，在"操作数"项下方，单击不同位置，由上至下顺序输入 TIMER 型变量"n1"和 WORD 型变量"off_time"，如图 4-91 所示。单击"确定"按钮完成操作，如图 4-92 所示。

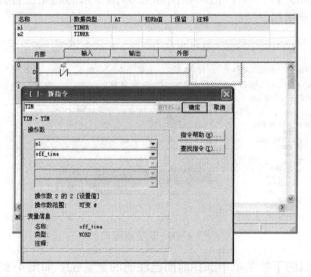

图 4-91　输入定时器指令的操作数

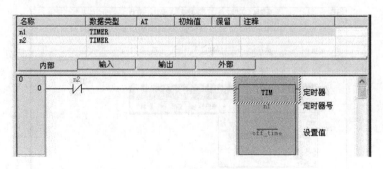

图 4-92　显示定时器指令

4）按照以上步骤完成双稳态程序，如图 4-93 所示。

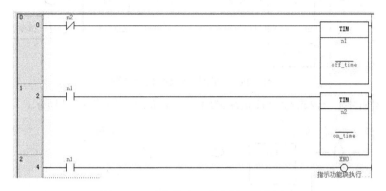

图 4-93　功能块内双稳态梯形图程序

4. 功能块文件的保存与调用

利用 CX-P 可以将创建好的功能块保存为其扩展名为.cxf 的库文件。这些文件可以被其他应用程序调用。其操作步骤如下。

1）在工程窗口中右键单击已创建好的功能块，在弹出菜单中选择"功能块保存到文件（S）"项。如图 4-94 所示。

2）在如图 4-95 所示的对话框中输入文件名，保存类型为功能块的库文件（*.cxf）。单击"保存"按钮将"双稳态程序"功能块保存为同名库文件。

图 4-94　保存功能块

图 4-95　功能块的保存窗口

4.2.3　功能块的调用

要将实际功能块定义在应用程序中，必须创建一个功能块图并将其插入程序中，嵌入程序中的每个功能块定义称作"实例"或"功能块实例"。每个实例有一个标识符，称为"实例名"。

在调用了功能块的梯形图中，应在程序结构上注意以下两点：

1）功能块左侧不允许有程序分支，仅允许在右侧有分支。如图 4-96 所示。

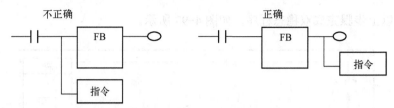

图 4-96　功能块分支结构示意图

2）在梯形图的某一逻辑行中只允许调用一个功能块。如图 4-97 所示。

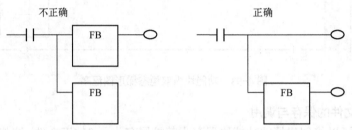

图 4-97　功能块数目示意图

本小节以双稳态功能块为例介绍功能块的调用方法，使其实现可变占空比的功能。其操作步骤如下。

1）在工程窗口中，双击"段 1"，添加地址为 0.00 的常开触点。如图 4-98 所示。

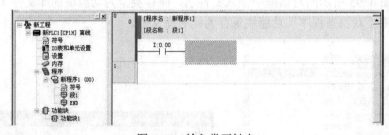

图 4-98　输入常开触点

2）在图 4-98 所示光标处插入功能块时，单击"插入"菜单并选取"功能块调用（F）…"项，如图 4-99 所示，弹出"新功能块调用"对话框，如图 4-100 所示。

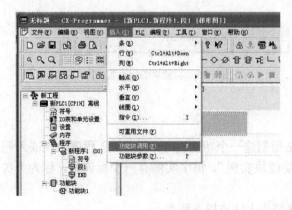

图 4-99　插入功能块　　　　　　　　图 4-100　新功能块调用对话框

3）输入实例名为"t"，选择已创建的"双稳态程序"功能块。其中实例名的定义要求与变量名相似。单击"确定"按钮，结果如图 4-101 所示。

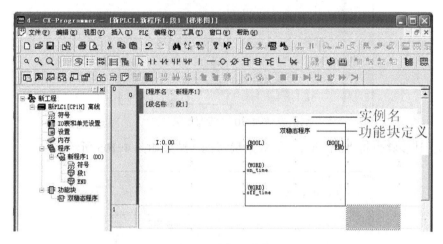

图 4-101　插入实例

4）设置功能块参数。创建功能块实例后，必须设置输入变量和输出变量的参数以激活外部 I/O。具体操作如下：

① 输入变量位于实例的左侧而输出变量位于实例右侧。将光标置于待设置的参数处，按〈Enter〉键，将弹出如图 4-102 所示的新参数对话框。

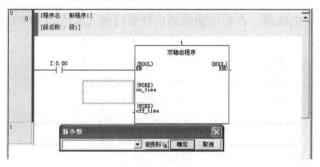

图 4-102　新参数对话框

② 本例中设置定时器 n1 的时间为 2s，输入"#20"，如图 4-103 所示。设置结果如图 4-104 所示。输入变量也可以采用通道方式赋值。

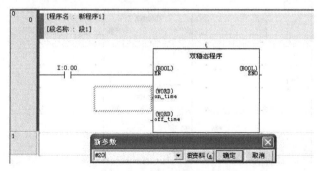

图 4-103　新参数的设置

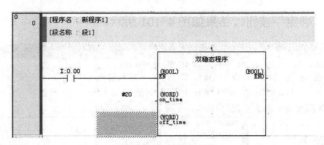

图 4-104　设置结果

按照上述步骤也将"off_time"的数据赋为 2s，结果如图 4-105 所示。

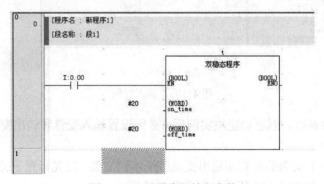

图 4-105　设置全部输入参数

5）单击工具栏中的线圈，在功能块的输出变量后加入地址为 100.00 的输出线圈。结果如图 4-106 所示。

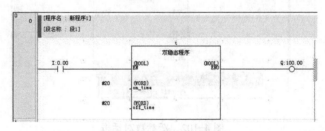

图 4-106　功能块输出

6）按上述步骤完成利用双稳态功能块实现可调占空比的控制程序。梯形图如图 4-107 所示。

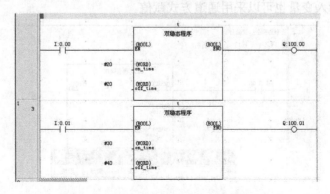

图 4-107　可调占空比的双稳态控制程序

7）编译功能块（检查程序）。在工程窗口中右键单击"双稳态程序"功能块，在弹出菜单中选取"编译（I）"项，开始编译功能块，检查结果将显示于输出窗口的"编译"选项卡中。如图 4-108 所示。

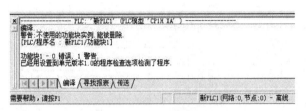

图 4-108　编译功能块定义

4.2.4　功能块的在线监视

在含有功能块的程序传送完毕后，界面如图 4-109 所示。在线监视该程序的步骤如下：

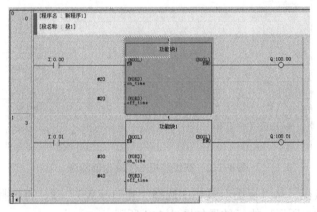

图 4-109　上位机进入在线状态

1）在常开触点 0.00 处，单击鼠标右键，在弹出的快捷菜单中选择"强制"选项，再选择"为 On"项。操作如图 4-110 所示，结果如图 4-111 所示。

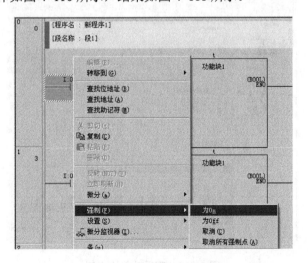

图 4-110　强制触点为 ON 操作

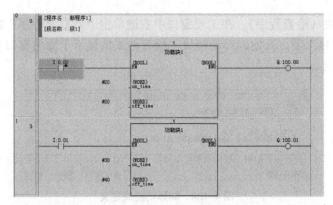

图 4-111　执行功能块

2）双击实例，进入功能块内部进行在线监视，如图 4-112 所示。

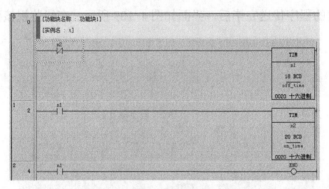

图 4-112　在线监视功能块内部程序

3）为了便于监视，从"视图"菜单中选择"窗口（W）"项，再选择"功能块实例察看器（F）"，如图 4-113 所示。执行结果如图 4-114 所示。

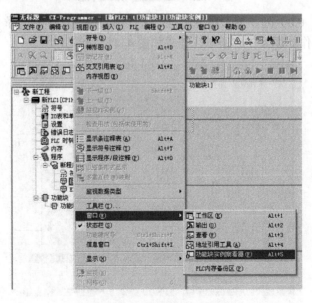

图 4-113　察看功能块实例

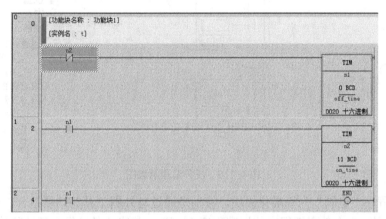

图 4-114　功能块实例察看器窗口

图 4-114 中 n1 的地址 T3072 和 n2 的地址 T3073 都是随机分配的。通过这种方式可以查看变量的地址。

4）2s 后，定时器 n1 导通，则输出线圈 ENO 导通，如图 4-115 所示。

图 4-115　定时器 n1 导通

输出线圈 ENO 导通 2s 后，定时器 n2 到时，切断 n2 常闭触点。定时器 n1 被重新复位，n1 触点断开，定时器 n2 被重新复位，输出线圈 ENO 断开。此时常闭触点 n2 导通，定时器 n1 又开始重新计时。这样，实现了输出线圈灭 2s，亮 2s 的操作。

如果需要输出线圈按占空比 3∶4 输出，则只需要接通 0.01，断开 0.00。由此可见，如果不使用功能块方式编程，则需要编写两套结构相同的双稳态程序段（仅定时器的设定值不同），结构复杂，工作量大。因此，功能块的使用简化了编程的步骤，程序结构更加清晰、简练，功能块适合于开发复杂的控制算法上。但是，功能块的定义不能进行在线修改。

4.3　任务编程概述

在 CP1H PLC 的应用程序中，为了将用户程序结构化，可以将程序按功能、控制对象、工序或者开发者等条件进行划分，分割成为"任务"的执行单元。所谓任务，是指规定使各个程序按照何种顺序或中断条件执行的功能。在任务中所分配的各程序是分别独立的，程序前后需要有各自的 END 指令，如图 4-116 所示。

1. 任务编程的特点

由于任务是程序按照功能、控制对象、工序或开发者等条件划分的，因此具有以下特点：

1）可将复杂程序分割后由多人共同开发，最终可以方便地将分割设计的各个程序段合并在一个用户程序中。

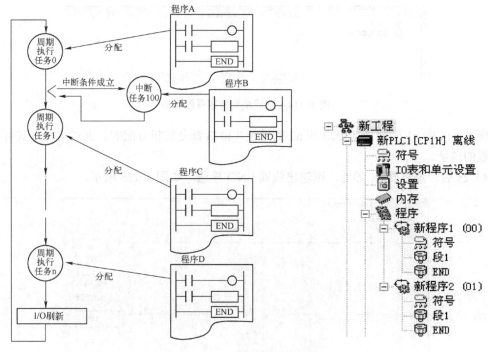

图 4-116　任务编程示意图

2）可将程序"定制"为标准化模块，特别是通过与外围工具的功能组合，程序可以不依赖于特定的系统，成为独立性很高的标准程序（模块）。其优势是能很方便地移植于其他系统，而且由多人开发的程序也很容易融合。

3）提高总体的响应性能。将系统分为总体管理程序和独立控制程序，根据需要可以仅使某个控制程序进行动作，因此提高了系统总体的响应性能。

4）修改与调试更加简便。由于可以由多人分工按任务进行编程、调试，提高了调试效率。即使当 PLC 的规格改变时，只需对变更部分的任务进行修正即可，维护简便。通过 CX-P 软件中名称的全局/局部设定以及"局部变量"地址的自动分配功能，在调试时能够很容易地识别某个地址是程序固有的还是与其他程序共享的，另外由于不需要进行程序间地址的重复检验，提高了调试效率。

5）程序的内部处理更加简捷。在按用户机型对程序进行更改时，根据程序上的任务控制指令，能够按用户机型切换到所需执行的任务。

6）用户程序的可读性好。通过对用户程序进行结构化编写，对传统上采用转移指令的程序进行模块化处理，使用户程序更加容易理解。

2. 任务的种类

如图 4-116 所示，CP1H 最多能够管理 288 个程序，每个程序一对一地分配到执行单位的任务中。这些任务可以分为周期执行任务和中断任务两种，其中中断任务可以作为追加任务来使用。下面分别简要介绍。

（1）周期执行任务

周期执行任务是指一个扫描周期内执行一次，即从第一逻辑行开始执行到 END 指令结束。周期执行任务执行的前提是其状态必须被设置为可执行状态，最多能使用 32 个任务，按任务的顺序号（No.0～31）由小到大执行。可以利用 CX-P 将程序的属性设定为"循环任务"或由 TKON 指令来调用。

（2）中断任务

中断任务是指当中断源产生时，无论周期执行任务或追加任务里正在运行指令或是正处于 I/O 刷新阶段还是进行外设服务，都必须立即强制性中断，转而执行中断任务，执行完中断任务再返回执行中断前的任务。CP1H 的中断任务分为定时中断、输入中断、高速计数中断及外部中断等 4 种。中断任务可以作为追加任务使用。

（3）追加任务

追加任务能够和周期执行任务一样周期性地运行中断任务。在运行完周期执行任务（周期执行任务 No.0～31）后，对设置了可执行任务状态的中断任务，按中断任务由小到大的顺序执行。最多 256 个中断任务，编号为 No.0～255。但是，与周期执行任务不同的是追加任务不具有"循环任务"的属性，它只能由 TKON 指令来启动。

由于追加任务的中断任务号与断电中断、定时中断、输入中断、高速计数中断等相同时，无论何种情况均产生动作，因此要特别注意不要将作为中断任务使用的任务号分配给追加任务来使用。

3．任务的执行条件及其相关设定

任务的执行条件和相关设定详见表 4-4。

表 4-4　任务的执行条件和相关设定表

任务种类		任 务 号	执 行 条 件	相 关 设 定
周期执行任务		0～31	在可执行状态（程序的属性选中"循环任务"或由 TKON 指令启动）下，取得执行权时在每个周期执行	无（总是有效）
中断任务	定时中断 0	中断 2	根据 CPU 单元的内部定时器，每经过一定时间时执行	由中断掩码设置指令（MSKS 指令）的定时中断时间来设定（0～9999）PLC 系统设定的"定时中断时间单位设定"（10ms/1.0ms/0.1ms）
	输入中断 0～7	中断 140～147	CPU 单元内置的输入点上升沿时执行	由中断掩码设置指令（MSKS 指令）进行指定点的中断掩码解除
	高速计数器中断	中断 0～255	在 CPU 单元内置高速计数器的目标值一致或区域比较的条件一致时执行	由比较表登录指令 CTBL 进行比较条件设定和分配中断任务号
	外部中断	中断 0～255	在根据 CJ 单元扩展使用时的高功能 I/O 单元或 CPU 高功能单元的用户程序要求时执行	无（总是有效）
追加任务 0～255		中断 0～255	在可执行状态（只由 TKON 指令启动）下，取得执行权时在每个周期执行	无（总是有效）

4．周期执行任务/追加任务的状态及转换

周期执行任务/追加任务具有以下的 4 个状态，根据条件对这 4 个状态进行转换。

（1）未执行状态（INI）

未执行状态是指一次都未被执行的状态。在编程模式时所有的周期执行任务都为未执行状态。凡转换为其他状态的周期执行任务只要未切换为编程模式，就不能返回到该状态。

（2）可执行状态（READY）

1）按照指令执行启动的任务。通过运行任务启动指令 TKON 将未执行状态或待机状态转换为可执行状态。

2）在运行开始时启动的任务（仅限周期执行任务）。从"程序"模式切换为"运行"或"监视"模式时，由未执行状态转化为可执行状态。利用 CX-P 的"程序属性"功能，可以将周期执行任务 No.0～31 中若干个任务从运行开始时切换到可执行状态。

（3）执行状态（RUN）

当周期执行任务处于执行状态时获得执行权，处于实际执行的状态，即传统的程序执行状态。执行权按照该扫描周期内执行状态的任务号由小到大的顺序依次传承。

（4）待机状态（WAIT）

根据任务执行待机（TKOF）指令，从执行状态切换为待机状态。在此状态下，指令不执行，因此不会增加指令的执行时间。

各任务状态的转换关系如图 4-117 所示。通过状态之间的转换，可以对不执行的程序区域进行任务分割，使之处于适当的待机状态，以缩短扫描周期。

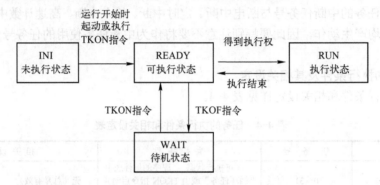

图 4-117　4 种任务状态转换关系示意图

4.4　任务的使用方法

1. 任务启动/待机指令

从程序中启动周期执行任务或追加任务时，可使用任务启动指令 TKON 实现；而待机指令 TKOF 则将任务置于待机状态。

（1）任务启动指令 TKON（820）

任务启动指令 TKON 是使周期执行任务置为可执行状态或将中断任务变为追加任务来执行。其梯形图符号如下：

```
——| TKON(820) |
   |    N      |   N：任务号
```

N 为任务的序号。在周期执行任务时，其取值范围是 0～31（十进制），对应于周期执行任务 No.0～31。在追加任务时，其取值范围是 8000～8255（十进制），对应于中断任务 No. 0～255。

TKON 的功能是将由 N 所指定的周期执行任务或追加任务置为可执行状态。当 N=0～31（周期执行任务）时，同时将对应的任务标志（TK00～31）置为 1。使用 TKON 置为可执行状态的周期执行任务或追加任务，只要 TKOF 指令不使之置为待机状态，在下一个周期仍保持为可执行状态，而且 TKON 可以在任何任务中设定其他任务。

注意：

1）TKON 可以在周期执行任务或追加任务中执行，而不能在中断任务中执行。

2）当 TKON 将比自身任务号小的任务置为可执行状态时，该任务在本周期内不能执行，要到下一个周期方可执行。当 TKON 将比自身任务号大的任务置为可执行状态时，该任务在本周期内即被执行。

3）对于任务标志已经置为 1 的任务而言，执行 TKON 时无效，视作空操作指令。而将自身任务号置为可执行状态时，执行 TKON 也无效。

4）在一个扫描周期中必须具有一个或一个以上的置为可执行状态的周期执行任务或追加任务。否则，任务出错标志 A295.12 将置位，CPU 停止运行。

TKON 指令的使用示例如图 4-118 所示。

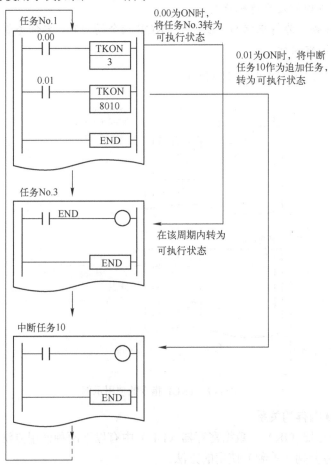

图 4-118　TKON 指令的使用示例

（2）任务待机指令 TKOF（821）

任务待机指令 TKOF 是将周期执行任务或追加任务切换为待机状态。其梯形图符号如下：

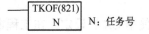

N：任务号

N 为任务的序号。在周期执行任务时，其取值范围是 0～31（十进制），对应于周期执行任务 No.0～31。在追加任务时，其取值范围是 8000～8255（十进制），对应于中断任务 No.0～255。

TKOF 功能是将由 N 所指定的周期执行任务或追加任务置为待机状态。N=0～31（周期执行任务）时，同时将对应的任务标志（TK00～31）置为 0。所谓待机状态是指在本周期内任务处于不执行状态。使用 TKOF 置为待机状态的周期执行任务或追加任务，只要 TKON 指令不使之置为可执行状态，在下一个周期仍保持为待机状态。

注意：

1）TKOF 可以在周期执行任务或追加任务中执行，而不能在中断任务中执行。

2）当 TKOF 将比自身任务号小的任务置为待机状态时，该任务将在下一个周期置为待机状态，而在本周期中仍然处于可执行状态。当 TKOF 将比自身任务号大的任务置为待机状态时，该任务在本周期内即处于待机状态。

3）若将自身任务置为待机状态，在执行 TKOF 指令的同时，本任务置为待机状态，即在 TKOF 之后的指令不被执行。

TKOF 指令的使用示例如图 4-119 所示。

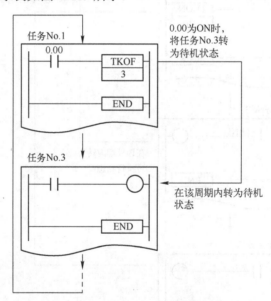

图 4-119　TKOF 指令的使用示例

2. 任务与 I/O 内存的关系

任务在变址寄存器（IR）与数据寄存器（DR）中有以下两种使用方法。

1）按各个任务分别（单独）使用的方法。

2）各任务共同使用的方法。

二者的区别是：在方法 1）中，在周期执行任务 No.1 中使用的 IR0 和在周期执行任务 No.2 中使用的 IR0 不相同。在方法 2）中，在周期执行任务 No.1 中使用的 IR0 和周期执行任务 No.2 中使用的 IR0 相同。

对于 IR 或 DR 而言，无论采用方法 1）还是方法 2），都需使用 CX-P 设定。在工程窗口中，右键单击"新 PLC1"，如图 4-120 所示，在弹出菜单中选择"属性"。在弹出的"PLC 属性"窗口中选取"每个任务独立使用 IR/DRs（I）"。如图 4-121 所示。

图 4-120　设置 PLC 的属性

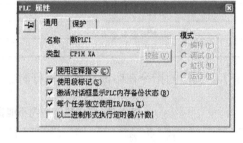

图 4-121　PLC 属性窗口

各任务将共享其他数据区域，例如对于在周期执行任务 No.1 中使用的触点 10.00 和周期执行任务 No.2 中使用的触点 10.00 是指同一个点。因此对于 IR 和 DR 以外的内存区域，由于是各任务共同使用导致了在某个任务中变更的值必然影响到其他任务，所以在编程时需特别注意。

中断任务或追加任务启动时，IR 和 DR 的值不确定，因此在中断任务或追加任务内使用 IR 或 DR 时，必须通过变址寄存器设定指令 MOVR /MOVRW 在设定值以后再使用。当中断任务结束后，自动地返回到中断发生前的 IR 值或 DR 值。

3. 任务对指令的使用限制

某些需配对使用的指令必须在同一任务中，否则错误标志位 P_ER 将置位，不能执行指令。表 4-5 列出了需配对使用的指令。

表 4-5　配对使用的指令表

助 记 符	指 令 名 称
JMP/JME	转移/转移结束
CJP/JME	条件转移/转移结束
CJPN/JME	条件非转移/转移结束
JMP0/JME0	多重转移/多重转移结束
FOR/NEXT	重复开始/结束
IL/ILC	互锁/互锁清除
SBS/SBN/RET	子程序调用/子程序输入/子程序返回
MCRO/SBN/RET	宏/子程序输入/子程序返回
BPRG/BEND	块程序/块程序结束
STEP S/STEP	步梯形图区域指令

表 4-6 列出了在中断任务内不能被执行的指令。但是将中断任务切换为追加任务后就可以执行表中的指令了。

表 4-6　在中断任务内不能被执行的指令表

助 记 符	指 令 名 称
TKON	任务启动
TKOF	任务执行待机
STEP	步定义
SNXT	步启动
STUP	串行端口通信设定变更
DI	中断任务执行禁止
EI	中断任务执行禁止解除

表 4-7 所列出的指令在中断任务内执行时结果将不准确。

表 4-7　在中断任务内不能保证准确动作的指令表

助 记 符	指 令 名 称
TIM/TIMX	定时器
TIMH/TIMHX	高速定时器
TMHH/TMHHX	超高速定时器
TTIM/TTIMX	累计定时器
MTIM/MTIMX	多输出定时器
TIML/TIMLX	长时间定时器
TIMW/TIMWX	块程序的定时器等待
TMHW/TMHWX	高速定时器等待
PID	PID 控制指令
FPD	故障点检测指令
STUP	串行通信指令

4. 任务标志

（1）周期执行任务的标志

下面是与周期执行任务相关的标志，不适用于追加任务。

1）任务标志 TK00～TK31。任务标志是在确认当前任务是否被执行时使用，当周期执行任务为可执行状态时置为 1，在未执行状态或待机状态时置为 0。任务 No.00～31 对应于标志 TK00～TK31。示例如图 4-122 所示。

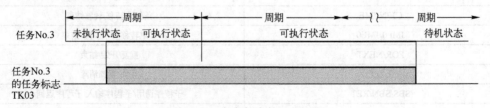

图 4-122　任务标志的动作示例

2）任务初次启动标志 A200.15。任务初次启动标志 A200.15 是在运行程序中进行一次初始化处理时使用。当周期执行任务从未执行状态转换为可执行状态并得到执行权，处于执行状态时置为 1，实际结束时置为 0。周期执行任务通过该标志可以判断自身是否为初次执行。当初次执行时可以进行初始化处理，如图 4-123 所示。

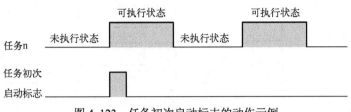

图 4-123　任务初次启动标志的动作示例

3）任务上升沿标志 A200.14。任务上升沿标志 A200.14 是每次任务启动时用于初始化处理。当周期执行任务从待机状态或不执行状态转换为执行状态时置为 1。通过把该标志作为输入条件，能够进行任务启动时（用 TKON 指令将此前为待机状态的周期执行任务置成可执行状态时）的初始化处理。如图 4-124 所示。

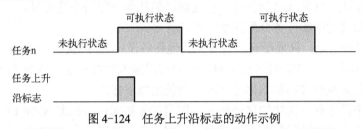

图 4-124　任务上升沿标志的动作示例

（2）任务的共享标志

1）任务出错标志 A295.12。当在一个循环周期内不存在一个可执行状态的周期执行任务或追加任务时，或不存在分配给周期执行任务的程序时，或不存在分配给启动的中断任务（包括追加任务）的程序时，任务出错标志 A295.12 置为 1。

2）出错的任务号通道 A294。由于程序出错而停止运行时，出错的任务种类及任务号将保存在 A294 通道中，见表 4-8。由此可以判定发生异常的任务。当异常解除时 A294 的值被清零。同时将该程序停止时所处的程序地址保存在 A298（程序地址低字）和 A299 通道（程序地址高字）。

表 4-8　程序停止时 A294 通道的数据表

任 务 种 类	A294
周期执行任务	0000～001FHex （对应任务 No.0～31）
中断任务（包括追加任务）	8000～80FFHex （对应中断任务 No.0～255）

5. 任务设计的原则

任务设计需遵循以下原则：

1）按照基础条件分割任务，如图 4-125 所示。

① 明确执行与不执行条件并汇总。

② 按有无外部输入输出汇总。

③ 按功能汇总。对于时序控制、模拟处理、人-机处理、异常处理等要尽可能地减少任务间的数据交换，旨在提高独立性。

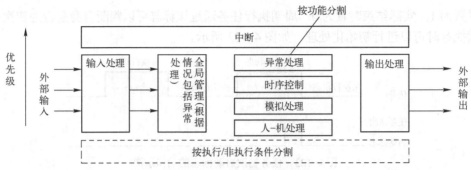

图 4-125　分割任务示意图

④ 按执行优先级汇总，分为通常任务或中断任务。

2）为减少任务（程序）间的数据交换要尽可能地进行分割设计，提高任务的独立性。

3）采用全局管理（任务控制）用任务来控制各任务的执行或待机。

4）将在周期执行任务或追加任务中优先级高的任务分配为小任务号。

5）将优先级高的中断任务分配为小中断任务号。

6）任务一旦被启动，只要没有被自身或其他任务设定为待机状态，则在下一周期之后成为可执行状态。执行按条件的任务分支时，不要忘记插入针对其他任务的 TKOF 指令。

7）在进行任务执行时的初始化处理时，请使用以下标志：

① 在运行中只进行一次初始化处理时，使用任务初次启动标志 A200.15。

② 只要任务启动就进行初始化处理时，使用任务上升沿标志 A200.14。

8）划分清楚在各任务（程序）中共同使用的内存区域和仅在各任务（程序）内使用的内存区域，并将仅在各任务（程序）内使用的内存范围按各任务（程序）进行汇总。

4.5　中断任务

4.5.1　CP1H 的中断功能

CP1H 的 CPU 单元通常周期性重复"公共处理→运算处理→I/O 刷新→外设服务"的处理过程，运行周期执行任务。与此不同，根据特定要求的发生，可以在该周期的中途中断，使其执行特定的程序，将此称为中断功能。CP1H 的中断可以分为下列 5 种。

（1）直接模式的输入中断

CPU 单元的内置输入点产生上升沿或下降沿时，执行中断任务。固定分配的中断任务号为 140～147。

（2）计数器模式的输入中断

通过对 CPU 单元的内置输入点的输入脉冲进行计数，当达到计数器设定值时，执行中断任务。计数器模式中输入频率为 5kHz 以下。

（3）定时中断

通过 CPU 单元的内置定时器，按照一定的时间间隔执行中断任务。时间间隔的单位时间可以从 10ms、1ms、0.1ms 中选取。另外，可设定的最小时间间隔为 0.5ms。中断任务 2 被固定分配。

（4）高速计数器中断

利用 CPU 单元内置的高速计数器对输入脉冲进行计数，根据当前值与目标值一致，或通过区域比较来执行中断任务的处理。可用指令来分配中断任务 0～255。

（5）外部中断

连接 CJ 系列的高功能 I/O 单元、CPU 高功能单元时，通过单元侧的控制，设定中断任务 0～255 并执行处理。表 4-9 是中断任务一览表。

表 4-9　中断任务一览表

中断原因	中断任务号	中断条件	设定方法	最大点数	用途举例
输入中断 0～7	140～147	计数 CPU 单元内置的中断输入接点的上升沿/下降沿（直接模式）或指定次数的上升沿/下降沿（计数模式）时	用 MSKS（中断掩码设置）指令来指定哪个输入编号为中断有效	8 点	可使特定的输入接点实现高速响应
高速计数器中断	0～255	对于高速计数器的计数当前值与目标一致比较或区域比较的条件成立时	用 CTBL（比较表登录）指令指定和比较条件一起执行的中断任务号	256 点	在由编码器脉冲的计数值来定位等时
定时中断 0	2	定时（一定时间间隔）	用 MSKS（中断掩码设置）指令来指定定时中断时间 PLC 系统设定的"定时中断时间单位设定"	1 点	可以按一定的间隔显示运行状况
外部中断	0～255	有来自 CJ 单元扩展时的高功能 I/O 单元、CPU 高功能单元的中断要求时	无（总是有效）	256 点	使用 CJ 系列高功能单元的功能的各种条件中断

中断任务程序的编程方法是在工程窗口中右击"新程序 1"，在弹出的快捷菜单中选择"属性（D）"项，如图 4-126 所示。在弹出的"程序属性"对话框中设定"任务类型"，图 4-127 所示的是设定中断任务 140 的示例。

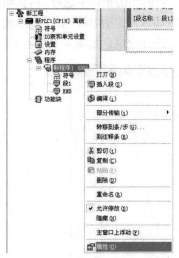

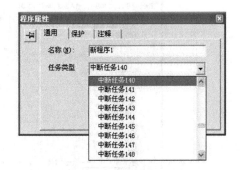

图 4-126　设置新程序 1 的属性　　　　图 4-127　任务类型的设定示例

中断任务的优先执行顺序，输入中断（直接模式/计数器模式）、高速计数器中断、定时中断和外部中断都是相同的顺序。因此，在执行某中断任务 A 的过程中，当发生其他要素的中断 B 时，A 的处理不被中断。处理结束后，B 的处理才开始。另外，在同时发生多个要素中断的情况下，按照图 4-128 的顺序执行。在同一种类的要素同时发生的情况下，按照任务号的最小顺序执行。

图 4-128　中断任务的执行顺序

4.5.2　直接模式的输入中断

直接模式下输入中断使用的输入点编号根据 CPU 单元的类型不同而异。表 4-10 列出了 X/XA 型 CP1H 的中断点分配情况。

表 4-10　X/XA 型 CP1H 的输入中断使用点

输入点		输入动作设定		任务号
通道	编号（位）	通用输入	输入中断	
0CH	00	通用输入 0	输入中断 0	中断任务 140
	01	通用输入 1	输入中断 1	中断任务 141
	02	通用输入 2	输入中断 2	中断任务 142
	03	通用输入 3	输入中断 3	中断任务 143
	04～11	通用输入 4～11	—	—
1CH	00	通用输入 12	输入中断 4	中断任务 144
	01	通用输入 13	输入中断 5	中断任务 145
	02	通用输入 14	输入中断 6	中断任务 146
	03	通用输入 15	输入中断 7	中断任务 147
	04～11	通用输入 16～23	—	—

PLC 系统的设定方法是在工程窗口中双击“设置”项，在弹出的窗口中选择“内置输入设置”，将作为中断输入使用的输入用途设定为“中断输入”。中断输入设定的 IN0～IN7 表示输入中断编号 0～7，作为通用输入使用的输入点，保持“普通输入”进行设定。如图 4-129 所示。

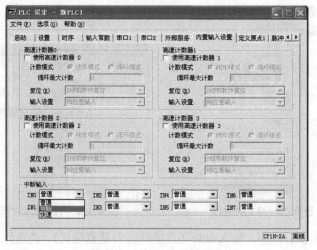

图 4-129　输入中断的设定

采用 MSKS 指令编写梯形图程序如图 4-130 所示。通常执行条件保持一个周期的上升沿或下降沿，MSKS 指令的设定即生效。图 4-130 中将两个 MSKS 指令组合使用实现两个功能。MSKS 指令的操作数说明见表 4-11。应用示例见例 4-1。

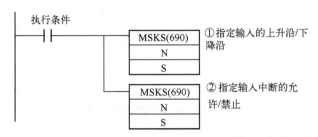

图 4-130　MSKS 指令梯形图

表 4-11　MSKS 指令的操作数

输入中断号	中断任务号	① 设定输入的上升沿/下降沿		② 设定输入中断的允许/禁止	
		N 输入中断号	S 执行条件	N 输入中断号	S 允许/禁止设定
0#输入中断	140	110（或 10）		100（或 6）	
1#输入中断	141	111（或 11）		101（或 7）	
2#输入中断①	142①	112（或 12）	#0000 上升沿指定	102（或 8）	#0000 中断允许
3#输入中断①	143①	113（或 13）		103（或 9）	
4#输入中断	144	114		104	
5#输入中断	145	115	#0001 下降沿指定	105	#0001 中断禁止
6#输入中断	146	116		106	
7#输入中断	147	117		107	

① Y 型不可用。

【例 4-1】　在直接模式下当输入点 0.00 为 1 时，执行中断任务 140，设定步骤如下：

① 将输入设备连接到输入点 0.00。

② 在 CX-P 中用 PLC 系统设定将输入 0 设定到中断输入。

③ 在 CX-P 中编写中断处理程序，并分配到中断任务 140。

④ 在 CX-P 中利用 MSKS 指令编程，如图 4-131 所示。

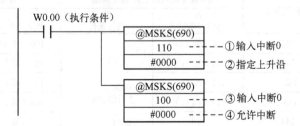

图 4-131　直接模式输入中断的设定

当执行条件 W0.00 为 ON 时，执行 MSKS 指令，可对 0.00 的上升沿进行输入中断动作。若输入 0.00 从 OFF 向 ON 变化（上升沿），则将执行中的周期执行任务暂时中断，开始执行中断任务 140。执行完中断任务后，返回中断前的梯形图程序。动作关系如图 4-132 所示。

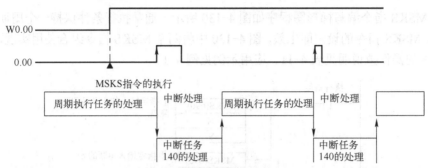

图 4-132　输入中断的动作示例

4.5.3　计数器模式的输入中断

对输入信号的上升沿或下降沿进行计数，当计数器当前值计数结束时启动相应的中断任务。输入继电器编号与中断任务号及计数器区域的关系见表 4-12。

表 4-12　输入点与中断任务号及计数器区域的关系表

| 输　入　点 | | 功　　　能 | | 计　数　器 | |
X/XA 型	Y 型	输入中断号	中断任务号	设定值 （0000～FFFFHex）	当前值
0.00	0.00	#0 输入中断	140	A532CH	A536CH
0.01	0.01	#1 输入中断	141	A533CH	A537CH
0.02	—	#2 输入中断	142（Y 型不可使用）	A534CH	A538CH
0.03	—	#3 输入中断	143（Y 型不可使用）	A535CH	A539CH
1.00	1.00	#4 输入中断	144	A544CH	A548CH
1.01	1.01	#5 输入中断	145	A545CH	A549CH
1.02	1.03	#6 输入中断	146	A546CH	A550CH
1.03	1.03	#7 输入中断	147	A547CH	A551CH

PLC 系统的设定与直接模式下的输入中断方法相同，MSKS 指令的操作数见表 4-13。应用示例见例 4-2。

表 4-13　MSKS 指令的操作数表

| 输　入　点 | 中断任务号 | ① 设定输入的上升沿/下降沿 | | ② 设定输入中断的允许/禁止 | |
		N 输入中断号	S 执行条件	N 输入中断号	S 允许/禁止设定
0#输入中断	140	110（或 10）		100（或 6）	
1#输入中断	141	111（或 11）		101（或 7）	
2#输入中断①	142①	112（或 12）	#0000 上升沿指定	102（或 8）	#0002 通过减法方式的 计数开始、中断允许
3#输入中断①	143①	113（或 13）		103（或 9）	
4#输入中断	144	114	#0001 下降沿指定	104	#0003 通过加法方式的 计数开始、中断禁止
5#输入中断	145	115		105	
6#输入中断	146	116		106	
7#输入中断	147	117		107	

① Y 型不可用。

【例 4-2】　在高速计数器模式下对输入点 0.01 的上升沿计数 200 次（计数方式设为加法模式），执行中断任务 141，设定步骤如下：

① 将输入设备连接到输入点 0.01。

② 利用 CX-P 用 PLC 系统设定将 0.01 的输入动作设定为输入中断。

③ 利用 CX-P 在中断任务 141 中编写中断处理程序。

④ 利用 CX-P 将中断计数器设定值 00C8Hex（200 次计数）设定到 A533CH。

⑤ 在 CX-P 中利用 MSKS 指令编程，如图 4-133 所示。

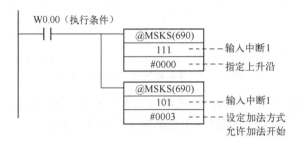

图 4-133　高速计数器模式输入中断的设定

当执行条件 W0.00 为 ON 时，可进行计数器模式下的输入中断的动作。若输入 0.01 导通 200 次，则将执行中的周期执行任务暂时中断，开始执行中断任务 141。中断任务处理结束后，则再次开始中断前的梯形图程序。动作关系如图 4-134 所示。

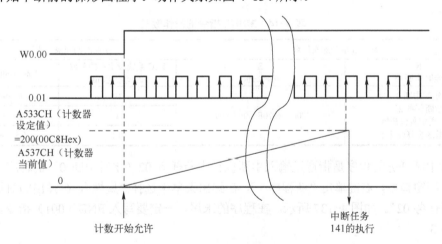

图 4-134　计数器输入中断的动作示例

4.5.4　定时中断

通过 CPU 单元的内置定时器，按照一定的时间间隔执行中断任务。中断任务 2 被固定地分配给定时中断。

PLC 系统的设定方法是在工程窗口中，单击"设置"项，在弹出的窗口中选择"时序"，设置"定时中断间隔"的单位时间，如图 4-135 所示。该单位时间乘以 MSKS 指令设定的值，即为定时中断任务的执行周期。

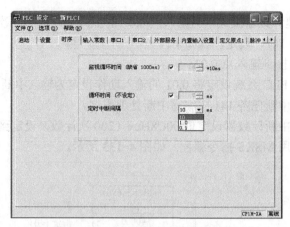

图 4-135　定时中断时间间隔的设定

利用 MSKS 指令编写梯形图程序。通常执行条件保持一个周期的上升沿，MSKS 指令的设定即生效，如图 4-136 所示。MSKS 指令的操作数见表 4-14。

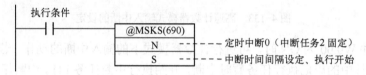

图 4-136　定时中断的设定

表 4-14　MSKS 指令的操作数表

MSKS 指令的操作数		中断时间间隔（周期）	
N 定时中断号	S 中断时间	PLC 系统设定中的单位 时间设定/ms	中断时间间隔/ms
定时中断 0 （中断任务 2） 14：指定复位开始 4：指定非复位开始	#0000～#270F（0～9999）	10	10～99990
		1	1～9999
		0.1	0.5～999.9

定时中断任务的程序是指通过输入中断执行中断任务 02（定时中断 0）的程序。设定方法是在工程窗口中，右键单击"新程序 1"，在弹出菜单中选择"属性"，在弹出的对话框中选择"中断任务 02"。如图 4-137 所示。在程序的末尾，一定要写入 END（001）指令。应用示例见例 4-3。

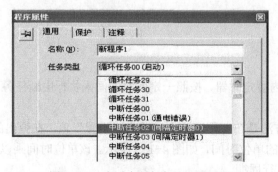

图 4-137　定时中断任务的设置示例

【例 4-3】　按照 30.5ms 的间隔执行定时中断 2，设定步骤如下：

① 在 CX-P 中用 PLC 系统设定，将定时中断单位时间设定为 0.1ms。

② 在 CX-P 中编写定时中断任务 2 的中断处理程序。

③ 在 CX-P 中编写 MSKS 指令的梯形图程序，如图 4-138 所示。

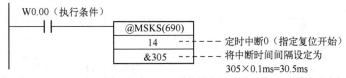

图 4-138　定时中断的设定

当执行条件 W0.00 为 ON 时，可进行定时中断，通过设定复位开始，将定时器复位后开始计时。每隔 30.5ms 执行一次中断任务 2。动作关系如图 4-139 所示。

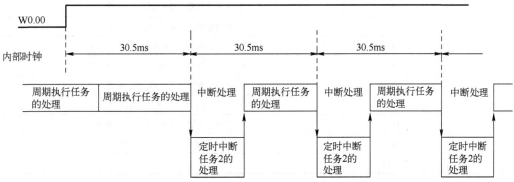

图 4-139　定时中断的动作示例

4.5.5　高速计数器中断

CP1H CPU 单元内置的高速计数器的当前值与预先登录的比较数据一致时，可以使设定的中断任务（0～255）启动。

PLC 系统的设定方法是在工程窗口中单击"设置"项，在弹出的窗口中选择"内置输入设置"选项卡，选中所使用的高速计数器，设置相关的选项。如图 4-140 所示。

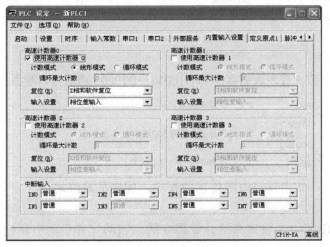

图 4-140　高速计数器中断的设置

高速计数器使用的分配端子随 CPU 单元类型不同而异。表 4-15 列出了 X/XA 型 CP1H 的分配情况。

表 4-15　高速计数器分配端子

输入点		通过 PLC 系统设定将 0#、1#、2#、3#高速计数器设定为"使用"时的功能
通道	编号（位）	
0CH	00	—
	01	2#高速计数器（Z 相/复位）
	02	1#高速计数器（Z 相/复位）
	03	0#高速计数器（Z 相/复位）
	04	2#高速计数器（A 相/加法/计数输入）
	05	2#高速计数器（B 相/减法/方向输入）
	06	1#高速计数器（A 相/加法/计数输入）
	07	1#高速计数器（B 相/减法/方向输入）
	08	0#高速计数器（A 相/加法/计数输入）
	09	0#高速计数器（B 相/减法/方向输入）
	10	3#高速计数器（A 相/加法/计数输入）
	11	3#高速计数器（B 相/减法/方向输入）
1CH	00	3#高速计数器（Z 相/复位）
	01~11	

利用第 3 章介绍的比较表登录指令 CTBL 和工作模式控制指令 INI 编写梯形图程序可以实现高速计数器中断，应用示例见例 4-4。

【例 4-4】　利用高速计数器 0 在线性模式下，当前值达到 30000（BCD）（设定值为 00007530 Hex）时，使中断任务 10 启动。设定步骤如下：

① 在 PLC 系统设定的"内置输入"中对高速计数器 0 进行设定。数据如下：

高速计数器 0：	使用
数值范围模式：	线性模式
环形计数器最大值：	无
复位方式：	软复位
计数模式：	加减法脉冲输入

② 将目标值一致比较表数据存储到 D10000~D10003 通道内。数据如下：

D10000：	#0001	含义：比较个数为 1
D10001：	#7530	含义：目标值 1 数据 30000（00007530H）
D10002：	#0000	
D10003：	#000A	含义：中断任务 10（加法计数）

③ 在中断任务 10 中编写中断处理的程序。程序的最终地址一定要写入 END（001）指令。

④ 通过 CTBL 指令，设定高速计数器 0 的比较动作并启动中断任务 10，如图 4-141 所示。

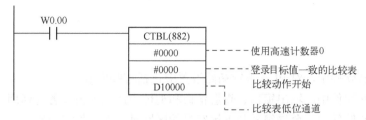

图 4-141　CTBL 指令的应用示例

⑤ 当执行条件 W0.00 为 ON 时，开始 0#高速计数器的比较动作。高速计数器的当前值达到 30000，则中断周期执行任务转而执行中断任务 10。当中断任务 10 执行结束后，则返回执行中断前的周期执行任务。动作关系如图 4-142 所示。

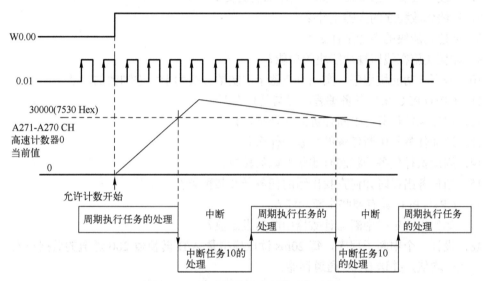

图 4-142　高速计数器中断的动作示例

4.5.6　外部中断

通过连接在 CPU 单元上的 CJ 系列高功能 I/O 单元或 CPU 高功能单元所具有的中断功能执行中断。外部中断任务通过该功能执行中断处理，通常可以进行中断的交换。外部中断在 CPU 单元侧未特别设定。但是，需将被设定的编号的外部中断任务先保存到用户程序内。如来自高速计数器单元 CJ1W-CT021-V1 的外部中断如图 4-143 所示。

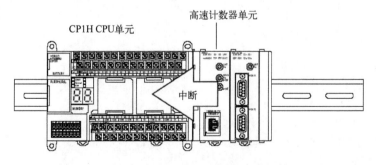

图 4-143　外部中断的应用示例

4.6 习题

1. 在 CX-P 软件中，对 PLC 进行初始设置应包括哪些内容？

2. 在 CX-P 软件中，输出窗口、查看窗口和地址引用工具窗口各有何用途？

3. 在 CX-P 软件中，全局符号与本地符号的区别是什么，如何设置？

4. 在工程窗口中，如何实现增加"段""新程序"和"新 PLC"的操作？它们各有何用途？是否 C 系列所有类型的 PLC 都有这三种功能？

5. 在对程序进行编译时，"错误"和"警告"信息有何区别？

6. 在线"强制"指令在实际应用中有何好处？

7. 在线修改程序的步骤是什么？

8. 创建功能块的步骤是什么？

9. 如何实施在线监视功能块的功能？

10. 编写一功能块程序，实现对任意十进制数转换为十六进制数的功能。

11. CP1H PLC 采用任务编程的优势是什么？

12. 周期执行任务与中断任务的区别是什么？

13. 追加任务与中断任务的关系是什么？

14. 周期执行任务的状态有哪些？如何转换？

15. 当任务出错时如何查找出错的任务号及其种类？

16. CP1H PLC 具有哪些中断功能？

17. 如何更改定时中断与计数器中断的设定值？

18. 设计一个中断子程序，每 20ms 读取模拟量 A/D 转换值 200 通道的数据一次。每 1s 计算一次平均值，并送 D100 通道存储。

第5章 PLC应用程序设计与调试方法

本章将重点介绍 PLC 应用程序的设计步骤、典型设计方法，以及程序调试方法。其中典型的设计方法包括经验法、顺控图法、时序图法与步进顺控法等。

5.1 PLC 应用程序设计概述

与一般的计算机程序设计类似，PLC 的应用程序设计是指根据控制系统硬件结构和工艺要求，使用相应的编程语言对用户程序的编制和相应文件的形成过程。要设计好 PLC 程序，首先必须充分了解被控对象的特性，包含生产工艺、技术条件、工作环境及控制要求等，这是设计 PLC 应用系统的基础。本节重点介绍 PLC 应用程序的设计内容、步骤及方法。

5.1.1 PLC 应用程序设计内容

PLC 应用程序设计是一项复杂的工作，要求设计人员必须具备 PLC 和计算机程序设计的基础，掌握自动控制技术，还要有一定的现场实践经验。

首先，设计人员必须深入现场，了解并熟悉被控对象（机电设备或生产过程）的控制要求，明确 PLC 系统必须具备的功能，为编写程序提出明确的要求和技术指标。在此基础上进行总体设计，将整个程序根据功能要求分成若干个相对独立的部分，分析它们之间在逻辑上和时间上的相互关系，使设计出的程序在总体上结构清晰、简洁，流程合理，保证后续的各个开发阶段的完整性和一致性。然后选择适当的编程语言进行程序设计。因此，一项具有实用价值的 PLC 软件工程设计工作通常要涉及以下几个方面的内容：

1）PLC 软件功能的分析与设计。
2）I/O 信号及数据结构分析与设计。
3）程序结构分析与设计。
4）采用适合的编程语言、PLC 指令进行程序设计。
5）软件初步调试。
6）程序使用说明书编制。

5.1.2 PLC 应用程序设计步骤

根据 PLC 系统硬件结构和生产工艺要求，采用相应的编程语言指令，编制实际控制程序并形成软件使用说明书的过程就是 PLC 应用程序设计，其设计流程如图 5-1 所示。

1. 制定设备运行方案

制定方案就是根据生产工艺的要求，分析各 I/O 点与各种操作之间的逻辑关系，确定需检测量和控制方法，并设计出系统中各设备的操作内容和操作顺序。据此便可画出顺序控制功能图。

2．画顺序功能图

对于较复杂的应用系统，需要绘制顺序功能图（简称顺控图），以清楚地表明动作的顺序和条件。对于简单的控制系统可以省略。

3．制定系统的抗干扰措施

根据现场工作环境、干扰源的性质等因素，综合制定系统的硬件和软件抗干扰措施，如硬件上的电源隔离、信号滤波，软件上的平均值滤波等。

4．编写程序

根据被控对象的 I/O 信号及所选定的 PLC 型号分配 PLC 的硬件资源，为梯形图的各种继电器或触点进行编号，再按照控制要求编写梯形图。

5．软件初步调试

为了及时发现和消除程序中的错误和缺陷，减少系统现场调试的工作量，要对应用程序进行离线调试。调试时应注意的问题是：① 程序能否按设计要求运行；② 各种必要的功能是否具备；③ 发生意外事故时能否做出正确的响应；④ 对现场干扰等环境因素适应能力如何。

经调试、排错和修改，程序基本正确后就可以到控制现场试运行，进一步查看系统的整体效果，使其进一步完善。经过一段时间的试运行，达到了设计要求，就可将程序固化正式投入使用。

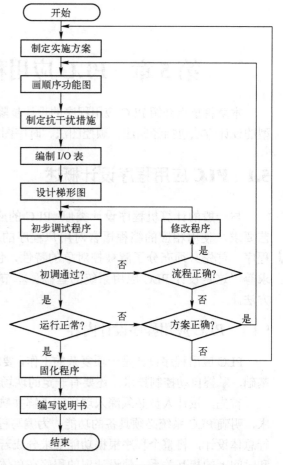

图 5-1　PLC 应用程序设计流程图

6．编写程序使用说明书

当一项软件工程完成后，为了便于用户和现场操作人员的使用，应对所编写的程序进行说明，通常程序使用说明书应包括程序设计的依据、结构、功能、顺控图，各项功能单元的分析，PLC 的 I/O 信号，软件程序操作使用的步骤、注意事项，对程序中需要测试的必要环节可进行注释。

5.2　PLC 应用程序设计方法

5.2.1　继电器-接触器电路图/梯形图转换设计法

PLC 的梯形图是由继电器-接触器电路图演化而来，若用 PLC 改造继电器控制系统，根据继电器电路图来设计梯形图是一种简单易行的设计方法。对于采用继电器-接触器控制电路的设备，经过长期的实际生产考验，证明其电气控制电路的设计是合理的，能够满足工艺要求。而继电器电路图又与梯形图有诸多相似之处，因此可将继电器电路图"翻译"为梯形图，即用 PLC 的外部硬件接线图和梯形图程序实现继电器系统的功能，这种设计方法一般无须改动控制面板，保持了系统原有的外部特性和操作风格。

以某继电器控制系统为例，其控制设备包括交流异步电动机和机械变速装置，还采用了机械凸轮装置，在主轴的每一转的转动过程中分别完成相应的动作。将该控制系统的继电器-接触器电路图转换为功能相同的 PLC 外部接线图和梯形图的步骤如下：

1）了解和熟悉被控设备的工作原理、工艺过程和机械动作情况，根据继电器-接触器电气控制图分析和掌握控制系统的工作原理。

2）确定 PLC 的输入信号和输出负载。

① 统计按钮、钮子开关、组合开关、行程开关、接近开关，以及限位开关的常开和常闭接点数量，从而确定了 PLC 开关量输入信号的点数。如果还有模拟量传感器，要了解其输出信号的类型和范围，确定模拟量输入的点数。

② 统计原电气控制电路中的需改由 PLC 控制的接触器和电磁阀等执行机构的数量，以确定 PLC 开关量输出信号的点数，它们的线圈接到 PLC 的输出端。原电气控制电路中的中间继电器和时间继电器等原则上都可以取消，由 PLC 内部存储器的工作位和定时器及其他 PLC 元件取代来实现其顺序控制和逻辑控制功能。

3）选择 PLC 机型，根据系统所需的功能和规模选择 CPU 单元、电源单元、开关量 I/O 单元、模拟量 I/O 单元及其他特殊单元等并进行系统组装，确定 I/O 分配地址。例如，原系统采用机械凸轮装置，不便于改变工艺，为此取消该装置，代之以旋转编码器，并利用 PLC 的 "块比较指令 BCMP" 就可以实现电子凸轮控制。若经济条件允许的话，也可以选用 PLC 的凸轮控制单元。又如，可以取消原有的机械变速器，选用 PLC 的模拟量输出单元，采用变频器和变频调速专用电动机，构成变频调速系统。若仍要保留原有的交流异步电动机，应该采用冷却方式保护电动机，防止交流异步电动机在低速时过热。

4）确定 PLC 的 I/O 地址并画出外部接线图，各 I/O 点在梯形图中的地址由对应单元所在通道和接线端子号决定。

5）确定与继电器-接触器电路图的中间继电器、时间继电器对应的梯形图中的存储器工作位和定时器/计数器的地址。

6）根据以上的地址对应关系，编制梯形图程序。

继电器-接触器控制电路/梯形图转换设计法的案例参见本书 7.1 节。总之，采用 PLC 控制的目的绝不仅仅是取代旧控制器，而是增加了新功能，提升了控制系统的安全性和可靠性。

5.2.2　组合逻辑设计法

工业电气控制线路中，许多都是通过继电器等电器元件来实现。而继电器、接触器的触点都只有两种状态，即吸合和断开，因此，用 "0" 和 "1" 两种取值的逻辑代数设计电器控制线路是完全适用的。PLC 的早期应用就是替代继电器控制系统，因此组合逻辑设计法同样也可以适用于 PLC 控制程序的设计。

组合逻辑设计法是根据数字电子技术中的逻辑设计法进行 PLC 的程序设计。当控制系统基本上是开关量控制时可采用此法。这种方法是将元件线圈的通电与断电、元件触点的接通与断开等视为逻辑变量，并将这些逻辑变量关系表达为逻辑函数关系式，再应用逻辑函数基本公式和运算规律对逻辑函数关系式进行化简，根据化简后的逻辑函数关系式画梯形图就可以设计出满足工艺要求的控制程序。采用逻辑设计法设计 PLC 控制程序的一般步骤如下：

① 编程前的准备工作，包括了解和熟悉被控设备的工作原理、工艺过程等。

② 列出执行元件动作节拍表。

③ 绘制电气控制系统的顺序功能图。

④ 进行系统的逻辑设计。

⑤ 编写程序。

⑥ 对程序检测、修改和完善。

组合逻辑设计法案例参见 7.2 节。当逻辑关系复杂时，采用逻辑代数设计梯形图，首先要分析控制要求，借助真值表来表达输入与输出的逻辑关系，然后使用卡诺图或逻辑代数的公式化简，最后转换成梯形图。组合逻辑设计法非常适合于纯粹的条件控制问题，这是由于后者相当于组合逻辑电路，逻辑表达式书写简单。但是，在与时间相关的控制系统中就显得复杂了，此时的控制问题演变为顺序逻辑问题，不仅要考虑条件，而且要考虑时间。由此可见，组合逻辑设计法存在一定的局限性。

5.2.3 经验设计法

经验设计法又称为试凑法，长期工作在现场的电气技术人员和电工都熟悉继电器–接触器控制电路，具备一定的设计和维护电气控制电路的经验和能力。他们在 PLC 的学习和实践中能够较深入地理解并掌握 PLC 各种指令的功能，以及大量的典型电路，在掌握了这些典型电路的基础上，充分理解实际的控制问题，将实际控制问题分解为各典型控制电路所能解决的子任务，然后将这些经过修改和补充的典型电路进行拼凑从而设计出梯形图。这就如同小学生学习写作文，首先需从熟读优秀范文入手，过渡到模仿范文写作，最终达到独立写作的目的。学习 PLC 编程也如出一辙，可以先尽可能多地从资料上提取现成的典型小程序加以学习，然后模仿编写或对典型程序稍加改动后"拼接"到自己的程序中，最后才可能达到自己"创作"应用程序的"境界"。国外很多大公司也都是采用此法来培养自己的计算机软件人才的。

经验设计法的核心是抓住输出线圈控制这一关键问题，因为 PLC 的一切动作均是由线圈输出的，所以也可以称之为输出条件法，其设计步骤如下：

（1）解析实际控制问题

将实际控制问题分解为典型控制电路所能实现的子任务。如"起保停"电路、互锁电路、定时/计数电路、分频电路、单/双稳态电路、报警消声电路等。

（2）在梯形图中画出线圈的逻辑行

以输出线圈为核心画梯形图，将所有输出线圈全部一次性地列在梯形图的右母线上，这样可有效地防止"双线圈输出"的错误。然后，逐一分析每个输出线圈的置位和复位条件，并将对应的常开或常闭的触点连接到左母线与线圈之间。属于多点共同触发的，需采用串联方式连接各触点；而当多路信号均能独立触发时，则应采用并联方式连接各触点。在编写过程中特别注意考虑是否自锁。

（3）利用工作位组合逻辑条件

如果不能直接使用实际输入点来逻辑组合成输出线圈的置位与复位条件，则需要利用 PLC 内部存储器的工作位帮助建立起输出线圈的置位与复位条件，例如使用 CP1H 的工作区（W 区）中的通道或位。

（4）使用定时器和计数器

如果输出线圈的置位与复位条件中需要定时或计数条件时，则需要使用定时器或计数器指令建立起输出线圈的置位与复位条件。

（5）使用高级指令

如果输出线圈的置位与复位条件中需要高级指令的执行结果作为条件时，则需要编写高级指令逻辑行来建立起输出线圈的置位与复位条件。

（6）画互锁条件

画出各输出线圈之间的互锁条件，它可以有效地避免同时发生相互冲突的动作。

（7）画保护条件

保护条件可以在系统出现异常时使输出线圈动作以便保护系统和生产过程。

在设计梯形图程序时，应先画基本梯形图程序，当基本程序的功能满足要求后，再增加其他功能。在使用输入条件时，注意输入条件是电平、脉冲或是上升/下降沿。下面以送料小车控制为例说明经验设计法。

【例 5-1】 送料小车的工作过程示意图如图 5-2 所示。控制要求是当按下左行起动按钮后，小车左行，到达行程开关 SQ1 处装料，20s 后装料完毕，起动小车右行；当小车右行到达行程开关 SQ2 处卸料，12s 后卸料完毕，再次起动左行到 SQ1 处装料，此装卸过程如此反复循环，直至按下停止按钮结束工作过程。若先按下右行起动按钮后，小车右行，先卸料再装料。

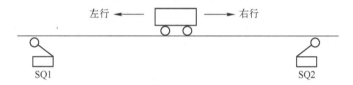

图 5-2　送料小车工作过程示意图

选用欧姆龙小型机 CP1H PLC 为控制器，送料小车的 I/O 分配表见表 5-1。

表 5-1　I/O 分配表

输　入　点			输　出　点		
符　号	地　址	注　释	符　号	地　址	注　释
SB1	0.00	左行起动按钮	ZX	100.00	小车左行
SB2	0.01	右行起动按钮	YX	100.01	小车右行
SB3	0.02	停车按钮	ZL	100.02	装料
SQ1	0.03	左行程开关	XL	100.03	卸料
SQ2	0.04	右行程开关			

分析控制要求得出，送料小车控制程序的基本框架为"起保停"电路。"起保停"电路是电动机等电气设备控制中常用的控制回路，PLC 可以方便地实现对电动机的起动、保持和停止的控制，经典程序段如图 5-3 所示。

图 5-3 中 a、b 的逻辑功能相似，区别在于当起动按钮与停止按钮同时按下时，图 5-3a 中的输出 100.04 复位，称之为"停止优先形式"；图 5-3b 中的输出 100.04 置位，称之为"开

启优先形式"。实际应用中"起保停"电路会存在许多联锁条件，满足了所有联锁条件后才能允许起动或停止。

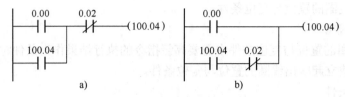

图 5-3 "起保停"梯形图

a) 停止优先梯形图　b) 开启优先梯形图

借鉴"起保停"电路，送料小车控制的梯形图如图 5-4 所示。

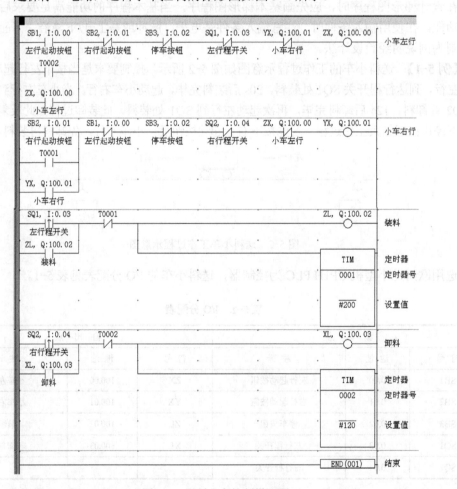

图 5-4 送料小车控制梯形图

程序说明：

1）利用"起保停"电路实现小车单方向的运行，将左行和右行输出线圈的常闭触点分别串联在右行和左行输出控制逻辑行上，实现互锁。

2）利用"起保停"电路实现装料与卸料控制，二者起动条件分别是左行程开关 0.03 和右行程开关 0.04，注意此处利用了上微分型输入，旨在瞬间置位使 100.02 或 100.03 保持输出；而定时器 T1 和 T2 分别为装料和卸料操作计时，到时后分别驱动小车右行或左行，同时作为复位条件结束当前的装料或卸料操作。

3）为使小车能自动停止，将行程开关 0.03 和 0.04 的常闭触点分别串联到左行与右行逻辑行。

这种凭经验设计梯形图的方法在解决简单控制问题时具有设计速度快、程序简捷的优点。但是，在设计复杂程序时，则需要对逻辑关系解析透彻、全面，执行条件考虑周到，程序前后呼应，特别是在进行连续动作的控制中需要在两个动作间考虑加入定时器以确保动作完成。经验设计法案例参见 7.3 节和 7.6 节。

5.2.4　顺控图设计法

所谓顺序控制，就是在生产过程中，各执行机构按照生产工艺规定的顺序，在各输入信号的作用下，根据内部状态和时间的顺序，自动地有次序地操作。若一个控制任务可以分解成几个独立的控制动作，且这些动作严格地按照先后次序执行才能使生产过程正常实施，这种控制称为顺序控制或步进控制。在工业控制系统中，顺序控制的应用最为广泛，特别在机械行业中，几乎都是利用顺序控制来实现加工的自动循环。顺序控制程序设计的方法很多，其中顺序功能图（SFC，以下简称顺控图）设计法是当前顺序控制设计中最常用的设计方法之一。

采用顺控图设计法来设计 PLC 应用程序时主要分为两大步骤：第一步，根据被控对象的生产工艺流程绘制顺控图；第二步，依据顺控图编写 PLC 应用程序。

顺控图是描述控制系统的控制过程、功能及特性的一种图形，也是设计 PLC 控制程序的有效辅助工具。顺控图主要由步、有向连线、转换与转换条件、动作（命令）组成。顺控图的一般形式如图 5-5 所示。

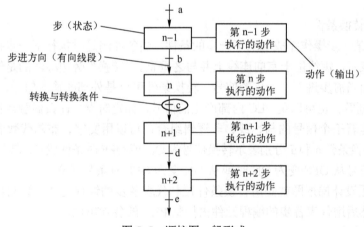

图 5-5　顺控图一般形式

1. 步

顺控图是将系统的一个工作周期划分为若干个顺序相连的阶段，这些阶段称为"步"，步是顺控图的最基本组成部分，它是某一特定控制功能的程序段。用矩形框表示步，框内的数字是步的编号，如图 5-5 所示的 n-1、n、n+1、n+2。在编写梯形图时，一般用某一 PLC 内部继电器地址来表示某步的编号（如图 5-6 中的"W10.00"），这样根据顺控图设计梯形图时更为简便。

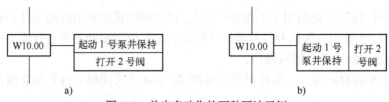

图 5-6　单步多动作的两种画法示例

a) 示例 1　b) 示例 2

步是根据输出量的 ON/OFF 状态的变化来划分的，在任何一步之内，各输出量的状态不变，但是相邻两步输出量总的状态是不同的，步的这种划分方法使代表各步的编程元件的状态与各输出量的状态之间存在着极为简单的逻辑关系。

与系统的初始状态相对应的步称为"初始步"，初始状态一般是系统等待起动命令的相对静止的状态。初始步用双线方框表示，每一个顺控图至少应该有一个初始步。

当系统正处于某一步所在的阶段时，该步处于活动状态，称该步为"活动步"。步处于活动状态时，相应的动作被执行；处于非活动状态时，相应的非存储型动作被停止执行。

2．动作

步既然是某一控制功能的程序段，就要执行相应的动作，用另一个矩形框中的文字或符号来表示与该步相对应的动作，该矩形框应与对应步的矩形框相连，代表步的方框之间用有向连线连接，如果有向连线的方向是从上至下或从左至右，则可以省略表示方向的箭头。

若某一步包含几个动作，可以选用图 5-6 中的两种画法之一来表示，但是并不表示这些动作之间存在着执行顺序关系。说明命令的语句应清楚地表明该命令是存储型还是非存储型。例如某步的存储型命令"起动 1 号泵并保持"，是指该步活动时开启 1 号泵，该步不活动时 1 号泵继续保持开状态；而非存储型命令"打开 2 号阀"，是指该步活动时开启，不活动时关闭。

3．转换与转换条件

"转换"是某一步操作完成起动下一步的条件，当条件满足时执行下一步控制程序。转换在图中用短线表示，短线位于有向连线上并与之垂直。"转换"旁边标注的是转换条件，转换条件是使系统由当前步进入下一步的信号，转换条件可以是外部的输入信号，如按钮、开关、限位开关的通/断等；也可以是 PLC 内部产生的信号，如定时器、计数器触点提供的信号；转换条件还可能是若干个信号的与、或、非逻辑组合，可以用文字、布尔代数表达式及图形符号来表述。如转换条件 a 和 $\bar{a}$ 分别表示转换信号为 ON 或 OFF 时条件成立；转换条件 a↑和 a↓分别表示转换信号从 OFF 变为 ON 时或从 ON 变为 OFF 时条件成立。

利用顺控图设计梯形图就是用转换条件控制代表各步的编程元件，让它们的状态按一定的顺序变化，然后用代表各步的编程元件去控制 PLC 的各输出位。

4．顺控图结构

顺控图的结构可分为单序列、选择序列、并行序列、跳转序列和循环序列等结构，如图 5-7 所示。

图 5-7a 为单序列结构，没有分支，每个步后只有一个步，步与步之间只有一个转换条件。

图 5-7b 为选择序列结构，选择序列的开始称为分支，转换符号只能标在水平连线之下。步 1 之后有两个分支，各选择分支不能同时执行，当步 1 正在执行（即活动步）且转换条件 a

满足时（a=1），则转向步 2。当步 1 为活动步且转换条件 b 满足时（b=1）则转向步 3。当步 2 或步 3 成为活动步时，步 1 自动变成不活动步。为了防止两个分支序列同时执行，应使两个分支序列互锁。选择序列的结束称为合并，转换符号要标在水平连线之上。

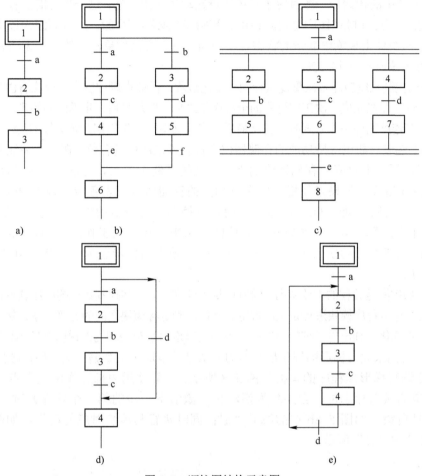

图 5-7　顺控图结构示意图

a) 单序列　b) 选择序列　c) 并列序列　d) 跳转序列　e) 循环序列

图 5-7c 为并行序列结构，并行序列的开始也称为分支。为了与选择序列结构相区别，用双线表示并行序列分支的开始，转换符号放在双线之上。当步 1 为活动步且转换条件 a 满足时，步 2、3、4 同时变为活动步，而步 1 变为不活动步。步 2 与步 5、步 3 与步 6、步 4 与步 7 是三个并行的单序列，表示系统的三个独立工作部分。并行序列的结束也称为合并，用双线表示并行序列的合并，转换符号放在双线之下。当各并行序列的最后一步即步 5、6、7 均为活动步且转换条件 e 满足时，将同时转向步 8，且步 5、6、7 同时变为不活动步。

图 5-7d 为跳转序列结构。当步 1 为活动步且转换条件 a 满足时，转向步 2。若此时转换条件 d 满足，则序列跳过步 2 和步 3，直接将步 4 变为活动步。跳转序列可以视为选择序列的一个特例。

图 5-7e 为循环序列结构，它用于将某段程序多次重复执行。

5. 顺控图绘制要点

1）两个步之间不能直接相连，必须用一个转换将其隔开。

2）两个转换之间不能直接相连，必须用一个步将其隔开。

3）顺控图中的初始步一般对应于系统等待起动的初始状态，这一步可能没有任何输出处于 ON 状态，因此在顺控图中易遗漏该步。初始步是必不可少的，一方面因为该步与它的相邻步相比，从总体上说输出变量的状态各不相同；另一方面如果没有该步，无法表示初始状态，系统也无法返回停止状态。

4）自动控制系统应能多次重复执行同一工艺过程，因此在顺控图中一般应有由步和有向连线组成的闭环，即在完成一次工艺过程的全部操作之后，应从最后一步返回初始步，系统停留在初始状态。在连续循环工作方式时，将从最后一步返回下一工作周期开始运行的第一步。

5）如果选取有断电保持功能的存储器位来代表顺控图中的各位，在电源突然断电时，可以保存当时的活动步对应的存储器位的地址。系统重新上电后，可以使系统从断电瞬时的状态开始继续运行。如果未使用断电保持功能的存储器位代表各步，则当 PLC 进入运行工作模式时，它们均处于 OFF 状态，从而使顺控图中没有活动步，系统将无法工作。如果系统有自动、手动两种工作方式，顺控图是用来描述自动工作过程的，此时还应注意在由手动模式切入自动模式时，用一个适当的信号将初始步置为活动步，并将非初始步置为不活动步。

总之，顺控图是编程的主要依据，绘制应尽可能详细。某些控制系统的应用软件已经模块化了，那只需对相应程序模块进行定义，规定其功能，确定各模块之间的连接关系，然后再对各模块内部进一步细化，画出更详细的顺控图。下面仍以送料小车控制为例说明顺控图设计法。

根据顺控图来编写梯形图程序最基本的方法是基本逻辑指令编程法。根据顺控图使用基本逻辑指令编写梯形图程序的模板如图 5-8 所示。一般使用内部工作位代表步，此工作位则作为该步的状态标志位。当某步为活动步（激活下一步的第一个条件）时，它的标志位为 ON 且自锁，如图 5-8b 中的线圈 "n"；同时执行与该步对应的动作，如图 5-8b 中的线圈 "Y" 和 "Z" 所示。

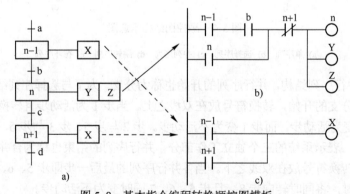

图 5-8　基本指令编程转换顺控图模板

a) 顺控图　b) 第 n 步转换模板　c) 组合输出模板

当前步为活动步且其向下一步的转换条件满足时（激活下一步的第二个条件），则下一步的状态标志位为 ON 且自锁，并将上一步的标志位自锁程序复位，如图 5-8b 中常闭触点 "n+1"

所示，即停止执行上一步的程序，实现步的向下转换。因此，只要在顺序上相邻的标志位之间联锁，就可以实现步进控制。

当一个动作在不同的步中被执行时，应按照图 5-8c 的组合模板做统一输出处理，旨在防止多线圈输出。

基本指令编程法仅使用基本逻辑指令且模板套用简便，任何一款 PLC 均可适用，它是一种最基本的由顺控图编写梯形图的方法。

依据图 5-8 中的基本指令编程转换顺控图模板，图 5-9～图 5-13 列出了图 5-7 中 5 种顺控图结构对应的梯形图。

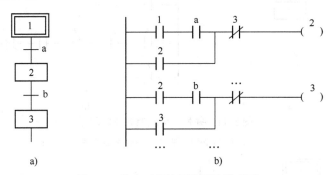

图 5-9　单序列结构顺控图及梯形图

a) 单序列结构顺控图　b) 单序列结构梯形图

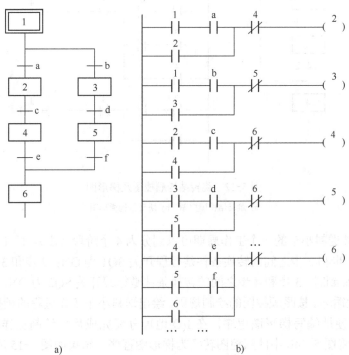

图 5-10　选择结构顺控图及梯形图

a) 选择结构顺控图　b) 选择结构梯形图

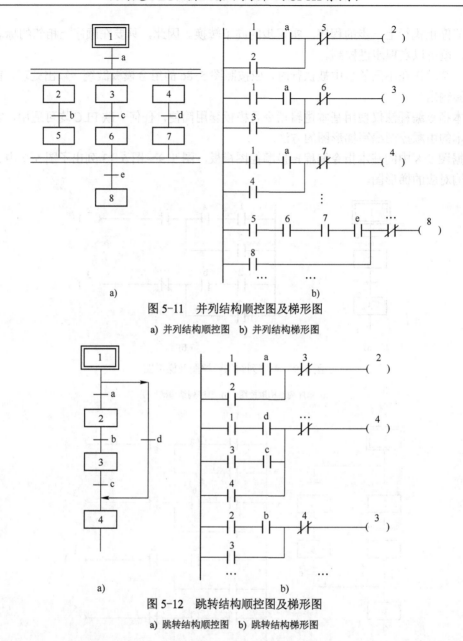

图 5-11　并列结构顺控图及梯形图

a) 并列结构顺控图　b) 并列结构梯形图

图 5-12　跳转结构顺控图及梯形图

a) 跳转结构顺控图　b) 跳转结构梯形图

【例 5-2】　某送料小车的一个工作周期可以划分为 4 个阶段（步），即 1 左行、2 装料、3 右行、4 卸料。1 步和 2 步之间的转换条件是行程开关 SQ1 为 ON；2 步和 3 步之间的转换条件是装料计时 20s 到时；3 步和 4 步之间的转换条件是行程开关 SQ2 为 ON；第 4 步卸料动作 12s 后结束，如此循环。按照顺控图的绘制规则，绘出送料小车工作过程的顺控图，如图 5-14a 所示。为了更方便地编写梯形图程序，在 I/O 地址分配完成后可绘制更详细的顺控图，如图 5-14b 所示。将图 5-14b 中的顺控图转换为梯形图程序，结果如图 5-15 所示。

与前面介绍的经验设计法相比较而言，顺控图设计法是一种较先进的设计方法，简单易学，提高了编程的效率，程序的调试与修改更加方便，而且可读性也大为改善。顺控图设计法案例参见本书 7.4 节。

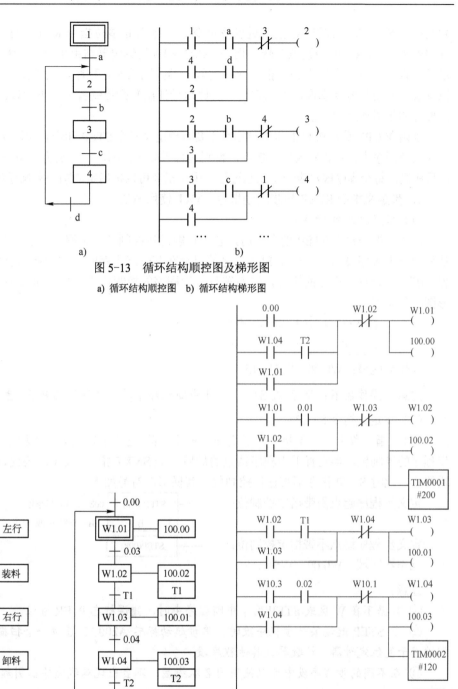

图 5-13　循环结构顺控图及梯形图

a) 循环结构顺控图　b) 循环结构梯形图

图 5-14　送料小车工作过程顺控图

a) 顺控图 1　b) 顺控图 2

图 5-15　送料小车控制梯形图

5.2.5　步进顺控设计法

许多 PLC 的指令系统中都配备了步进类指令，例如欧姆龙 PLC 的步定义指令 STEP 和步起动指令 SNXT；三菱 PLC 的步进梯形指令 STL 和步进复位指令 RET；西门子 PLC 的顺控继电器指令 SCR、顺控继电器转换指令 SCRT 和顺控继电器结束指令 SCRE，等等。所谓步进顺控设计法就是利用步进类指令借鉴类似于顺控图法设计程序，由于使用了专用指令，所以该设计法更加容易掌握，可以方便、快捷地设计出复杂控制程序。下面以欧姆龙 PLC 为例简要介绍步进顺控设计法。

欧姆龙 CP1 系列 PLC 的步进类指令主要有步定义指令 STEP 和步起动指令 SNXT，它们用于在大型程序中设置程序段的连接点，特别适合于顺序控制，一般是将大型程序划分为一系列的程序段，每个程序段对应一个工艺过程。用步指令可以按指定的顺序去执行各个步程序段。

1. 步定义指令 STEP 与步起动指令 SNXT 使用方法

（1）步起动指令 SNXT

SNXT 指令置于 STEP 指令之前，它的功能是将控制某一步程序段运行的控制位置 "1"，从而使该步程序段运行。当在 SNXT 之前已存在某一步程序时，它会将当前步程序的控制位置 "0"，终止该步程序的执行，转而置下一步程序的控制位为 "1"，执行另一步程序。其梯形图符号如下：

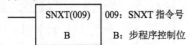

操作数区域：W0.00～W511.15

注意：操作数不在 W 区或 SNXT 用于中断程序中时，错误标志 P_ER 置位。

（2）步定义指令 STEP

STEP 指令置于 SNXT 指令之后而在步程序之前，它用于定义某一步程序的起点并指定该步程序的控制位。当它置于步程序结束的最后一个 SNXT 指令之后时，表示这一系列步程序块终止，此时 STEP 指令不带任何控制位。其梯形图符号如下：

操作数区域：W0.00～W511.15

注意：

① 数据不在 W 区或 STEP 用于中断程序中时，错误标志 P_ER 置位。

② 当 STEP 起动某一步程序段时，单步起动标志 A200.12 置位一个扫描周期。A200.12 常被用于复位定时器、计数器或其他程序段。

③ 在不同的步程序段中可以使用同名双线圈，不会出现双线圈输出引起的问题。

每个步程序段必须由 "SNXT B" 指令开头，且紧跟一条 "STEP B" 指令，其中控制位 B 相同。这两条指令后面是该步程序段。每一步的程序段作为一个单元来执行，并在执行完毕后复位。一步完成时，该步中所有的继电器都为 OFF，所有定时器复位，但是计数器、移位寄存器及 KEEP 指令中使用的继电器都保持其状态。由于 SNXT 和 STEP 指令不能置于子程序、中断程序或块程序段中，因此诸如 IL、ILC、JMP、JME、CJP、CJPN、JMP0、JME0、SBN、RET 和 END 等指令均不能在步程序段中使用。

在一系列的步程序段都编写完毕后，需再加一条 "SNXT X" 指令（该 X 位无特定意义，可用任何未被系统使用过的 W 区工作位号），并在其后紧跟一条不带控制位的"STEP"指令，标志着这一系列步进程序段的结束。

　　CPU 执行到每个步程序段开头的"SNXT B"指令时，先复位前面程序使用过的定时器，并对前面程序使用过的数据区清零。"STEP B"则标志着以 B 为开头的程序段的开始。如果步指令所用过的位号在程序的其他地方调用过，则会产生重复错误。步指令的使用示例见例 5-3。

　　【例 5-3】　步指令梯形图及指令表示例如图 5-16 所示。

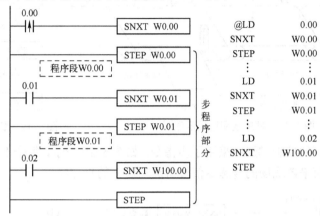

图 5-16　步指令梯形图及指令表示例

　　在图 5-16 中，当 0.00 为 ON 时，执行 W0.00 程序段；当 0.01 为 ON 时，执行 W0.01 程序段，而被 W0.00 程序段使用过的数据区的状态见表 5-2。

表 5-2　复位状态表

指令使用的位或通道		状　态
OUT 或 OUT NOT 指令使用的位		OFF
定时器指令（TIM、TIMX、TIMH、TIMHX、TMHH、TMHHX、TIML、TIMLX 等）	当前值 PV	0000
	结束标志位	OFF
其他指令使用的位或通道		保持原状态

　　由于 CPU 执行在执行"STEP W0.00"指令时，单步起动标志位 A200.12 在一个扫描周期内置"1"，可以利用此位来复位计数器，如图 5-17 所示。

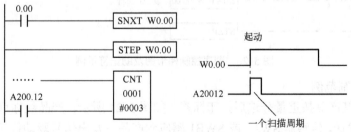

图 5-17　标志位 A200.12 使用示例

2．步进指令应用范例

（1）顺序控制范例

　　【例 5-4】　某零件的装配过程按上料、组装和分拣三个工序顺序实施，如图 5-18 所示。各工序由传送带旁的传感器（SW1～SW4）发出信号，驱动对应机构动作，后者每完成一次操作都要恢复原位，等待下一个信号。此过程的顺控图如图 5-19 所示。

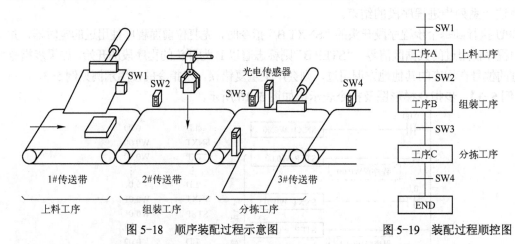

图 5-18　顺序装配过程示意图　　　　图 5-19　装配过程顺控图

此顺序装配过程的控制梯形图采用了步指令，如图 5-20 所示，每个不同的 SNXT 指令与步程序一一对应，而来自现场的传感器信号将起动对应的步程序。

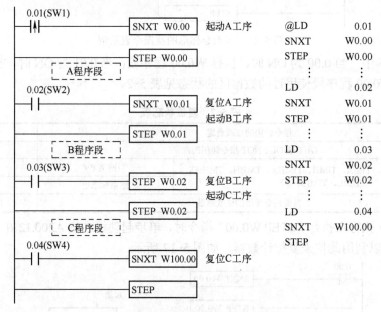

图 5-20　顺序控制梯形图及助记符示例

（2）选择控制范例

【例 5-5】某产品按重量分选后打印标签，如图 5-21 所示。产品经称重后按轻重分别被传送带 A 或 B 输送，传感器 SWA1 或 SWB1 感应到产品后发出信号驱动传送带 A 或 B 运行，最终经打印机打印标签。

此选择过程的顺控图如图 5-22 所示。此选择过程的控制梯形图采用了两个 SNXT 指令分别执行工序 A 和 B，如图 5-23 所示，由于 SNXT 的执行条件 0.01（SWA1）和 0.02（SWB1）互锁，因此只能执行工序 A 或 B 的其中之一。当工序 A 或 B 执行完毕，由另一个 SNXT 指令执行工序 C。

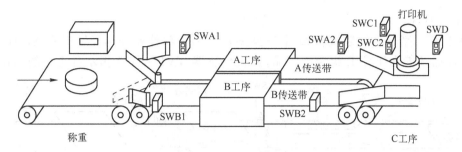

图 5-21　分选过程示意图

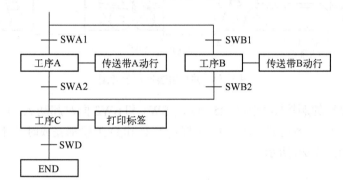

图 5-22　分选过程顺控图

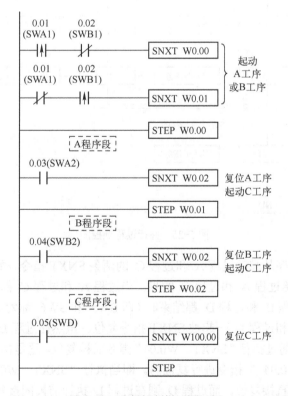

图 5-23　选择控制梯形图示例

（3）并行控制

【例 5-6】　某产品组装流程如图 5-24 所示，两个部件要分别经过工序 A、B 和工序 C、D 处理后才能在工序 E 组装成产品，位置传感器 SW1～SW7 指示各工序的工作状态。

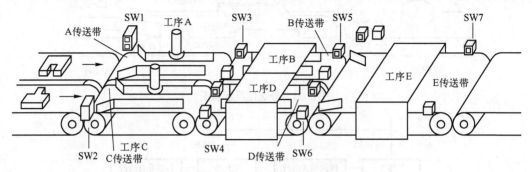

图 5-24　并行组装过程示意图

此并行组装过程的顺控图如图 5-25 所示，SW1 和 SW2 同时起动 A、C 工序，A 工序完成后运行 B 工序，C 工序完成后运行 D 工序，当 B 和 D 工序都完成时才能运行 E 工序。梯形图控制程序段如图 5-26 所示。

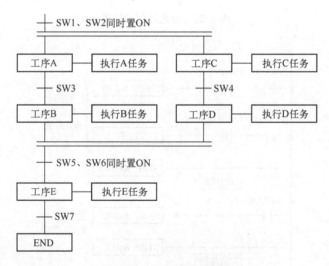

图 5-25　并行过程顺控图

在图 5-26 中，程序从起动过程 A 和过程 C 的两条 SNXT 指令开始，它们从同一指令行分开，同时执行，开始过程 A 和过程 C 的步。当过程 A 和过程 C 都结束时，过程 B 和过程 D 立即开始。当过程 B 和过程 D 都结束时（即 SW5 和 SW6 都为 ON 时），在过程 B 的程序结束时，过程 B 和过程 D 一起被 SNXT 指令复位。虽然在过程 D 结束时没有 SNXT，但它的控制位 W0.03 通过执行"SNXT　W0.04"指令而被复位，这是由于该步中的 W0.03 的输出是由"SNXT　W0.04"指令进行复位的。即当执行"SNXT　W0.04"指令时，W0.03 被复位，这样过程 B 直接复位，而过程 D 则在过程 E 执行前被间接复位。步进顺控设计法案例参见 7.4.4 小节。

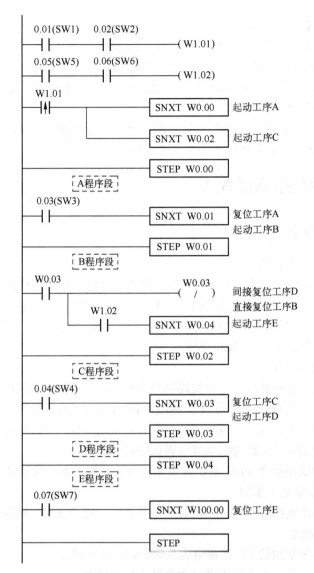

图 5-26　并行控制梯形图示例

5.2.6　时序图设计法

时序图（Timing Diagram）是信号随时间变化的图形。横坐标为时间轴，纵坐标为信号值，其值为 0 或 1。以这种图形为基础进行 PLC 程序设计的方法称为时序图法。时序图是从使用示波器分析电器硬件的工作中而引申出来的，借用它可以分析与确定相关的逻辑量间的时序关系。采用时序图法设计 PLC 程序的一般步骤如下：

1）画时序图。根据要求画输入、输出信号的时序图，建立起准确的时间对应关系。

2）确定时间区间。找出时间的变化临界点，即输出信号应出现变化的时间点，并以这些点为界限，把时段划分为若干时间区间。

3）设计定时逻辑。可以使用多个定时器建立各个时间区间。

4）确定动作关系。根据各动作与时间区间的对应关系，建立相应的动作逻辑，列出各输出变量的逻辑表达式。

5）画梯形图。依定时逻辑与输出逻辑的表达式画梯形图。

使用时序图法的前提是输入与输出间存在着对应的时间顺序关系，其各自的变化是按时间顺序展开的。因此，若不满足该前提，则无法画时序图，更谈不上运用此方法了。时序图设计法案例参见本书 7.5 节。

以上简要介绍了 6 种常见的程序设计方法，此外，还有矩阵式设计法、调用子程序设计法及高级语言设计法等，读者可以自学，本书不再赘述。

5.3 PLC 应用程序调试方法

5.3.1 信号校验方法

1．现场连线的检查方法

一个新的 PLC 系统在正式投入运行之前，必须对其进行必要的检查与试运行，以便尽快发现潜在问题及时解决。首先需要检查的是 PLC 系统的硬件，特别是接线，只有确保所有现场信号校验正确后，检查软件才会有意义。检查现场连线的主要工作包括以下内容：

（1）检查电源线及 I/O 信号线的连接

具体内容和方法如下：

1）根据电气图检查外部供电电源线连接是否正确，有无短路的情况。

2）根据 PLC 的安装与布线规范检查电源线和 I/O 信号线的配线是否正确，连线是否牢固。

3）使用十字螺钉旋具逐一检查端子螺钉是否有松动现象，并确认拧紧。

4）使用万用表的测量电路通断功能检查压接端子是否短路。

5）对照硬件接线图检查 PLC 系统各单元的装配是否正确，包括检查单元型号与安装顺序，手动检查单元安装是否牢固。

6）手动检查各单元的端子排连接器装配是否紧密，逐一压实，确保 I/O 信号接入单元。

（2）检查连接电缆

1）手动检查各装置间的 I/O 连接电缆是否正确，逐一锁紧。

2）手动检查各单元间的连接电缆是否连接正确并锁紧。

（3）编程工具在线校验 I/O 信号

通过目测和手动检查现场连线无误后，接通 PLC 控制系统电源，将梯形图编辑软件置于在线状态的编程模式下，通过对所有开关量输出位实施强制置位/复位操作，检查输出信号是否连接正确；同时，现场给出模拟的开关量输入信号，通过观察开关量输入单元面板指示灯的变化或利用编辑软件在线多点监视的功能，检查输入信号是否连接正确，从而确保 I/O 信号校验正确。

2．模拟量单元信号的检测方法

模拟量单元信号的检测方法与开关量单元类似，首先通过目测和手动方式检查线路连接是否正确、端子螺钉是否松动，端子排连接器是否紧密。现场随机给出模拟量电压或电流输入信号，使用万用表监测连接该信号端子上的数值是否产生相应变化（方法参照万用表测量直流电压或直流电流的操作）。接通 PLC 控制系统电源后，在模拟量输入单元参数设置正确且生效的前提下，将梯形图编辑软件置于在线监视模式下，逐一监视模拟量输入单元上各路输入信号对应转换通道的数值变化，从而确保模拟量输入信号连接正确。

检测模拟量输出单元信号的方法是接通 PLC 控制系统电源后，在模拟量输出单元参数设置正确且生效的前提下，将梯形图编辑软件置于在线监视模式下，在 D-A 转换通道中设置待转换的十六进制数，如满量程分辨率的 50%，使用万用表监测该通道对应模拟量输出信号端子上的数值是否为对应的电压或电流信号满量程的 50%，从而确保模拟量输出信号连接正确。

5.3.2　信号校验实例

下面以某型电子仪器测试台为信号校验对象，介绍现场校验信号的方法。

1．校验现场开关量输入/输出信号

使用欧姆龙梯形图编辑软件 CX-Programmer 校验现场开关量输入/输出信号的操作步骤如下。

1）进入 CX-Programmer 编程界面，在线连接 PLC 并置于编程模式，在“视图”菜单中选取“窗口”选项下的“查看”窗口，将测试台的开关量状态信号点复制在该窗口内，如图 5-27 所示。

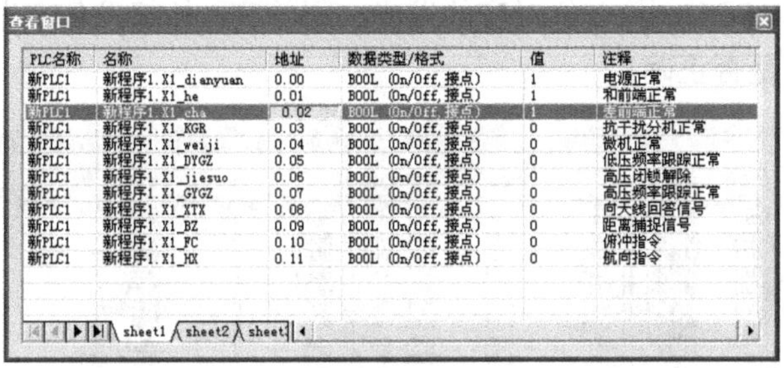
查看窗口

PLC名称	名称	地址	数据类型/格式	值	注释
新PLC1	新程序1.X1_dianyuan	0.00	BOOL (On/Off,接点)	1	电源正常
新PLC1	新程序1.X1_he	0.01	BOOL (On/Off,接点)	1	和前端正常
新PLC1	新程序1.X1_cha	0.02	BOOL (On/Off,接点)	1	差前端正常
新PLC1	新程序1.X1_KGR	0.03	BOOL (On/Off,接点)	0	抗干扰分机正常
新PLC1	新程序1.X1_weiji	0.04	BOOL (On/Off,接点)	0	微机正常
新PLC1	新程序1.X1_DYGZ	0.05	BOOL (On/Off,接点)	0	低压频率跟踪正常
新PLC1	新程序1.X1_jiesuo	0.06	BOOL (On/Off,接点)	0	高压闭锁解除
新PLC1	新程序1.X1_GYGZ	0.07	BOOL (On/Off,接点)	0	高压频率跟踪正常
新PLC1	新程序1.X1_XTX	0.08	BOOL (On/Off,接点)	0	向天线回答信号
新PLC1	新程序1.X1_BZ	0.09	BOOL (On/Off,接点)	0	距离捕捉信号
新PLC1	新程序1.X1_FC	0.10	BOOL (On/Off,接点)	0	俯冲指令
新PLC1	新程序1.X1_HX	0.11	BOOL (On/Off,接点)	0	航向指令

sheet1　sheet2　sheet3

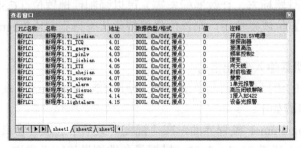

图 5-27　校验开关量输入信号

现场逐一接通输入信号，观察窗口中对应的状态输入位是否置为“1”。此时，开关量输入单元面板上对应输入位的发光二极管同时点亮，按此方法逐一校验所有开关量输入信号是否正确。

2）假定校验开关量信号过程中发现“微机正常”状态信号 0.04 位不为“1”，说明信号未进入 CPU 单元的 CIO 区，就需要使用万用表检查对应线路的电压。假定本例使用 CJ1 型 PLC，并配 CJ1W-ID231 型开关量输入单元和 CJ1W-OD211 型开关量输出单元，将红表笔接触 CJ1 的 0#槽位上 CJ1W-ID231 单元的 04 位输入端子，黑表笔接触该单元公共端子（COM），测量两点的直流电压值，断路为 0V，通路为 24V，由此可以判断出是该单元故障还是外围线路的问题。其他 PLC 也可以使用此法来校验 I/O 点。

3）同样，将测试台的开关量输出点全部复制粘贴在查看窗口内，如图 5-28 所示。由于未产生输出，因此所有输出位均为“0”。

查看窗口

PLC名称	名称	地址	数据类型/格式	值	注释
新PLC1	新程序1.Y1_jiedian	4.00	BOOL (On/Off,接点)	0	开启28.5V电源
新PLC1	新程序1.Y1_TCQ	4.01	BOOL (On/Off,接点)	0	接探测器
新PLC1	新程序1.Y1_gaoya	4.02	BOOL (On/Off,接点)	0	接通高压
新PLC1	新程序1.Y1_pinlv	4.03	BOOL (On/Off,接点)	0	频率控制2
新PLC1	新程序1.Y1_jiebian	4.04	BOOL (On/Off,接点)	0	捷变
新PLC1	新程序1.Y1_XTX	4.05	BOOL (On/Off,接点)	0	向天线
新PLC1	新程序1.Y1_shejian	4.06	BOOL (On/Off,接点)	0	射前检查
新PLC1	新程序1.Y1_sousuo	4.07	BOOL (On/Off,接点)	0	搜索
新PLC1	新程序1.Y1_alarm	4.08	BOOL (On/Off,接点)	0	1单元报警
新PLC1	新程序1.y1_jiesuo	4.09	BOOL (On/Off,接点)	0	高压闭锁解除
新PLC1	新程序1.Y1_422	4.14	BOOL (On/Off,接点)	0	1接入RS422
新PLC1	新程序1.lightalarm	4.15	BOOL (On/Off,接点)	0	设备光报警

sheet1　sheet2　sheet3

图 5-28　校验开关量输出信号

4）鼠标右键单击窗口中的第一行，弹出一快捷菜单，单击"强制（r）"项下的"为 On"，如图 5-29 所示。

图 5-29　输出位强制置位示意图

5）此时输出位 4.00 被强制置位为"1"，如图 5-30 所示。同时，CJ1 PLC 的 2#槽位上开关量输出单元 CJ1W-OD211 中 00 位对应的发光二极管亮，外部设备产生动作。照此方法校验所有开关量输出信号是否正确。

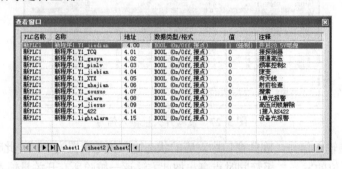

图 5-30　输出位强制置位结果

重复上述操作，单击"强制（r）"项下的"为 Off"，则可以将 4.00 强制复位；若单击"强制（r）"项下的"取消（C）"，则取消所有强制操作。

6）假定校验过程中发现"开启 28.5V 电源"位 4.00 已置位，但外部设备未上电，则需要使用万用表检查对应线路的电压，将红表笔接触 CJ1 PLC 的 4 通道 00 位输出端子，黑表笔接触公共端子（COM），测量两点的直流电压值，断路为 24V，通路为 0V，由此可以判断出是单元故障还是外部设备的线路问题。

需要注意的是，CX-Programmer 软件对特定的位（包括 CIO 区、工作区、内部辅助继电器、保持继电器、定时器标志、计数器标志等）可以强制性地置位（ON）或者复位（OFF），而且某位一旦被强制置位或复位后，则该位将保持此状态直到 CX-Programmer 发出强制状态解除指令为止。

2. 校验现场模拟量输入/输出信号

以该测试台采集的模拟量参数测量值为例，使用 CX-Programmer 软件校验现场模拟量输入/输出信号的操作步骤如下：

1）进入 CX-Programmer 编程界面，在"视图"菜单中选取"窗口"选项下的"输出"窗口，将 A-D 单元输入通道 2001～2003（模拟量参数测量值转换通道）复制粘贴于此，在线连接 PLC，使模拟量单元的软件设置生效，将 PLC 置于在线监视模式下，此时 3 个通道的值均为 "0000"，如图 5-31 所示。

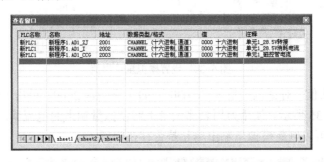

图 5-31　监视模拟量输入通道

2）如果此时起动测试台，则 "单元 1_28.5V 转接" 通道 2001 和 "单元 1_28.5V 消耗电流" 通道 2002 的测量值将在十六进制数 0～0FA0（分辨率为 4000）之间变化，如图 5-32 所示。假定通道值未发生变化，则需要使用万用表测量 A-D 单元第 1、2 路模拟量输入信号的电流值，正常情况下测量的电流值在 4～20mA 的范围内变化，断路为 0mA，由此可以判断出是模拟量单元的问题还是外部线路问题。

图 5-32　校验模拟量输入信号

3）如果校验 D-A 单元上的模拟量输出电流信号时，需要先将对应通道赋十六进制数，现假定某 CJ1 PLC 上安装了一块 D-A 单元 CJ1W-DA08C，单元号是 1，D-A 转换通道范围 2011～2018，校验该单元第 1 路输出信号。鼠标右键单击 2011 通道弹出一快捷菜单，如图 5-33 所示，单击 "设置值（V）" 项，弹出 "设置新值" 对话框，如图 5-34 所示。

图 5-33　设置模拟量通道

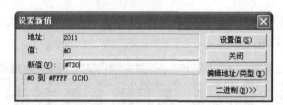

图 5-34　设置模拟量输出值

4）在"设置新值"对话框中输入"#7D0"，即十进制数 2000，单击"设置值（S）"按钮，设置完毕，如图 5-35 所示。使用万用表测量第 1 路模拟量输出的电流值，正确设置下应测得 12mA 左右，由此可以判断模拟量输出单元是否存在问题。

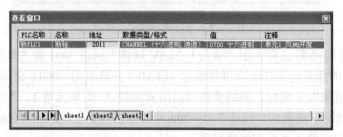

图 5-35　模拟量输出值设置结果

3．检查模拟量输入/输出单元设置

当校验模拟量输入/输出信号发现异常时，首先应检查模拟量单元的硬件和软件设置是否正确。检查步骤如下：

1）检查单元号设置是否正确。

2）检查电压/电流开关设置是否正确。

3）检查单元连线是否正确，注意正、负极性与屏蔽线接地。

4）检查软件设置的信号占用通道与量程是否正确。

通过以上检查确认模拟量输入/输出单元的硬件与软件设置无误后，就可以排除模拟量单元本身的问题，继续检查外部设备及连线是否正确。

5.3.3　PLC 应用程序的现场调试方法

PLC 应用程序的调试工作可以分为模拟调试和联机调试两个步骤。

1．模拟调试

模拟调试是指根据开关量 I/O 单元上各位对应的发光二极管的显示状态而不带输出设备进行的调试。

设计好控制程序后，一般先作模拟调试。有的 PLC 厂家提供了在计算机上运行、可用来替代 PLC 硬件来调试程序的仿真软件，例如欧姆龙公司与 CX-Programmer 编程软件配套的 CX-Simulator 仿真软件，西门子公司与 STEP 7 编程软件配套的 S7-PLCSIM 仿真软件，三菱公司与 SW3D5C-GPPW-C 编程软件配套的 SW3D5C-LLT-C 仿真软件等。在仿真时按照系统功能的要求，将某些输入元件位强制为 ON 或 OFF，或改写某些元件中的数据，监视系统的功能是否能正确实现。

如果连接上 PLC 硬件来调试程序，可以使用接在输入端子上的小开关和按钮来模拟 PLC

实际的输入信号，例如用它们发出操作指令，或者用它们模拟实际的反馈信号，如行程开关触点的接通和断开等。通过开关量输出单元上各输出点对应的发光二极管，观察输出信号是否满足设计的要求。

调试顺序控制程序的主要任务是检查程序的运行是否符合顺控图的规定，即在某一转换实现时，是否发生活动步状态的正确变化，该转换所有的前级步是否变为不活动步，所有的后续步是否变为活动步，以及各步被驱动的负载是否发生相应的变化。在调试时应充分考虑各种可能的情况，对系统各种不同的工作方式、顺控图中的每一条支路、各种可能的进展路线，都应逐一检查，不能遗漏。发现问题后及时修改程序，直到在各种可能的情况下输入信号与输出信号之间的关系完全符合要求。如果程序中某些定时器或计数器的设定值过大，为了缩短调试时间，可以在调试时将它们减小，模拟调试结束后再写入它们的实际设定值。

总之，模拟调试是整个程序设计工作中一项很重要的内容，它可以初步检查程序的实际效果。模拟调试和程序编写是密不可分的，程序的许多功能是在调试中不断修改和逐步完善的。模拟调试既可以在实验室内进行，也可以在现场实施。如果是在现场进行模拟调试，那就应将 PLC 系统与现场信号隔离，切断 I/O 单元的外部电源，以免引起不必要的损失。

2．联机调试

联机调试是指将 PLC 安装到控制柜中，并连接输入元件和输出负载，运行控制程序进行整体调试的过程。

在对程序进行模拟调试的同时，可以设计、制作控制柜，PLC 之外其他硬件的安装、接线工作也可以同时进行。完成控制柜内部的安装接线后，应对控制柜内的接线进行测试。可以在控制柜的接线端子上模拟 PLC 外部的开关量输入信号，或操作控制柜面板上的按钮和指令开关，观察对应 PLC 输入点的状态变化是否正确。用编程器或编程软件将 PLC 的输出点强制置位或复位，观察对应 PLC 的负载（例如外部的继电器、接触器）动作是否正常，或对应控制柜接线端子上输出信号的状态变化是否正确。

对于有模拟量输入的系统，可以给变送器提供标准的输入信号，通过调节单元上的电位器或程序中的参数，使模拟量输入信号和转换后的数字量之间的关系满足要求。

在现场安装好控制柜并完成柜内接线测试后，将外部的输入元件和执行机构接入 PLC，将 PLC 置于运行模式，运行控制程序，检查控制系统是否能满足要求。

在调试过程中将暴露出 PLC 系统可能存在的硬件问题，以及梯形图设计中的问题，在现场加以解决，直到完全符合要求。全部调试完成后，还要经过一段时间的试运行，以检验系统的可靠性。

5.3.4　编程软件调试程序法

1．在线调试

使用编程软件编写完梯形图程序后，利用程序编译只能检查程序的语法错误，而无法检查其控制逻辑的正确性，因此必须用通信电缆把上位计算机与 PLC 连接，将程序下载到 PLC后进行调试，检查用户编写的程序是否符合实际的控制要求。下面以欧姆龙编程软件CX-Programmer 为例，简要介绍其在线调试的具体步骤。

（1）下载程序

按照以下步骤将程序下载到 PLC。

1）单击工具栏中的"在线工作"图标△，连接 PLC。在弹出的"连接确认"对话框中单击"是（Y）"按钮，若设置、连接、通信等一切正常，由于在线时一般不允许编辑，梯形图界面将由白色变成深灰色。

2）单击工具栏上的"编程模式"图标▣，把 PLC 的操作模式设为编程模式。如果未做此步，则 CX-Programmer 在下载程序前，会自动将 PLC 的工作模式转为编程模式。这是由于在程序下载过程中，PLC 是不能运行原有程序的。

3）单击工具栏上的"传送到 PLC"图标▣，将显示"下载选项"对话框，选取相应的传送内容，单击"确定"按钮后，执行下载程序操作。

（2）监视程序

一旦程序被下载后，就可以在梯形图工作区中对其运行进行监视（以模拟显示的方式），按照以下步骤来监视程序。

1）选择工程工作区中的 PLC 对象。

2）单击工程工具栏中的"切换 PLC 监视"图标▣。程序运行时，可以监视梯形图中的数据和控制流，如逻辑条件的选择和通道数值的增减等。

（3）程序运行

程序调试正常后，可以选择运行模式，使 PLC 工作在运行状态。当 PLC 在线运行时，在梯形图工作区以绿色线条形象地显示程序运行的状态，如图 5-36 所示。

（4）程序编辑

若程序需要修改，可在离线状态下对原来编写的程序进行修改、编辑。以图 5-37 所示梯形图为例，该程序仅有起动和停止功能，若希望加入时间控制功能，要求在电动机起动运行1min 后，自动停止，则需对原梯形图做如图 5-38 所示的修改。

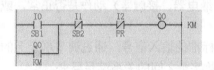

图 5-36 程序运行状态示例

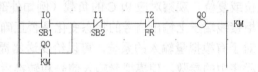

图 5-37 起保停程序示例

具体修改步骤如下：

1）鼠标左键单击工具栏上的"新动断接点"图标Ⅱ，插入在常闭触点 I2 和线圈 Q0 之间，在"新动断接点"的对话框中键入"TIM0000"或"T0"，单击两次"确定"按钮，完成插入新接点的操作。

2）鼠标左键单击"新指令"图标▤，移动鼠标到线圈 Q0 的下方，再单击左键，在"新指令"对话框中输入"TIM 0 #600"，单击两次"确定"按钮，完成定时器指令的输入。

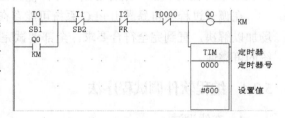

图 5-38 加入时间控制的起保停程序

3）使用"线连接模式"图标└画线，连接定时器到常闭触点 T0000 和线圈 Q0 之间。

程序修改完成后，再按照在线连接→传送到 PLC→运行模式的先后次序，将修改后的程序传送到 PLC，然后运行，观察其运行的情况。

（5）在线编辑

将 PLC 置于在线工作后，梯形图界面变为深灰色，此时梯形图不能直接编辑，但是可以选择在线编辑功能来修改处于在线工作状态的梯形图程序。当使用在线编辑功能时，需使 PLC 运行在"监视"模式下，而不能在"运行"模式下进行。按照以下步骤进行在线编辑。

1）拖动鼠标，选择要编辑的指令条。

2）在工具栏上选择"与 PLC 比较"图标 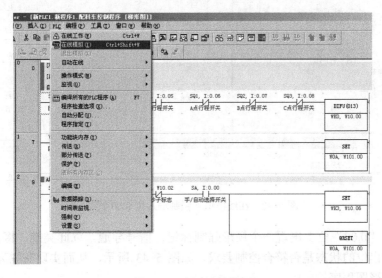，以确认编辑区域的内容和 PLC 内运行的相同。

3）在工具栏上单击"在线编辑条"图标 。该指令条的背景将由灰反白，表明该指令条处于可编辑状态。此白色区域以外的指令条不能被改变，但可以将这些指令条里面的元素复制到可编辑指令条。

4）编辑条。

5）当编辑完成后，在工具栏上单击"发送在线编辑修改"图标 ，所编辑的内容将被检查后传送到 PLC 中。

6）一旦修改的程序被传送到 PLC，编辑区域的背景将由白色变为灰色。单击工具栏中的"取消在线编辑"图标 ，可以取消在确认改变前所做的任何在线编辑操作。

（6）在线模拟

CX-Programmer 软件提供了在线模拟的环境，上位计算机无须连接真实的 PLC，就能对欧姆龙 CP1 系列、CS/CJ 系列 PLC 中的用户程序进行监控和调试，具体方法如下。

1）在梯形图窗口编写一个程序或选择一个目标梯形图。

2）单击工具栏中的"在线模拟"图标 ，CX-Programmer 开始模拟在线工作，能将程序、PLC 设置、I/O 表、符号表和注释传送到一个用软件创建的"虚拟 PLC"，并可进行监视调试，所有操作与连接真实 PLC 的在线操作相同。

现以某水泥配料车三地取原料过程的控制程序为例，使用 CX-Programmer 软件进行在线模拟调试程序，具体步骤如下。

① 在梯形图窗口打开配料车控制程序，选取主菜单"PLC"项的下拉菜单中"在线模拟（I）"子项，如图 5-39 所示，或单击工具栏中的"在线模拟"图标 。

图 5-39　起动在线模拟

② 弹出"在线模拟"工具条，上面设置有运行、停止、暂停、单步模拟、连续模拟、扫描运行、连续扫描运行、重复扫描和复位模拟等图标，如图 5-40 所示，同时弹出"下载选项"对话框，如图 5-41 所示，单击"确定"按钮后，程序将被传送至内存的某一指定区域，而非真实的 PLC。

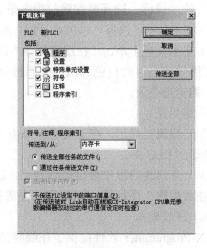

图 5-40 在线模拟工具条   图 5-41 在线模拟的下载选项对话框

③ 下载成功后，梯形图界面的背景变为灰色，单击在线模拟工具条上的"运行"按钮起动模拟进程，此时，鼠标右键单击"0.00"位，在弹出的快捷菜单中选择"强制（F）" 项下的"为 On"，如图 5-42 所示。

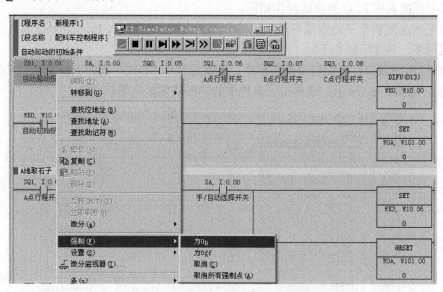

图 5-42 在线模拟下强制输入位 0.00 置位

④ 此时，"0.00"位上出现一个锁形强制标记，信号导通。以此类推，将各位依次强制置位，观察输出位的状态是否符合控制要求，如图 5-43 所示，从而实现在脱离真实 PLC 的情况下调试梯形图程序。

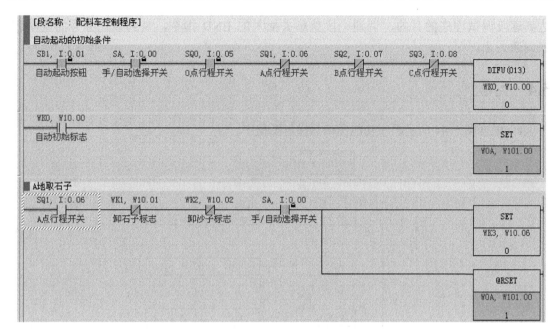

图 5-43　在线模拟下观察输出位状态

⑤ 单击在线模拟工具条上的"暂停"或"停止"按钮即可暂停或中止在线模拟操作。关于单步模拟等在线模拟的其他操作，可参考相关手册，在此不再赘述。

但是需要特别注意的是，当一个程序在线模拟时，该程序不能被连接到真实 PLC，而其他的程序也不能进入在线模拟状态。

以上是程序在线调试中常用的方法和步骤，CX-Programmer 还提供了上载程序和程序比较的功能。

（7）上载程序

如需将原 PLC 中的程序上传到计算机，按照下列步骤进行。

1）单击工具栏中的"在线工作"图标 ，连接 PLC。选择工程工作区中的 PLC 对象。

2）单击工具栏中的"从 PLC 传送"图标 ，显示"上载选项"对话框，选择上传内容，然后单击"确定"按钮，执行程序上载操作。

（8）程序比较

按照以下步骤来比较工程程序和 PLC 程序。

1）选择工程工作区中的 PLC 对象。

2）单击工具栏中的"与 PLC 比较"图标 ，将显示"比较选项"对话框。设置程序栏，单击"确定"按钮，"比较选项"对话框将被显示。

2. 分段调试

CS/CJ、CP1 系列 PLC 的程序是采用多任务顺序执行的方式，CPU 按任务编号依次扫描各程序段后执行 I/O 刷新，然后进行下一周期扫描。END 指令表示一个循环内的程序段的结束，END 指令后面任何指令都不执行，转而执行下一任务程序。其工作过程如图 3-43 所示。

在调试复杂程序时，可将某一任务号的程序分成若干段，每段插入一条 END 指令，达到逐段调试程序的目的，调通一段就删去插入的 END 指令，直到该任务号的整个程序调通为止。

5.4 习题

1. 根据图 5-44 所示顺序功能图编写梯形图程序。

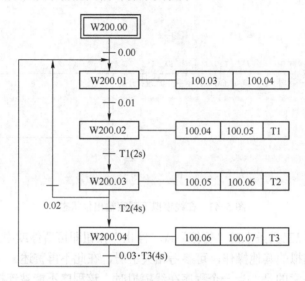

图 5-44 循环顺序功能图

2. 根据图 5-45 所示顺序功能图编写梯形图程序。

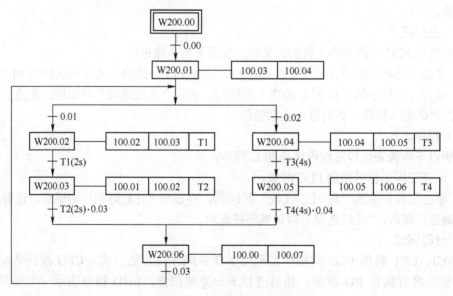

图 5-45 分支顺序功能图

3. 根据图 5-46 所示顺序功能图编制梯形图。

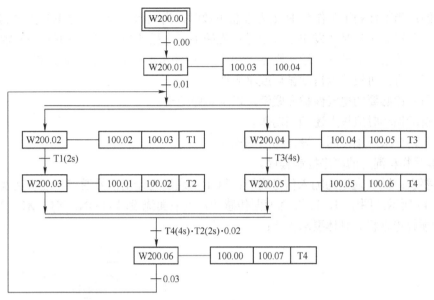

图 5-46　并行顺序功能图

4. 4 台电动机动作时序如图 5-47 所示，M1 的循环动作周期为 34s，M1 动作 10s 后 M2、M3 起动，M1 动作 15s 后，M4 动作，M2、M3、M4 的循环动作周期均为 34s。编制 I/O 地址分配表，画出其顺序功能图，并用步进顺控法或时序图法编程。

5. 在氯碱生产中，碱液的蒸发、浓缩过程往往伴有盐的结晶，因此，要采取措施对盐碱进行分离。分离过程为一个顺序循环工作过程，共分 6 步，靠进料阀、洗盐阀、化盐阀、升刀阀、母液阀、熟盐水阀 6 个电磁阀完成上述过程，各阀的动作见表 5-3。当系统起动时，首先进料，5s 后甩料，延时 5s 后洗盐，5s 后升刀，再延时 5s 后间歇，间歇时间为 5s，

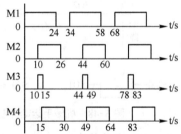

图 5-47　电动机动作时序图

之后重复进料、甩料、洗盐、升刀、间歇工序，重复 8 次后进行洗盐，20s 后再进料，这样为一个周期。画顺控图，设计梯形图。

表 5-3　电磁阀动作表

步号	电 磁 阀	动 作					
		进料	甩料	洗盐	升刀	间歇	清洗
1	进料阀	+	−	−	−	−	−
2	洗盐阀	−	−	+	−	−	+
3	化盐阀	−	−	−	+	−	−
4	升刀阀	−	−	−	+	−	−
5	母液阀	+	+	+	+	+	−
6	熟盐水阀	−	−	−	−	−	+

注：表中"+"代表开启，"−"代表关闭。

6. 采用 PLC 控制的机械手运动示意图如图 5-48 所示。机械原点设在可动部分左上方，即压下左限开关和上限开关，并且工作钳处于放松状态；上升、下降和左、右移动由驱动气

缸来实现的；当工件处于工作台 B 上方准备下放时，为确保安全，用光电开关检测工作台 B 有无工件，只在无工件时才发出下放信号；机械手工作循环为：起动→下降→夹紧→上升→右行→下降→放松→上升→左行→原点。（电磁阀用输出继电器）控制要求如下：

（1）工作方式可设置为自动循环或单周期。

（2）需考虑必要的电气保护和联锁，以及急停处理。

（3）自动循环时应按上述顺序动作。

根据上述要求画顺控图，设计梯形图程序。

7. 编写物料混合的顺序控制程序。

控制要求：以 0 通道为输入信号通道；以 101 通道为输出信号通道。混合釜及其控制装置如图 5-49 所示。图中 H、I、L 为液面传感器，且液面淹没时为 ON。X1，X2，X3 为电磁阀，M 为搅拌电动机。具体要求如下：

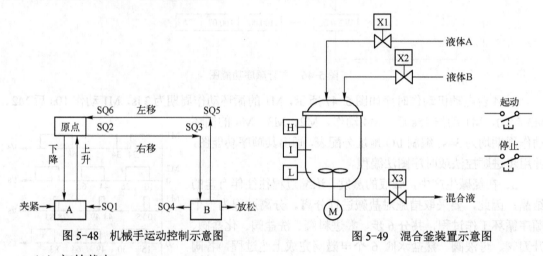

图 5-48 机械手运动控制示意图   图 5-49 混合釜装置示意图

（1）初始状态

混合釜是空的，各个阀门关闭，即 X1～X3 为 OFF，传感器 H、I 和 L 均为 OFF，搅拌电动机 M 为 OFF。

（2）起动操作

按一下"起动"按钮，混合釜开始按下列规律运行。

① 电磁阀 X1 打开，液体 A 流入容器。当液面到达 I 时，液位传感器 I 导通，此时关闭电磁阀 X1，同时打开电磁阀 X2，即停止注入液体 A，开始注入液体 B。

② 当液面到达 H 时，液位传感器 H 导通，此时关闭电磁阀 X2，停止注入液体 B，同时起动电动机 M 搅拌，开始混合过程。

③ 5min 后停止搅拌，此时接通电磁阀 X3，开始排放混合液体。

④ 当液体到达 L 时（液位传感器 L 的状态从 ON 转 OFF），再经过 10s 后，容器放空，此时关闭电磁阀 X3。重新开始下一个周期。

（3）停止操作

按一下"停止"按钮后，在当前的混合操作处理完毕后，才停止操作，即停在初始状态上。

8. 编写十字路口交通信号灯的时序控制程序。

交通信号灯的控制模式可以概括为 5 种，参见表 5-4。模式 4 是日常生活中最常见的三灯定时顺序控制，其工作时序如图 5-50 所示。

表 5-4　双车道信号灯控制功能表

控 制 模 式			执 行 元 件					
			GX	YX	RX	GY	YY	RY
M1	X、Y 禁行				●			●
M2	X 通行，Y 禁行		●					●
M3	Y 通行，X 禁行				●	●		
M4	定时交替	S1	●					●
		S2	◎					●
		S3		●			●	●
		S4			●	●		
		S5			●	◎		
		S6		●	●		●	
M5	夜间黄灯闪烁			◎			◎	

符号说明：M1——第一种交通模式；

　　　　　S1——在某一模式下的第一种状态；

　　　　　GX——G：绿灯；X：X 方向；

　　　　　●——信号灯亮；

　　　　　◎——信号灯闪烁。

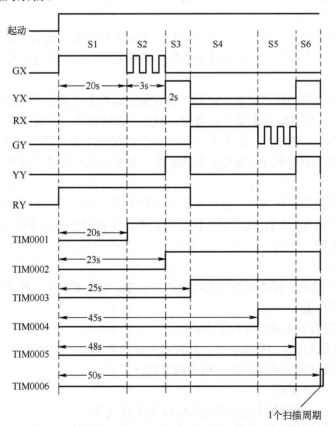

图 5-50　M4 模式下信号灯工作时序图

第6章　PLC应用系统设计

PLC应用系统设计主要包含系统硬件设计与应用程序设计两方面内容，其中应用程序设计是指设计PLC应用系统的控制程序并完成现场调试，这部分内容已在第5章介绍。系统硬件设计包括设计控制系统配置图、选取PLC机型、确定输入器件和输出执行器，以及确定安装、接线方式等。本章将重点介绍PLC应用系统控制方案的制定方法、PLC硬件系统的选型及安装规范，以及PLC系统的基本故障诊断与排除方法等内容。

6.1　PLC应用系统设计概述

6.1.1　PLC应用系统设计的原则与内容

当前，PLC系统几乎可以胜任工业控制领域的所有任务，而且最适应工业环境较差，对安全性、可靠性要求较高、控制工艺较复杂的场合。在设计PLC应用系统时应遵循以下原则。

（1）满足控制要求

最大限度地满足被控对象的工艺要求是设计控制系统的首要前提。这就要求设计人员在设计前深入现场进行调查研究，收集现场的资料和有效的控制经验进行系统设计。

（2）安全可靠

控制系统长期运行中能否安全、可靠、稳定是设计控制系统的重要原则。这就要求在系统设计、器件选取、软件编程上要全面考虑。例如，在硬件和软件设计上，应保证PLC程序不仅在正常条件下能正确运行，而且在一些非正常情况下（如突然掉电再上电、按钮按错）也能正常运行。程序能接受且只能接受合法操作，对非合法操作能予以拒绝等。

（3）经济实用

在满足控制要求的条件下，一方面要扩大工程效益，另一方面也要注意降低成本。设计要合理、经济，才能充分发挥PLC系统的控制优势，这就要求控制系统简单、经济，使用与维护既方便又成本低。

（4）适应发展

在设计PLC系统时，需考虑以后的功能扩充问题，这就要求在选择PLC机型和I/O模块时，要适当留有冗余量。

设计PLC应用系统主要包含以下内容：

1）拟定控制系统设计的技术条件，通常以设计任务书的形式来确定。

2）选择电气传动形式和电动机、电磁阀等执行机构。

3）选取PLC品牌及型号。

4）编制PLC的I/O地址分配表或绘制I/O端子接线图。

5）根据系统设计的要求编写软件规格说明书，然后再用相应的编程语言（常用梯形图）进行程序设计。

6）了解并遵循用户认知心理学，重视人机界面的设计，增强人与 PLC 之间的友善关系。

7）设计操作台、电气柜及非标准电气元件。

8）编写设计说明书和使用说明书。

根据具体的设计任务，可以适当调整上述内容。

6.1.2 PLC 应用系统设计的主要步骤

PLC 应用系统的设计流程如图 6-1 所示。具体步骤如下：

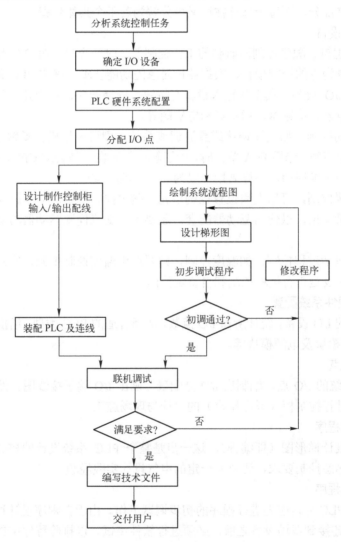

图 6-1　PLC 系统设计流程图

1. 熟悉被控对象的工艺过程，分析控制要求

要了解并熟悉工艺过程，应以经过优化的工艺过程为主线，进行系统硬件和软件设计。首先是确定被控对象的类型，从大类来划分，有离散型、连续型和混合型三大类型。在离散型对象中存在顺序控制、逻辑控制和运动控制（位置、速度及加速度等控制），以运动控制为

特点；连续型对象则以过程控制（温度、压力、流量、物位、成分及浓度等控制）为特点；混合型对象通常是既有运动控制又有过程控制。

控制要求主要包括控制的基本方式、应完成的动作和自动工作循环的组成环节，以及必要的保护和联锁措施等。PLC 系统的控制要求并不仅仅局限于设备或生产过程本身的控制功能，还应包括操作员对生产过程的高水平监控与干预功能、信息处理与管理功能等。

PLC 对设备或生产过程的控制功能是其系统的主体部分，其他功能是附属部分。PLC 系统设计应围绕主体展开，兼顾考虑附属部分。对一个较复杂的生产工艺过程，通常可将控制任务分成几个独立部分，而每个部分往往又可分解为若干个具体步骤。

2. 确定 I/O 设备

PLC 是针对逻辑、顺序控制而研制的工业控制器，时至今日，PLC 的长项仍是开关量控制。对于以开关量为主的控制项目，根据被控对象的功能要求，确定 PLC 系统的 I/O 点数，进而选择适合的 I/O 设备。典型的输入设备有按钮、选择开关、行程开关和传感器等；典型的输出设备有继电器、接触器、指示灯和电磁阀等。

如果存在运动控制，如交流调速或直流调速系统，则可选用模拟量输出（D-A）单元，确定模拟量的输出点数。选用 D-A 单元时，应了解该单元自身是否配 CPU，是否能独立工作，这关系到调速器的采样周期，采样周期一般为 ms（毫秒）级。

如果还有位置控制，可以选用位置控制单元，确定控制轴数。应了解该单元的输出是脉冲输出还是模拟量输出，以便与驱动器配套。还要了解交流伺服驱动器与交流伺服电动机的性能。

如果系统还包括过程控制，如温度控制，则要选用温度控制单元，确定温控点数，了解该单元的控制算法及是否有模糊控制和自整定算法。

3. PLC 的硬件系统配置

根据已确定的 I/O 设备，统计所需 I/O 点数，选择合适的 PLC 类型，包括选择机型、CPU、存储器容量、I/O 模块及电源模块等。

4. 分配 I/O 点

分配 PLC 系统的 I/O 点，编制出 I/O 分配表，画出 I/O 端子接线图。然后可以开始 PLC 程序设计，同时进行控制柜（或操作台）的设计与现场施工。

5. 设计应用程序

根据顺控图设计梯形图（即编程）。这一步是整个 PLC 系统设计的核心工作。要设计好梯形图，首先要熟悉控制要求，还要有一定的电气设计实践经验。

6. 初步调试程序

将程序输入 PLC 后，应先进行程序的初步调试工作。由于在程序设计过程中，难免会有疏漏，在将 PLC 连接到现场设备之前，必须进行软件测试，以排除程序中的错误，同时也为联机调试打好基础，缩短总调试的周期。

7. 联机调试

在 PLC 软硬件设计、控制柜制作及现场施工结束后，开始整个系统的联机调试。如果控制系统是由几个部分组成的，应先做局部调试，然后再进行整体调试；如果控制程序的步骤较多，则可先进行分段调试，再连接起来总调。调试中发现的问题要逐一排除，直至调试成功。

8. 编写技术文件

系统技术文件包括功能说明书、电气原理图、电器布置图、电气元件明细表、PLC 梯形图等。功能说明书是在被控过程分解的基础上对过程的各部分进行分析，把各部分必须具备的功能、实现的方法和所要求的输入条件及输出结果，以书面形式描述出来。在完成了各部分的功能说明书后，就可以进行归纳统计，整理出系统的总体技术要求。因此，功能说明书是进行 PLC 系统设备选型、硬件配置、程序设计、系统调试的重要技术依据，也是 PLC 系统技术文档的重要组成部分。在创建功能说明书时，还可能发现过程分解中的不合理处并及时予以修正。

6.2 PLC 应用系统控制方案设计

6.2.1 项目分析

1. 开关量与模拟量的基本概念

（1）开关量

开关量是指不随时间连续变化的物理量，顾名思义，开关量如同开关一样仅存在两种相反的工作状态，例如高电平和低电平、继电器线圈的通电和断电、触点的接通和断开等，通常用"0"代表低电平或断开状态；用"1"代表高电平或接通状态。开关量也可以称作数字量或逻辑量。

PLC 控制系统处理的开关量通常分为输入型与输出型两类，分别连接到开关量输入模块（或单元）与开关量输出模块（或单元）的端子上。

现场设备输入给 PLC 的各种控制信号，例如控制按钮、开关（行程开关、接近开关、光电开关等）、时间继电器、过电流继电器及其他一些传感器等主令器件输入的信号，均为开关量输入信号。而由 PLC 运算处理后输出并驱动现场设备运行的控制信号，如驱动接触器、继电器及电磁阀工作的信号，均为开关量输出信号。

此外，开关量分有源或者无源，有源开关量在闭合状态的同时，还会提供一个电压驱动。

（2）模拟量

模拟量，也称为连续量，是指随时间连续变化的物理量。在坐标平面上，模拟量表现为一条连续的曲线。常见的模拟量如温度、压力与转速等。PLC 控制系统处理的模拟量也可以分为输入型与输出型两类。

PLC 不能直接处理模拟量，需要使用模拟量输入模块（或单元）中的 A-D 转换器，将标准量程的模拟量转换为与输入信号成正比的数字量，该数字量需用一个或两个字存储。PLC 中的数字量，例如 PID 控制器的输出值（数字量），需要用模拟量输出模块（或单元）中的 D-A 转换器将这些数字量转换为与之成比例的标准量程内的电压值或电流值，供外部执行机构使用，如驱动电动调节阀或变频器等。

2. PLC 系统控制对象的类型与特点

PLC 系统的控制对象类型大致分为离散型、连续型和混合型三大类。如冶金、机械制造、汽车制造、纺织及轻工企业等大多涉及离散型的控制对象；石油和化工企业则大多涉及连续型的控制对象；而大量的中小型企业中则涉及了混合型的控制对象。

（1）离散型控制对象特点

在离散型控制对象中包含了逻辑控制、顺序控制和运动控制（位置、速度及加速度控制），并以运动控制为特点。

开关量逻辑控制是 PLC 的最基本功能，早期 PLC 就已经实现了这种功能。它是用 PLC 的逻辑指令"与""或""非"等取代继电器触点的串联、并联及其各种连接，实现最终的逻辑判断与控制。

顺序控制就是在生产过程中，各执行机构按照生产工艺规定的顺序，在各输入信号的作用下，根据内部状态和时间的顺序，自动地有次序地操作。在工业控制系统中，顺序控制是 PLC 应用最广泛的领域，它是在开关量逻辑控制的基础上增加了定时器、计数器等指令，从而取代了传统的时间继电器实现时序、计数控制。控制形式可以采用单机控制、多机群控、生产自动流水线控制等，如注塑机、印刷机械、切纸机械、组合机床、装配生产线、食品加工、自动化仓库及电梯控制等。

运动控制是指在复杂条件下，将预定的控制目标变为期望的机械运动。运动控制系统主要用于实现位置控制、轨迹控制、速度控制、加速度控制和转矩控制等。

利用 PLC 能接受和输出高速脉冲的功能，再配备相应的传感器（如旋转编码器）或脉冲伺服装置（如环形分配器、功率放大器和步进电动机）就能实现位置控制，如简单的定位控制、直线运动或圆周运动的控制等。为此，PLC 厂家也越来越重视运动控制单元的开发和生产，例如欧姆龙公司推出了拖动步进电动机或伺服电动机的单轴或多轴位置控制（以下简称 NC）单元和运动控制（以下简称 MC）单元，即把描述目标位置的数据送给单元，单元移动一轴或多轴到目标位置。当每个轴运动时，NC 单元保持适当的速度和加速度，确保运动平滑。运动控制程序可采用 PLC 的编程语言完成，通过编程器输入。操作员用手动方式把轴移动到某个目标位置，单元就得知了位置和运动参数，之后可用编辑软件来改变速度和加速度等运动参数，使运动平滑。相对来说，NC 单元比计算机数值控制装置（简称 CNC）体积更小，价格更低，速度更快，操作更方便。因此，运动控制类单元广泛应用于机械行业的机床控制、机器人、电动机调速及生产流水线的定位控制领域。

（2）连续型控制对象特点

连续型控制对象是以过程控制（温度、压力、流量、物位、成分及浓度等控制）为特点。在工业测控系统中，模拟量经 A-D 转换为数字量后才能供 CPU 进行运算处理，将生产过程中主要涉及的温度、压力、物位、流量等参数的自动控制简称为过程控制。过程控制技术涵盖了石油、化工、水泥、电力、制药及环保等诸多领域，过程控制系统与其他自动控制系统相比，具有如下三个特点。

1）生产过程的连续性。在过程控制系统中，大多数被控过程都是以长期的或间歇的形式运行。在密闭的设备中被控变量不断地受到各种扰动的影响。过程控制的主要目的是消除或减少扰动对被控变量的影响，使被控变量稳定在工艺要求的数值上，从而实现生产过程的优质、高产和低耗。

2）被控过程的复杂性。过程控制涉及范围广，既有石化过程的精馏塔、反应器、热工过程的换热器、锅炉，冶金过程的转炉、平炉，又有机械行业的加热炉等。被控对象相对较大，比较复杂。其动态特性多为大惯性、大滞后形式，且具有非线性、分布参数和时变特性，甚至有些过程特性至今尚未被人们所认识。

3）控制方案的多样性。由于被控过程对象特性各异，工艺条件及要求也各不相同，因此，过程控制系统的控制方案非常丰富，既有常规 PID 控制，又有比值控制、模糊控制、最优控制等。

当前先进 PLC 都具有 A-D、D-A 转换及复杂函数运算功能，它们除在指令系统中预置了与过程控制相关的 PID 算法指令外，还配备有温度控制、PID 控制和模糊控制单元（或板卡），使 PLC 具有闭环控制功能。

除以上两种控制对象外，混合型控制对象通常是既包含顺序控制又兼有过程控制，大量的中小型企业中就包含了混合型控制对象。

分析控制要求，了解工艺流程，辨析控制对象的类型，为制定控制方案做好前期的准备工作。

6.2.2　控制方案制定

制定控制方案是应用系统设计的首要基础工作，控制方案的优劣直接影响到被控对象的运行效果和控制系统的经济性。制定控制方案主要包含以下两方面的内容。

1. 选取核心控制器或控制系统

通过上节内容，在分析被控对象的工艺过程后，可以将其归入离散型、连续型或混合型三类对象之一，深入分析控制要求，在满足所有控制要求的前提下，选取某一类控制器或控制系统，如 PLC、工业计算机（IPC）、单片机，甚至 DCS，作为本项目的控制系统核心，并在此基础上定性地配备外围设备。例如，IPC 是通用微型计算机适应工业生产控制要求发展起来的一种控制设备，成本相对较低，硬件结构的总线标准化程度高、兼容性强，软件资源丰富，特别是有实时操作系统的支持，适用于要求快速、实时性强、模型复杂及计算工作量大的控制对象。

PLC 是专为工业现场应用而设计的数字式控制器，控制灵敏、反应迅速，在模拟量信号处理、数值运算、实时顺序控制等方面具有突出优势，几乎适用于所有工业控制领域。

单片机具有控制功能强、体积小、成本低、功耗小等一系列特点，在工业控制、智能仪表、节能技术改造、通信系统、信号处理及家用电器产品中应用广泛。

用户可以在满足控制要求的前提下，根据性价比、可靠性与稳定性等因素综合考虑后最终确定适合的控制器。当然，必须选取技术路线成熟且通用性好的产品。在选取控制器的功能模块或外部设备时，也应在满足控制要求的前提下，多中选优地选取合适的设备。

2. 控制策略的制定

在搭建起控制系统的硬件平台后，需确定适合的控制策略。对于离散型对象所涉及的顺序控制、逻辑控制问题，控制策略较为简单，根据控制要求分析清楚各控制动作的相互关系，画出顺控图，并据此编写梯形图程序。第 5 章已介绍了顺控图设计法，在此不再赘述。

对于连续型或混合型对象所涉及的模拟量控制问题则比较复杂，控制策略既有常规 PID 控制、改进 PID 控制、串级控制、前馈-反馈控制、解耦控制，又有为满足特定要求而开发的比值控制、均匀控制、选择性控制、推断控制，还有许多新型控制系统，如模糊控制、预测控制、最优控制等。用户凭借经验针对不同模拟量控制问题制定适合的控制策略，并借助系统框图来表达。

6.3 PLC 应用系统硬件设计

PLC 系统的硬件设计是指以满足工艺要求为准，选用或制作控制器、执行器、传感器、动力装置及机械装置，除了要求各独立组成部分的高性能外，更强调控制器、执行器、传感器、动力、机械这五者之间的协调与配合。下面着重介绍 PLC 应用系统中设备选型的相关内容。

6.3.1 PLC 机型的选取原则与方法

PLC 机型的选取原则遵循 I/O 容量、存储器容量及运行速度等三个主要指标，具体原则与方法如下。

（1）I/O 容量

根据控制对象的工艺要求可以统计出 PLC 控制系统的开关量 I/O 点数与模拟量 I/O 通道数，以及开关量和模拟量的信号类型。由于考虑到程序设计中 I/O 点数可能存在疏漏、I/O 端子的分组情况及隔离与接地的要求等因素，所以应在统计出的 I/O 总点数的基础上，增加10%～15%的余量。考虑余量后的 I/O 总点数即为 I/O 点数估算值，该值是 PLC 选型的主要技术指标。

为了方便以后对 PLC 控制系统进行调整与扩充，要求候选的各种 PLC 机型的 I/O 能力极限值必须大于 I/O 点数的估算值，并应尽量避免使 PLC 带 I/O 点的能力接近饱和，一般应留有 30%左右的余量。

（2）存储器容量

PLC 的存储器通常包括系统程序存储器、用户程序存储器和数据存储器。

系统程序存储器存放管理程序、标准子程序、调用程序、监控程序、检查程序，以及用户指令解释程序，一般存储在 ROM 或可擦可编程只读存储器（简称 EPROM）之中。系统程序由 PLC 生产厂家编写并写入 ROM 之中，用户不能读取。

用户程序是指用户使用编程器输入的程序语句或用户使用编程软件从上位计算机下载的梯形图程序。用户程序存储器是指存放用户程序的 RAM、EPROM 及电可擦可编程只读存储器（简称 EEPROM）。用户程序存储器容量的大小决定了 PLC 可以容纳用户程序的大小和控制系统的水平。该存储器容量通常以字为单位，每个字由 16 位二进制数组成。但是欧姆龙公司的 CS/CJ 系列 PLC 的用户存储器容量以步为单位，程序是按"步"存放的，每条指令长度一般为 1～7 步。1"步"占用一个地址单元，一个地址单元占 2 个字节。例如，LD 和 OUT 等逻辑指令每个仅需要 1 步，但 MOV 等高级指令则需要 3 步。程序容量表示程序中全部指令的总步数。

数据存储器（以下简称 DM）是存放除用户程序外的控制参数等数据的存储器，也可以采用 RAM、EPROM 及 EEPROM。为了防止 RAM 中的信息在掉电时丢失，通常用后备锂电池做保护，保存用户程序和数据。有些 PLC 采用了高性能闪存作为内置存储器和外置扩展存储器。

PLC 厂家预留的存储器容量是与所带 I/O 点数相适应的，通常在资料中都给出用户程序存储器和数据存储器的容量，如欧姆龙 C200HE-CPU11 型 CPU 单元，用户程序存储器容量为 3.2KB，数据存储器容量为 4KB，支持的 I/O 最大点数为 640 点；C200HE-CPU42 型 CPU 单元，用户程序存储器容量为 7.2KB，数据存储器容量为 6KB，支持的 I/O 最大点数为 880 点；CJ1G-CPU45 型 CPU 单元，用户程序存储器容量为 60K 步，数据存储器容量为 128K 字，支持的 I/O 最大点数为 2560 点，等等。

在实际选取 PLC 机型时，对于存储器容量的指标通常主要考虑用户程序存储器的容量，用户程序占用内存量与 I/O 点数、控制要求、运算处理量、程序结构等诸多因素有关。因此，在程序设计之前只能粗略地估算。根据经验，每个 I/O 点及有关功能器件占用的内存大致如下：

- 开关量输入所需存储器字数=输入点数（DI）×10。
- 开关量输出所需存储器字数=输出点数（DO）×8。
- 定时器/计数器所需存储器字数=定时器/计数器数量×2。
- 模拟量所需存储器字数=模拟量（AI/AO）通道数×100。
- 通信接口所需存储器字数=接口个数（CP）×300。

存储器的总字数再加上一个备用量即为存储器容量。例如，一般情况下的经验公式是：所需存储器容量

$$(K\ 字)=(1\sim1.25)\times(DI\times10+DO\times8+AI/AO\times100+CP\times300)/1024$$

其中，DI 为开关量输入总点数；DO 为开关量输出总点数；AI/AO 为模拟量 I/O 通道总数；CP 为通信接口总数。

根据上面的经验公式得到的存储器容量估算值仅具有参考价值，还应考虑其他因素对其进行修正。需要考虑的因素如下：

1）经验公式仅是对一般控制系统，而且主要是针对设备的直接控制功能而言的，特殊功能可能需要更大的存储器容量。

2）不同型号 PLC 对存储器的使用规模与管理方式的差异，会影响存储器的需求量。

3）程序编写水平对存储器的需求量有较大的影响。由于存储器容量估算时不确定因素较多，因此很难估算准确。工程实践中大多采用粗略估算，加大冗余量，实际选型时可参考以上估值并以"就高不就低"为选型原则。

（3）运行速度

PLC 的运行速度应满足实时控制的要求，CPU 运行速度越快，则扫描周期越短，系统响应越快，控制更加及时。通常以执行 1 条基本逻辑指令（1 步或 1B）所占用的时间（μs/步或 μs/B）或执行 1K 步或 1KB 用户程序所占用的时间（ms/K 步或 ms/KB）来反映 PLC 的运行速度。例如，欧姆龙 C200Hα 系列 PLC 的运行速度是 1.1ms/KB（假设程序中基本逻辑指令占 50%，MOV 指令占 30%，算术指令占 20%），而 CJ 系列 PLC 仅为 0.04ms/K 步，运行速度提高了 30 倍。在选用 CPU 单元时，应根据工艺要求选择合适的 PLC。

PLC 工作时，从读取输入信号到发出输出控制信号存在着延迟现象，即输入量的变化，一般要在 1~2 个扫描周期之后才能反映到输出端，这对于一般的工业控制是允许的。但在实时性要求较高的场合，不允许有较大的滞后时间。例如，PLC 的 I/O 点数从几十到几千点的范围，此时用户程序的长短对系统的响应速度会产生较大的影响。滞后时间需控制在几十毫秒之内，一般应小于普通继电器的动作时间（普通继电器的动作时间约为 100ms），否则就没有意义了。为了提高 PLC 的运行速度，可以采用以下几种方法：

1）选取运算速度快的 CPU，使执行 1 条基本逻辑指令的时间不超过 0.5μs。

2）优化控制程序结构，缩短 PLC 扫描周期。

3）采用高速响应单元，例如高速计数单元，其响应时间可以不受扫描周期的影响，而只取决于硬件的延时。

在遵循以上选型三原则的同时需要特别注意的是，PLC 的结构分为整体式和模块式两种。整体式结构把 PLC 的 CPU、I/O 单元及电源放在一块电路板上，省去插接环节，体积小，每一个 I/O 点的平均价格比模块式结构的便宜，适用于工程比较固定、控制速度要求不高的开关量对象。小型 PLC（如欧姆龙 CP1 系列 PLC，西门子 S7-200 系列 PLC 等）一般为整体式结构，可以解决诸如小型泵的顺序控制、单台机械的自动控制等问题。

中大型 PLC 一般为模块式结构，其控制功能的扩展、I/O 点数的增减、I/O 比例的调整等都比整体式 PLC 方便灵活，维修更换单元、判断与处理故障快捷，适合工艺过程变化较多、控制要求较复杂的系统。因此，对于以开关量控制为主，带有部分模拟量控制的系统，例如化工生产中常见的温度、压力、流量、物位等连续量的控制，可以选取运算功能较强的中型 PLC（如欧姆龙 CJ 系列 PLC，西门子 S7-300 系列 PLC 等），配备具有 A-D 转换功能的模拟量输入单元及带有 D-A 转换功能的模拟量输出单元，并配接相应的传感器、变送器（对温控系统可以选用将温度传感器直接输入的温度单元）和驱动装置等。

对于比较复杂的中大型控制系统，如闭环控制、PID 调节与通信联网等，可以选用中大型 PLC（如欧姆龙 CS 系列 PLC，西门子 S7-400 系列 PLC 等）。当系统的各个控制对象分布在不同的地域时，应根据各部分的具体要求来选择 PLC，以便组成一个分布式的控制系统。

在一个单位或一个企业中，应尽量使用同一厂家、同一系列的 PLC，这不仅使单元通用性好，减少备件量，而且还会给编程和维修带来极大的方便，利于系统的扩展升级。

6.3.2 开关量输入/输出单元的选取原则与方法

1. 开关量输入单元的选取原则与方法

PLC 的开关量输入单元用来检测来自现场（如按钮、行程开关、温控开关、压力开关等）电平信号，并将其转换为 PLC 内部的低电平信号。此类单元按输入点数分为 8 点、12 点、16 点、32 点等；按工作电压分为直流 5V、12V、24V，交流 110V、220V 等；按外部接线方式又可分为汇点输入和分隔输入等。

选取开关量输入单元应主要考虑以下两点：

1）根据现场输入信号（如各种按钮、钮子开关、组合开关、接近开关、光电开关、行程开关、限位开关、接点式压力开关及接点式液位开关等）与 PLC 输入单元距离的远近来选择电压的高低。一般 24V 以下属低电平，其传输距离不宜太远。如 12V 电压单元一般不超过 10m，距离较远的设备选用较高电压单元比较可靠。

2）高密度输入单元，如 32 点输入单元，允许同时接通的点数取决于输入电压和环境温度。随着环境温度的升高，允许同时接通的点数应随之减少，不得超过总输入点数的 60%。

2. 开关量输出单元的选取原则与方法

开关量输出单元的任务是将 PLC 内部低电平的控制信号转换为外部所需电平的输出信号，驱动外部负载。此类单元有三种类型，即继电器输出、双向晶闸管输出和晶体管输出。选取输出单元应主要考虑以下三点。

（1）输出方式

继电器输出价格便宜、使用电压范围广、导通压降小、承受瞬间过电压和过电流的能力较强，且有隔离作用。但继电器有触点、寿命较短，且响应速度较慢，适用于动作不频繁的交/直流负载。当驱动电感性负载时，最大开闭频率不得超过 1Hz。

双向晶闸管输出（交流）和晶体管输出（直流）都属于无触点开关输出，适用于通断频繁的感性负载。感性负载在断开瞬间会产生较高的反压，必须采取抑制措施。

（2）输出电流

单元的输出电流必须大于负载电流的额定值，如果负载电流较大，输出单元不能驱动，则应增加中间放大环节。对于电容性负载、热敏电阻负载，考虑到接通时有冲击电流，故要留有足够的余量。

（3）允许同时接通的输出点数

开关量输出点数取决于接触器、电磁铁、电磁阀、电动阀及小型电动执行器的数量。在选用输出单元时，不但要看一个输出点的驱动能力，还要看整个输出单元的满负荷能力，即输出单元同时接通点数的总电流值不得超过该单元规定的最大允许电流。

6.3.3　模拟量输入/输出单元的选取原则与方法

除了开关量信号以外，工业控制中还要对温度、压力、物位、流量等过程变量进行检测和控制。模拟量输入/输出单元及温度控制单元就是用于将过程变量转换为 PLC 可以处理的数字信号，也可将 PLC 内的数字信号转换成模拟信号输出。选取模拟量输入/输出单元应主要考虑以下两点：

（1）信号类型与量程

模拟量输入单元接入的是来自温度、压力、物位及流量等传感器与变送器的模拟信号；模拟量输出单元输出的是驱动调节阀、变频器、伺服驱动器及图表记录仪等执行机构的模拟信号，两类单元接受电压和电流两类信号，其中电压信号的标准量程为 0～5V，0～10V，-10～10V 和 1～5V 等；电流信号的标准量程为 0～20mA，4～20mA（大多数情况使用 4～20mA 量程）。根据外接器件与装置的信号类型和量程选取相应的模拟量单元。

（2）模拟量点数与精度

模拟量输入单元可以同时接入 4 点或 8 点标准量程的电压或电流信号；模拟量输出单元可以同时接入 2 点、4 点或 8 点标准量程的电压或电流信号，两者的分辨率通常可以设置为 4000、6000、8000 或 12000 等，每一点的 A-D 或 D-A 转换时间一般是 1ms，遇特殊要求可以设置为 250μs/点，如欧姆龙 CS/CJ 系列模拟量单元。

针对以开关量控制为主，带有部分模拟量检测与监控的被控对象而言，可以根据模拟量的输入/输出点数和分辨率选取带模拟量输入/输出处理功能的小型 PLC（如欧姆龙 CP1H-XA 型 PLC，西门子 S7-200 PLC 等）作为控制器，或者也可以选用模拟输入量与输出量集成一体的混合单元。下面举一个选型实例。

【例 6-1】　某系统包含 1 路温度信号，温度测量范围是-100～400℃与 2 路压力信号，同时带有 1 路温度显示输出。

本例中考虑到只有 1 路温度信号，可以采用温度变送器，将温度信号转换为 4～20mA 标准信号；2 路压力信号采用压力变送器，也将压力信号转换为 4～20mA 标准信号，以上 3 路信号均来自变送器，温度显示仪需 4～20mA 标准信号，因此可以预设三种选型方案：

① 选用 1 块 4 路模拟量输入单元和 1 块 2 路模拟量输出单元。

② 选用 1 块 4 路输入/4 路输出的模拟量混合单元。

③ 选取带 4 路模拟量输入和 2 路模拟量输出的小型整体式 PLC。

以上三种选型方案可以根据现场实际情况取舍，若方案均满足要求则考虑性价比高者。

6.3.4 PLC 电源单元的选取原则与方法

当选取整体式 PLC 作为控制器时，由于整体式 PLC 将 CPU、I/O 单元及电源集成一体，因此只要 CPU 单元、I/O 点数及类型满足了被控对象的要求，其电源部分已由厂家按最大电流消耗配置好了，无须用户选取。

当选取模块式 PLC 作为控制器时，由于 I/O 单元增减与组合灵活，因此厂家提供了不同类型的电源单元供用户按实际需求选取，但是每种电源单元均有其容量限制，选型时需遵循以下原则：

1）核算控制系统的总电流消耗。安装在 CPU 机架上所有单元的总电流消耗不得超过所选电源单元的每个电压组的最大电流。

2）核算控制系统的总功率消耗。安装在 CPU 机架上所有单元的总功率消耗不得超过所选电源单元的最大值。

查阅 PLC 相关手册可以获得 CPU 单元、I/O 单元及各种特殊单元的电流消耗值，按照上述两条原则核算控制系统所有单元的电流与功率消耗，从而选取适合的电源单元。此外还需要考虑系统扩展的问题，因此选型时应留有冗余。

另外，当 PLC 带有 I/O 扩展机架时，如需要单独配电源单元，则也需要核算 I/O 扩展机架上各单元的电流与功率消耗，以决定扩展机架上的电源单元选取。

下面举一个核算 PLC 控制系统的电流与功率消耗的实例。

【例 6-2】 某欧姆龙 CJ1 型 PLC 控制系统的 CPU 机架单元配置见表 6-1，试核算该 PLC 系统的电流与功率消耗，并选取适合该系统的电源单元。

表 6-1 CPU 机架单元配置表

单　元	型　号	数　量	各电压组的消耗电流	
			DC 5V/A	DC 24V/A
CPU 单元	CJ1G-CPU45	1	0.91	—
I/O 控制单元	CJ1W-IC101	1	0.02	—
开关量输入单元	CJ1W-ID211	2	0.08	—
	CJ1W-ID231	2	0.09	—
开关量输出单元	CJ1W-OC201	2	0.09	0.048
特殊 I/O 单元	CJ1W-DA041	1	0.12	—
CPU 总线单元	CJ1W-CLK21	1	0.35	—

每个电源单元提供 2 个电压组供内部单元使用，其中 5V 直流电源部分主要为内部逻辑电路供电；24V 直流电源部分主要为驱动继电器型输出单元供电。欧姆龙 CJ 系列 PLC 的备选电源单元规格见表 6-2。

表 6-2　CJ 系列 PLC 电源单元规格表

电源单元型号	电源电压	DC 5V 时最大电流/A	DC 24V 时最大电流/A	输出最大功率/W
CJ1W-PA205R	AC 100~240V	5.0	0.8	25
CJ1W-PA202	AC 100~240V	2.8	0.4	14
CJ1W-PD025	DC 24V	5.0	0.8	25

电流与功率消耗的核算过程如下：

$$DC\ 5V\ 组电流消耗 = 0.91A + 0.02A + 0.08A \times 2 + 0.09A \times 2 + 0.09A \times 2 +$$
$$0.12A + 0.35A = 1.92A\ (\leqslant 5.0A)$$
$$DC\ 24V\ 组电流消耗 = 0.048A \times 2 = 0.096A\ (\leqslant 0.8A)$$
$$功率消耗 = 1.92A \times 5V + 0.096A \times 24V = 9.60W + 2.304W$$
$$= 11.904W\ (\leqslant 25W)$$

通过核算得出结论，若电源单元的外部供电为直流 24V 时，电源单元 CJ1W-PD025 满足要求；若电源外部供电为交流 220V 时，电源单元 CJ1W-PA202 与 CJ1W-PA205R 均满足要求，但考虑到系统的可扩展性，以选 CJ1W-PA205R 为宜。

6.4　CP1 系列 PLC 安装布线规范

6.4.1　PLC 系统安装条件

首先，在安装 CP1 系列 PLC 控制系统时，或在增加与拆卸 I/O 单元时，以及在配线前都必须关闭总电源。同时，为了减少因电气噪声而引发的故障，应将装输入/输出信号线的管子与装高压线和供电线的管子分开。另外，在单元配线时，为防止剪下的电线或其他碎屑落入单元内部，不要将 CPU 顶上的不干胶标签取下，待配完线后再撕下，从而保证单元散热。

为提高 PLC 系统可靠性，发挥其最大功能，在安装和接线时需考虑以下因素。

1. 环境条件

PLC 系统对安装环境有一定的要求，不适合安装 PLC 系统的场所包括：环境温度低于 0℃ 或高于 55℃ 的场所，温度变化急剧和凝露的场所，环境湿度低于 10% 或高于 90% 的场所，具有腐蚀性或易燃性气体的场所，有过多尘埃、氯化物或铁木尘埃的场所，PLC 会受到直接冲击或振动的场所，直接暴露在阳光的场所，PLC 会接触到水、油、化学试剂的场所等。而安装在具有静电和噪声、强电磁场、有放射性泄露以及靠近电力线的场所时，则需要将 PLC 封闭好。

2. 控制柜的内部条件

通常 PLC 系统安装在控制柜内，因此控制柜内应具备可操作性、可维护性和环保条件。控制柜需主要考虑以下因素：

（1）环境温度

控制柜内的环境温度必须控制在 0~55℃ 范围内。为此，控制柜需提供足够的空间以保持良好的空气流通，切记不要将 PLC 安装在加热器、变压器或大功率电阻器等高热设备的上面。

如果环境温度超过 55℃，就需安装冷却风扇或空调降温，如图 6-2 所示。如果在 PLC 系统上连接了一个编程器，那么环境温度必须保持在 0～45℃，以确保编程器能正常工作。

（2）操作与维护的安全与便利

为保证操作和维护的安全，应尽可能将 PLC 与高压设备及执行机构隔离开，PLC 系统的安装高度以 1～1.6m 为宜，便于安装和操作。

（3）抗噪声

不要把 PLC 安装在装有高压装备的控制柜内。安装 PLC 的地点应离动力线至少 200mm，如图 6-3 所示。而且装有 PLC 的安装板需接地。

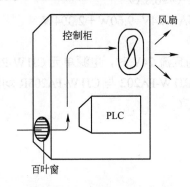
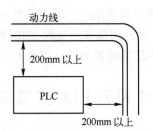

图 6-2　PLC 控制柜布局示意图　　　　　图 6-3　PLC 抗噪声安装示意图

（4）PLC 的安装方向

PLC 的机架必须垂直安装以便于散热，应避免安装方向的错误造成 PLC 工作不正常，如图 6-4、图 6-5 所示。

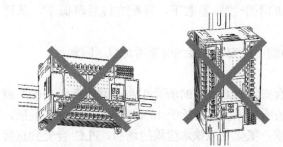
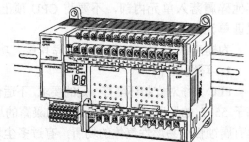

图 6-4　错误的 PLC 安装方向示意图　　　　　图 6-5　正确的 PLC 安装方向示意图

6.4.2　CP1 系列 PLC 安装布线规范

1. 在控制柜内安装 PLC 系统的方法与要点

当 CP1H CPU 连接 CPM1A 系列的扩展 I/O 单元或扩展单元时，可以使用 M4 螺钉而不使用 DIN 导轨安装。但是，当 CP1H CPU 连接 CJ 系列高功能单元时，必须使用 DIN 导轨安装，如图 6-6 所示。DIN 导轨需用 3 处以上的螺钉进行安装固定。

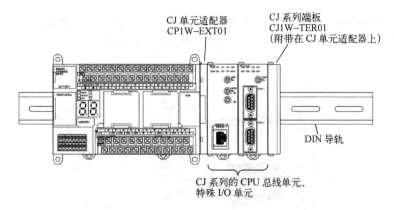

图 6-6　PLC 使用 DIN 导轨安装示意图

使用 CPM1A 系列扩展单元时，可以使用 I/O 连接电缆（型号 CP1W-CN811），将其设置为上、下两层，如图 6-7 所示。但是，需注意以下两点限制：

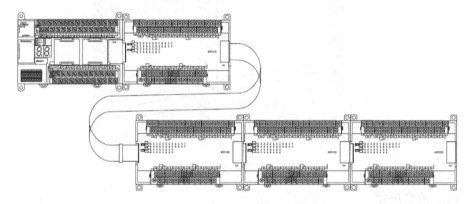

图 6-7　I/O 连接电缆使用示例

① I/O 连接电缆仅可使用在 CPU 单元与直到第 4 台为止的扩展单元间，不可使用到第 5 台以后的单元上。

② I/O 连接电缆仅可在一处使用，不可在多处使用。

各种 I/O 信号线应尽可能敷设在布线槽或管道内，其优点是安装线槽使布线规范，便于查找连接 I/O 单元的导线，在机架相同高度处安装线槽使布线非常方便。线槽安装方法如图 6-8 所示。

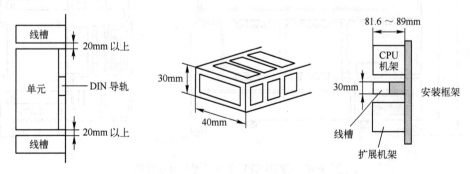

图 6-8　线槽安装示意图

在安装线槽时必须确保线槽离 PLC 设备和其他物体的顶部至少 20mm（例如顶端、线槽、支撑件、设备等），示例如图 6-9 所示，足够的空间便于通风和更换单元。

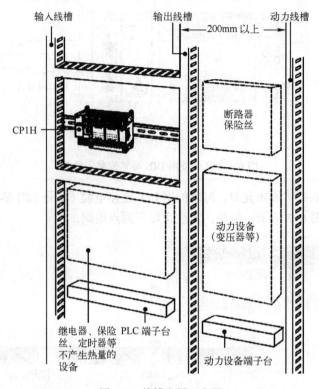

图 6-9　线槽布置示意图

2. PLC 安装尺寸

CP1H 的 CPU 单元外形尺寸如图 6-10 所示，安装尺寸如图 6-11 所示。安装高度约为 90mm，但是，选件板上连接了连接电缆时，需要更大的尺寸，因此要充分考虑到安装 PLC 主体的控制柜深度，安装时应留有余地。

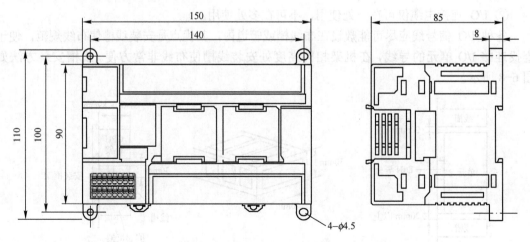

图 6-10　CP1H CPU 单元外形尺寸示意图

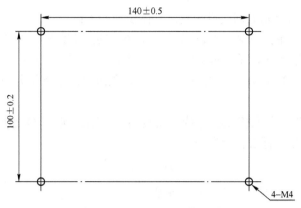

图 6-11　CP1H CPU 单元安装尺寸示意图

3．扩展单元的连接方法

（1）CPM1A 系列扩展单元的连接方法

连接 CPM1A 系列扩展（I/O）单元的具体步骤如下：

1）使用一字螺钉旋具拆卸 CPU 单元或扩展（I/O）单元的扩展连接器盖，如图 6-12a 所示。

2）将扩展 I/O 单元的连接电缆的插头插入 CPU 单元，或者插入到其他扩展 I/O 单元的扩展连接器上，如图 6-12b 所示。插牢后再安装回扩展连接器盖。

需注意的是，当连接 CPM1A 系列扩展（I/O）单元时，CPU 单元与扩展（I/O）单元间应留出 10mm 的空间。

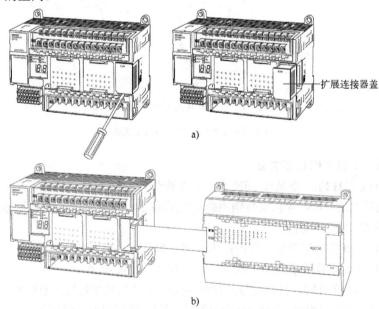

图 6-12　CPM1A 系列扩展单元连接示意图

a) 拆卸连接器盖　b) 扩展单元插线连接

（2）CJ 系列扩展单元的连接方法

连接 CJ 系列高功能单元时，各单元之间通过将各自的连接器相互紧锁，只要锁住滑块就可进行连接。最右端的单元上则连接端板。具体步骤如下：

1）将 CP1H CPU 单元安装到 DIN 导轨上，再安装 CJ 适配器，参见图 2-65。

2）连接 CJ 系列特殊 I/O 单元或 CPU 总线单元时，最多只能连接两个。将各单元的连接器对准压紧，如图 6-13a 所示。再将各单元上的黄色滑块滑动到位并锁定。如果滑块未锁到位，则 PLC 将报错。

3）在最右端的单元上连接端板。若不安装端板，则出现"I/O 总线异常"，CP1H CPU 单元无法运行程序，相应标志位会置位。

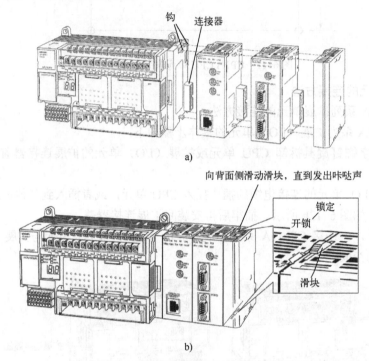

图 6-13　CJ 系列高功能单元连接示意图

a) 单元连接器压紧　b) 滑块锁定到位

4. 在导轨上安装 CP1H 的方法

将组合好的 CP1H PLC 安装在 DIN 导轨上的操作步骤如下：

1）将单元背面的 DIN 导轨安装销用螺钉旋具拉出，使处于"开锁"状态，如图 6-14a 所示，然后安装到 DIN 导轨上。

2）从 DIN 导轨的上侧挂好，向内插入安装，如图 6-14b 所示。

3）将 DIN 导轨安装销全部向上压，锁定，如图 6-14c 所示。

4）连接 CJ 系列单元时，务必安装在 DIN 导轨上，再用两个端板（型号 PFP-M）从两侧夹紧固定。端板要先挂住下侧再挂上侧，然后向下拉，最后拧紧端板的螺钉固定，如图 6-14d 所示。

5. CP1H CPU 单元接线方法

（1）电源单元与地线的接线方法

1）交流供电型 CP1H 的电源与地线的接线方法

交流供电型 CP1H 的 CPU 单元的电源与地线的接线方式如图 6-15 所示。

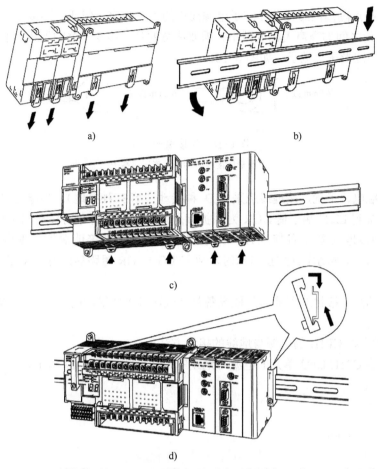

图 6-14 导轨安装 CP1H 示意图

a) 松开 PLC 安装脚 b) PLC 插入导轨 c) 推入安装脚 d) 安装导轨端板

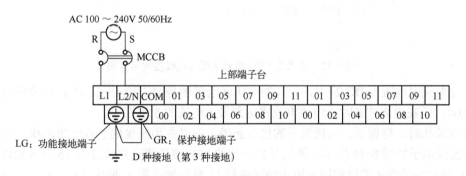

图 6-15 交流型 CPU 单元电源与地线接线示意图

图 6-15 中，交流供电电压为 AC 100～240V，允许的电压波动范围是 AC 85～264V。为了不发生因其他设备的起动电流及浪涌电流导致的电压降低，电源电路应与动力电路分别布线。当使用多台 CP1H 时，为防止浪涌电流导致电压降低及断路器的误动作，也应分别布线供电。

PLC 内部噪声隔离回路充分控制了电源线里的主要噪声，但通过连接 1:1 的隔离变压器可使 PLC 和大地之间的噪声大幅度减小。需要注意的是，该变压器的副边不要接地。交流电源的布线应使用圆形压接端子，如图 6-16a 所示。

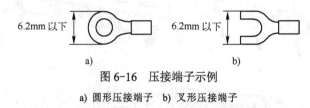

图 6-16　压接端子示例

a) 圆形压接端子　b) 叉形压接端子

为了防止触电、干扰，接地线应采用 D 种接地（第 3 种接地）。当电源单相接地时，应将接地相侧连接到 L2/N 端子侧。GR 为保护接地端子，应使用专用接地线（2mm^2 以上的电线）进行 D 种接地（第 3 种接地），以防触电。LG 为功能接地端子（噪声滤波器中性端子）。当干扰大、有误动作且防止电击时，可将 LG 与 GR 短路后进行 D 种接地（第 3 种专用接地）。

需要注意的是，接地线不能与其他设备共享或连接到建筑物的梁上，否则将对 CP1H 系统产生不良影响。

2）直流供电型 CP1H 的电源与地线的接线方法

直流供电型 CP1H CPU 单元的电源与地线的接线方式如图 6-17 所示。

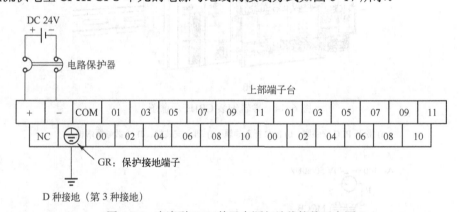

图 6-17　直流型 CPU 单元电源与地线接线示意图

直流电供电电压为 DC 24 V，允许的电压波动范围是 DC 20.4～26.4V，所消耗的最大功率为 50W。但在电源接通时，浪涌电流将达到最大电流的 5 倍左右。

接电源线时，确保正、负极端子的极性正确，务必使用压接端子或使用单线。可供选择的两种压接端子如图 6-16 所示，使用带自升片的 M3 端子螺钉并以转矩 0.5N·m 加以紧固。

GR 保护接地端子同样使用专用接地线进行 D 种接地（第 3 种接地）。

（2）I/O 端子的接线方法

在连接 CP1H 的 I/O 端子时，应确认 I/O 单元的规格，切勿超出输入单元所承受的最大电压或输出单元最大开关能力的电压值，否则会造成单元故障或损坏。还需注意正、负端子的极性，连接端子的常用电线规格是 AWG22～18（0.32～0.82 mm^2），压接端子与端子螺钉的选用规格与紧固方式与接电源线相同。

在接 I/O 信号线时，不要遮挡显示 I/O 点导通状态的发光二极管，布线后不妨碍单元的更换维护，而且为防止感应导致的误动作，应将 I/O 信号线与高压线、动力线分开，单独配管布线。

在 I/O 单元接线完成前不要把 CPU 的保护标签撕掉，这个标签能避免在接线时线头和其他外面物质掉入单元内，接完线后再将标签撕掉，便于散热。

（3）I/O 设备的接线方法

1）直流输入设备的连接

直流型输入单元可以连接相应的直流输入设备，示例如图 6-18 所示。

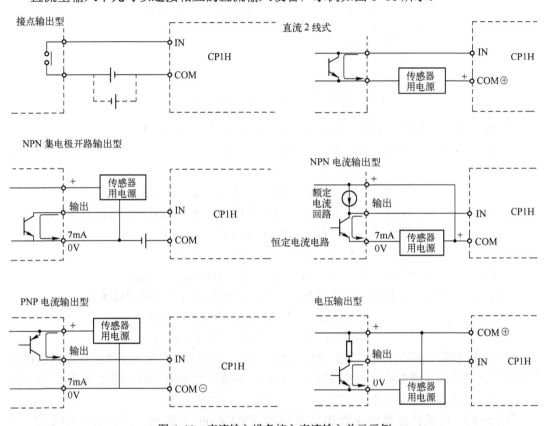

图 6-18　直流输入设备接入直流输入单元示例

注意：电压输出型不能采用如图 6-19 所示的连接电路。

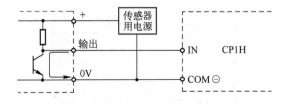

图 6-19　I/O 设备不正确连接方式示例

将 DC 12V 或 DC 24V 的二线制传感器输入设备接入直流输入单元，如图 6-20 所示，此时需满足以下条件，否则可能会导致操作错误。

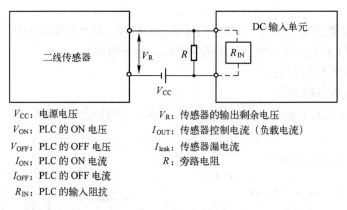

V_{CC}：电源电压　　　　　　　　　V_R：传感器的输出剩余电压
V_{ON}：PLC 的 ON 电压　　　　　　I_{OUT}：传感器控制电流（负载电流）
V_{OFF}：PLC 的 OFF 电压　　　　　I_{leak}：传感器漏电流
I_{ON}：PLC 的 ON 电流　　　　　　R：旁路电阻
I_{OFF}：PLC 的 OFF 电流
R_{IN}：PLC 的输入阻抗

图 6-20　直流二线传感器接入直流输入单元示意图

① PLC 为 ON 时的电压和传感器剩余电压间的关系：$V_{ON} \leqslant V_{CC} - V_R$。
② PLC 为 ON 时的电压和传感器控制输出（负载电流）间的关系：

$$I_{OUT}（最小）\leqslant I_{ON} \leqslant I_{OUT}（最大）$$
$$I_{ON} = (V_{CC} - V_R - 1.5[PLC \text{ 内部剩余电压}])/R_{IN}$$

当 I_{ON} 小于 I_{OUT}（最小）时，则连接一旁路电阻 R。旁路电阻常数可计算如下：

$$R \leqslant (V_{CC} - V_R)/(I_{OUT}（最小）- I_{ON})$$
$$功率 W \geqslant (V_{CC} - V_R)^2/R \times 4 [容限]$$

③ PLC 为 OFF 时的电流和传感器漏电流间的关系：$I_{OFF} \geqslant I_{leak}$。

如果 I_{leak} 大于 I_{OFF}，则连接一旁路电阻，使用下列等式计算旁路电阻常数：

$$R \leqslant (R_{IN} \times V_{OFF})/(I_{leak} \times R_{IN} - V_{OFF})$$
$$功率 W \geqslant (V_{CC} - V_R)^2/R \times 4 [容限]$$

④ 防止传感器浪涌电流的措施。如果 PLC 的电源先导通，然后传感器的电源再接通时，有时会因传感器的浪涌电流而导致误输入。因此，需确认从传感器的电源接通后到稳定动作为止的时间。传感器电源接通后可在程序中插入定时器做延迟处理。

【例 6-3】 将某传感器的电源电压被用作 CIO 0.00 的输入，并在程序中创建一个 100ms 定时器延迟（欧姆龙接近传感器到达稳定所需的时间）。在定时器的完成标志变为 ON 后，CIO 0.01 上的传感器输入会引起输出位 CIO 100.00 变为 ON。梯形图程序如图 6-21 所示。

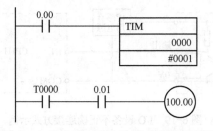

图 6-21　防止浪涌电流的梯形图程序示例

2）直流输出设备的连接

直流输出单元连接外部设备时需考虑以下问题：

① 输出短路保护。如果与输出端连接的负载短路，则可能危及输出部件和印制电路板。为防止这个情况，在外电路中加一熔丝，使用容量约为额定输出 2 倍的熔丝。

② 晶体管输出剩余电压。TTL 电路不能直接与晶体管输出连接，这是由于晶体管存在剩余电压，在两者之间需要连接一个上拉电阻和一个 CMOS IC（Complementary MOS Integrated Circuit，互补型 MOS 集成电路）。

③ 输出浪涌电流。将晶体管或三端双向晶闸管开关输出连接到有高浪涌电流的输出设备（如白炽灯）时，必须采取措施以避免损坏晶体管或三端双向晶闸管开关。为降低浪涌电流，可选下列两种方法之一。

方法 1：加一个电阻，引出约 1/3 的灯泡消耗的电流。如图 6-22a 所示。

方法 2：加一控制电阻，如图 6-22b 所示。

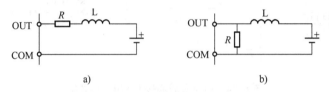

图 6-22　降低浪涌电流的接线示意图

a) 方法 1 示意图　b) 方法 2 示意图

（4）降低电噪声的方法

1）I/O 信号线降噪法。应尽量将 I/O 信号线和电源线放入独立的管道或将电缆管道放在控制面板的内侧和外侧，如图 6-23 所示。如果 I/O 信号线和电源线必须在同一管道内放线，则使用屏蔽电缆并将屏蔽线与 GR 端子相连接，以降低噪声。

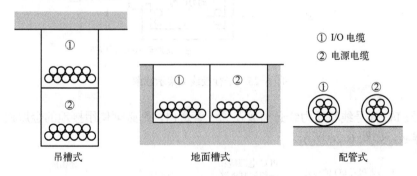

图 6-23　I/O 信号线布线示意图

2）电感负载降噪法。在电感负载与 I/O 单元相连接时，将一浪涌抑制器或二极管与负载并联，如图 6-24 所示。

3）外部布线的降噪措施

① 在使用多芯信号电缆时，避免将 I/O 线与其他控制线路并列使用。

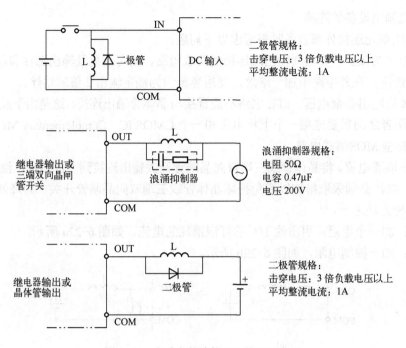

图 6-24　电感负载连接 I/O 单元示意图

② 如果接线支架是平行的，则各支架间隔至少为 300mm，如图 6-25 所示。

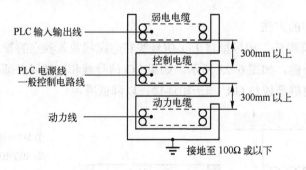

图 6-25　平行接线支架示意图

③ 如果 I/O 信号线和动力线必须放在同一管道内，则必须使用接地的金属板（铁制）将它们相互屏蔽，如图 6-26 所示。

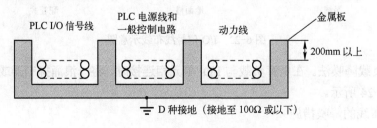

图 6-26　管道内金属屏蔽示意图

6.5　PLC 系统运行管理

为保证 PLC 系统长期稳定可靠运行，需要对 PLC 进行定期的维护与检查。当 PLC 发生故障时，及时地诊断并排除故障极为重要。本节以欧姆龙 CP1 系列 PLC 为参考机型，着重介绍 PLC 的日常维护与检查方法和故障诊断与排除方法。

6.5.1　PLC 日常维护

1. PLC 系统的维护与检查

PLC 系统是由大量半导体元件组成的，尽管其具有极长的工作寿命，但是如果使 PLC 长期工作在恶劣环境下的话，就必然会影响半导体元件的工作性能，因此必须对 PLC 进行定期检查与维护，较为常规的检查周期为 6~12 个月检查一次，但是根据所处环境的实际情况可以适当地缩短检查周期。欧姆龙 CP1 系列 PLC 的常规检查项目及采取的相应措施参见表 6-3。

表 6-3　CP1 系列 PLC 周期性检查一览表

检查项目	检 查 内 容	标　　准	措　　施
供电电源	测量 PLC 的电源电压是否为额定电压	电压必须在允许电压波动范围内： AC 100~240V 时，允许范围：AC 85~264V DC 24V 时，允许范围：DC 20.4~26.4V	使用一个万用表测量端子的供电电压。使用必要步骤使电压波动在允许范围内
I/O 电源	检查 I/O 端子的电压波动	每一个单元电压都必须在指定范围内	
周围环境	检查周围环境温度（如果 PLC 在控制柜内，要检查这个控制柜的温度）	0~55℃	使用温度计检查温度并确保环境温度保持在允许范围 0~55℃
	检查环境湿度（如果 PLC 在控制柜内，要检查这个控制柜的湿度）	没有空调时相对湿度必须在 10%~90%，不结露	使用湿度计检查湿度并确保环境湿度保持在 10%~90%
	检查 PLC 是否阳光直射	不受阳光直射	如果需要，采取遮挡措施
	检查灰尘、粉末、盐、金属屑的积累	没有积累	清洁并保护 PLC
	检查水、油或化学喷雾接触到 PLC	没有喷雾接触到 PLC	如果需要清洁保护 PLC
	检查在 PLC 区域中是否有易腐蚀或易燃气体	没有易腐蚀或易燃气体	通过闻或用气体传感器检查
	检查振动和冲击水平	振动和冲击在规定范围内	如果需要安装衬垫或撞击吸收装置
	检查 PLC 附近的噪声源	没有重要噪声信号源	隔离噪声源或实施屏蔽保护
安装和接线	检查 CJ 系列扩展单元的连接器是否完全插入并确认紧锁	没有松动	把连接器完全压到一起和用滑块把它们锁住
	检查电缆连接器完全插入和锁住	没有松动	纠正不正确安装的连接器
	检查外部接线中是否有松动螺丝钉	没有松动	用螺钉旋具拧紧螺钉
	检查外部接线中的压接端子间距	留有适当的空间	目测观察并调整
	检查外部接线电缆的完好	没有损坏	目测观察，如果有则必须替换电缆
易耗部件使用寿命	检查电池 CJ1W-BAT01 是否达到使用寿命	在 25℃时，工作期限是 5 年，当温度高时工作期限缩短	电池寿命依赖于模式，电源供应比率和周围环境温度，当达到期限到时，即使没有出错也应替换电池
	继电器输出型单元的触点是否达到使用寿命	在 35V 下，寿命 300 万次	当达到期限时，应更换单元

2. PLC 各单元与配件的更换与维护

（1）更换 PLC 的单元

当需要更换有问题的 PLC 单元时，需要注意以下事项：

1）必须在更换前切断 PLC 及其各单元的供电电源，绝不允许在通电时更换单元。但是注明可带电插拔的单元除外。

2）在安装新单元时，特别是诸如特殊 I/O 单元时必须确认各项设置正确无误。关于 CJ 系列 PLC 各单元的具体设置参数需参考 CPU 总线单元和特殊 I/O 单元的相关操作手册。

3）对于有接触不良接点的单元，需卸下该单元，使用清洁棉布沾工业酒精后，仔细擦拭问题接点，并确信去除棉丝后重新安装好该单元继续使用。

4）当更换 CPU 单元时，在起动新 CPU 单元运行前不仅要确认装载了相同的用户程序，而且还要确认所有功能所必需的参数与设置也已在新 CPU 单元中生效，其中包括 DM 区和 H 区的数据、路由表、Controller Link 单元数据表、网络参数和其他 CPU 总线单元数据等。

5）为保证更换 CPU 单元时所有参数设置正确且无遗漏，可以采用备份操作将用户程序以及 CPU 单元、DeviceNet 单元、串行通信单元和其他特定单元的所有参数保存为一个备份文件存储在存储卡中。存储卡可以将备份数据重新装载到新 CPU 单元内，备份过程安全简便。

6）对于已经确认有问题的单元，断电拆下后，应尽可能详细地描述其问题，并与单元一同寄回维修部。

（2）更换 PLC 的易耗元件

PLC 系统中的易耗元件主要是指继电器输出型单元和 CPU 单元后备锂电池，前者根据单元触点的使用频率估算是否达到使用寿命的极限，进而决定是否更换整个单元。CPU 单元后备锂电池的作用是当主电源关闭时，用于保存存储在 RAM 中的用户程序、PLC 设置及存储器保持区内的数据等。当电池电压过低时，主电源一旦关闭则 RAM 中的数据将丢失。

锂电池在25℃常温下的寿命大约为5年，但在高温环境下或CPU单元长期不供电情况下，电池的寿命会大幅缩短，最坏情况下仅为 9 个月。当锂电池的电压逐渐降低时，CPU 单元面板上的 ERR/ALM 指示灯将闪烁（必须利用 CX-Programmer 软件提前在 PLC 设置中设定"检测电池电压低错误"，并下载到 PLC 中），此时编程工具软件中将显示报警信息，同时电池错误标志（A402.04）置位为 ON。

此时应先检查电池与 CPU 单元的连接是否正确，如果电池连接正确，应尽可能快地更换电池。因为在电池失效前，如果每天只供电一次的话，仅能支持 5 天。更换锂电池的操作必须在 CPU 单元停电的 5min 内完成，以确保存储器内的数据不丢失，具体操作步骤如下：

1）先使 PLC 上电 5min 给存储器备用电源的电容充电，当锂电池拔出后，该电容可以对 RAM 短暂供电。

2）切断 CPU 单元电源。

3）打开 CPU 单元左上方的仓盖，小心抽出电池。

4）拆开电池连接器。

5）接上新电池组，把它放到电池仓中，如图 6-27 所示，合上盖板。

插入新电池后，将自动清除电池错误信息。需要特别注意的是，不要短路电池接线端，不要对电池充电，不要拆解电池，不要加热或燃烧电池。

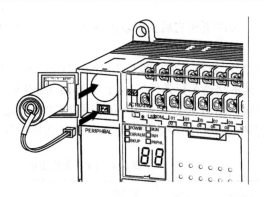

图 6-27　安装 CPU 单元新电池示意图

6.5.2　定期检查控制系统的硬件设备

PLC 系统在工业环境下运行，存在发生故障或损坏的可能。如果等到报警或故障发生后再去检查和维护，势必会影响生产。如果能制度化地定期做设备的维护与检修，就可以使 PLC 系统工作在最佳状态下，保证了企业经济效益。因此定期检修与做好日常维护非常必要。具体维修工作大致有下面几个方面。

（1）掌握设备的工作原理及各种器件的特性是设备日常维护的基础

例如，CP1H PLC 的供电电压为 AC 100～240V 时，在日常工作中它允许有一定的电压波动范围，向上波动不能超过 10%，向下波动不能超过 15%，因此该 PLC 可以工作在交流 85～264V 范围内。当工作环境的电源波动范围超过上述限制时，必须采取一定措施。

又如 CPU 单元中的后备锂电池 CJ1W-BAT01 在室温下（25℃）工作寿命为 5 年，但是随着工作环境温度的上升，其工作寿命迅速下降，因此维修人员掌握这一特性后，一旦发现环境温度升高时，必须及时采取必要的措施。

（2）建立严格的检修制度

检修工作关系到设备功能能否正常发挥，关系到生产能否顺利进行，这二者是相辅相成的，相互制约的，因此检修工作必须形成制度，并建立设备维护档案，按期执行，保证设备运行的最优。设备检修制度中应明确各类检修的时间、检修的项目、质量标准等。

以 CP1H PLC 为例，其检修时间以每 6～12 个月检修一次为宜，当外部环境较差时，可以适当缩短检修间隔，同时，维修人员应在每次维修时填写设备维护档案，特别是对易耗元件的维护更应详细，做到有据可查。具体检修内容参见表 6-3。

（3）备件准备充足

在条件允许的情况下，应对主要设备配备充足的备件，尤其是对某些常见易损件或市面上不易购置的、较特殊的器件和材料，更应及早配备好备件，以便维修时可以及时更换。此外，对一些常用的元件，如电阻、电容、晶体管、光隔离器，二极管和稳压管等应配备系列备件，即对不同参数的品种尽可能配齐。

6.5.3　PLC 系统的自诊断功能

PLC 的可靠性很高，为了使系统平均修复时间压缩到最短，PLC 本身具有各种很完善的自诊断功能，以便对机器运转的各种异常进行报警，提示故障原因。借助自诊断程序可以方便地找到出现故障的部件，及时更换它后就可以恢复正常工作。下面以 CP1 系列 PLC 为例，介绍 PLC 的自诊断功能。

CP1 系列 PLC 将错误类别分为 4 类，即 CPU 异常（CPU 发生 WDT 异常，CPU 不能运行）、CPU 待机（CPU 不具备起动运行条件）、非致命错误（发生轻微错误，CPU 仍可运行）和致命错误（发生重大错误，CPU 停止运行），可以通过 CPU 单元面板上的指示灯、2 位 7 段 LED 和特殊辅助继电器位来获得初步的错误信息，CPU 面板的各指示灯含义见表 6-4。

表 6-4 CPU 面板指示灯一览表

□POWER □RUN □ERR/ALM □INH □BKUP □PRPHL	POWER（绿）	灯亮	通电时
		灯灭	不通电时
	RUN（绿）	灯亮	运行或者监视模式下程序执行中
		灯灭	程序模式停止中或者因运行停止异常停止中
	ERR/ALM（红）	灯亮	发生运行停止异常，或者发生 CPU 异常（WDT 异常）时停止运行，所有输出切断
		闪烁	发生运行继续异常 此时运行继续
		灯灭	正常时
	INH（黄）	灯亮	输出禁止标志（A500.15）ON 时灯亮 所有输出切断
		灯灭	正常时
	BKUP①（黄）	灯亮	写入到内部内存中或者访问存储盒 另外，PLC 本体的电源再接通时，用户程序复原期间灯也亮
		灯灭	除上述以外
	PRPHL（黄）	闪烁	外部设备 USB 端口通信中（收发信执行中）时，灯闪烁
		灯灭	除上述以外

① 此 LED 灯亮时，请不要切断 CP1H CPU 单元的电源。

当 PLC 处于监视或运行工作模式时，CPU 面板指示灯在出错时的显示状态见表 6-5。

表 6-5 各错误类型的指示灯显示状态

指示灯	CPU 异常	CPU 待机	致命错误	非致命错误	外设 USB 端口通信错误	输出 OFF 位为 ON
RUN	灭	灭	灭	亮	亮	亮
ERR/ALM	亮	灭	亮	闪烁	—	—
INH	灭	—	—	—	—	亮
BKUP	—	—	—	—	—	—
PRPHL	—	—	—	—	灭	—

注意：在运行或监视模式下，出现 CPU 错误时，编程设备不能连接到 CPU 单元。而产生致命错误时却可以连接编程设备，这是两种错误的区别。

除由指示灯显示错误外，在 CP1H PLC 中还可以由 2 位 7 段 LED 显示故障代码，如图 6-28 所示。故障代码为 4 位，每次 2 位分 2 次显示，示例如图 2-12 所示。各故障代码的具体含义可以参见《SYSMAC CP 系列 CP1H CPU 操作手册》中 9.1 节的 "7 段 LED"。

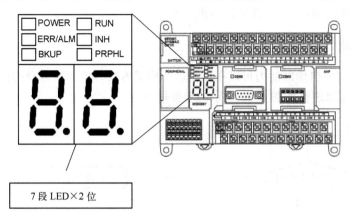

图 6-28 显示错误信息的 7 段 LED

此外，PLC 每产生一个错误，CPU 单元在出错记录区中存储一条错误信息，同时对应的特殊辅助继电器区（AR 区）中的错误标志位将置为 ON。错误信息包括故障代码（存入 A400 通道中），出错内容和出错时间等。当多个错误同时发生时，保存重要程度最高的故障代码。各种错误信息对应的错误标志位及其存储通道可以参见《SYSMAC CP 系列 CP1H CPU 操作手册》中 9.1 节的 "特殊辅助继电器（AR 区域）"。

在出错记录区中最多可以保存 20 条记录，存储错误信息的过程如图 6-29 所示。

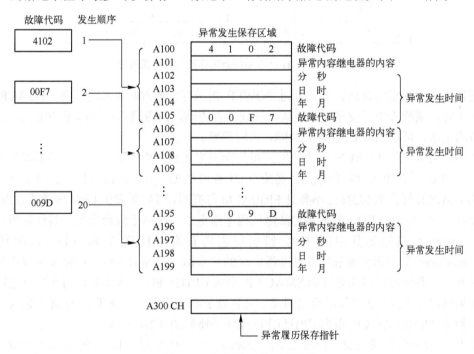

图 6-29 存储错误信息示意图

当记录的错误超过 20 时，最旧的错误数据（保存在 A100～A104 通道内的错误数据）将被删除，保存在 A105～A199 通道中的 19 个错误数据前移，最新的记录保存在 A195～A199

通道中，保存错误信息的数量值采用二进制数形式保存在 A 区的错误记录指针通道（A300）中。当错误数量超过 20 个时，该指针不再递增。

6.5.4　故障诊断与处理方法

PLC 自身具有的自诊断能力可以在系统运行周期内实时地诊断自身的错误。PLC 系统的故障诊断与处理可以遵循如图 6-30 所示的步骤排查。

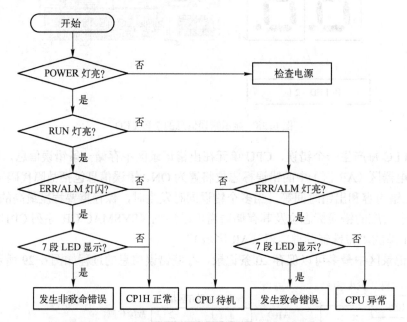

图 6-30　CP1H PLC 系统故障诊断与排查流程图

在排查 CP1H 的故障时，首先通过 POWER 指示灯大致判断电源的状态。POWER 灯不亮或闪烁时，需检查电源规格是否正确，接线是否正确，测量确认电源端子的电压。如果以上检查均正常，可以判断 CPU 单元故障，及时更换。

当 POWER 灯亮但 RUN 灯不亮时，可判断发生 CPU 待机错误，可能的原因是未识别 CJ 系列 CPU 总线单元及特殊单元，需检查 CJ 系列 CPU 总线单元的设置或更换特殊单元。

当 POWER 灯亮但 RUN 灯不亮且 ERR/ALM 灯亮时，可判断发生 CPU 异常或致命错误。此时观察 2 位 7 段 LED，其显示的故障代码不断更新，应属于致命错误。其错误内容可在 CX-Programmer 编程工具中的 PLC 错误日志内查询。根据 7 段 LED 故障代码或 CX-Programmer 的显示信息和特殊辅助继电区的异常标志及异常内容，可以确认错误的起因并及时处理。具体内容可参见《SYSMAC CP 系列 CP1H CPU 操作手册》的 9.2.3 小节。

如果此时 7 段 LED 无显示或相同显示内容处于冻结状态，应属于 CPU 异常错误。具体内容可参见《SYSMAC CP 系列 CP1H CPU 操作手册》的 9.2.4 小节。

在 PLC 处于运行或监视工作模式下，POWER 灯与 RUN 灯亮且 ERR/ALM 灯闪烁时，可判断发生非致命错误。同样，根据 7 段 LED 故障代码或 CX-Programmer 的显示信息和特殊辅助继电区的异常标志及异常内容，可以确认错误的起因并及时处理。具体内容可参见《SYSMAC CP 系列 CP1H CPU 操作手册》的 9.2.5 小节。

表 6-6～表 6-9 分别列出了 CPU 单元、特殊 I/O 单元、开关量输入单元和开关量输出单元的故障现象、可能成因及处理建议，供维修人员参考，需更详尽了解请参考相关手册。

表 6-6　CPU 单元常见故障处理

序号	故 障 现 象	可 能 成 因	处 理 建 议
1	POWER 灯不亮	电路短路或损坏	更换 CPU 单元
2	RUN 灯不亮	程序错误	修改程序
		电源线接触不良	更换 CPU 单元
3	特殊 I/O 单元、CPU 总线单元不能运行或故障	I/O 连接电缆故障 I/O 总线故障	更换 CPU 单元
4	特定的 I/O 点不动作		
5	8 点或 16 点 I/O 模块异常		
6	特定模块的输出或输入点保持为 ON		
7	特定单元的所有 I/O 点不为 ON		

表 6-7　特殊 I/O 单元常见故障处理

故 障 现 象	可 能 成 因	处 理 建 议
高功能 I/O 单元 ERH LED 灯亮且 RUN LED 灯亮	CPU 单元对该高功能 I/O 单元不执行 I/O 刷新	采用以下方法之一处理： • CPU 单元的 PLC 系统设定中 "高功能 I/O 单元周期刷新有无指定" 项设定成 "0：进行" • 通过 IORF 指令，定期对该单元执行 I/O 刷新（每 11s 一次以上）

表 6-8　开关量输入单元常见故障处理

序号	故 障 现 象	可 能 成 因	处 理 建 议
1	所有输入不能 ON（LED 灯不亮）	没有接通电源	接通电源
		电源电压低	调整合适电压
		端子台螺钉松动	拧紧螺钉
		端子台连接器接触不良	更换端子台连接器后重接
2	所有输入不能 ON（LED 灯亮）	输入电路故障（有负载短路或者其他原因造成过电流）	更换输入单元
3	所有输入不能 OFF	输入电路故障	更换单元
4	特定输入点不为 ON	输入器件故障	更换输入器件
		输入信号线断线	检查输入接线
		端子台螺钉松动	拧紧螺钉
		端子台连接器接触不良	更换端子台连接器后重接
		输入接通时间太短	调整输入设备
		输入电路故障	更换单元
		输出指令未使用该输入位号	修改程序再试
5	特定输入点不为 OFF	输入电路故障	更换输入单元
		输出指令使用了输入位号	修改程序再试

（续）

序号	故障现象	可能成因	处理建议
6	输入点不规律 ON/OFF	输入信号电压太低或不稳定	调节电源电压到额定范围内
		噪声引起的误操作	采用下列抗噪声保护措施： ① 安装浪涌抑制器 ② 安装隔离变压器 ③ 输入单元和负载间用屏蔽电缆
		端子台螺钉松动	拧紧螺钉
		端子台连接器接触不良	更换端子排连接器后重接
7	在 8 点或 16 点等共 COM 端输入存在同类错误	COM 端子螺钉松动	拧紧螺钉
		端子台连接器接触不良	更换端子台连接器后重接
		数据总线故障	更换单元
		CPU 故障	更换 CPU 单元
8	在正常操作时输入 LED 指示灯不亮	LED 或 LED 灯电路故障	更换单元

表 6-9 开关量输出单元常见故障处理

序号	故障现象	可能成因	处理建议
1	所有输出不为 ON	未接通负载电源	接通电源
		负载电压太低	调整合适电压
		端子台螺钉松动	拧紧螺钉
		端子台连接器接触不良	更换端子排连接器后重接
		在输出单元中一个过电流（可能是由负载短路造成）导致输出单元中的熔断器烧断（某些输出单元提供熔断器烧断指示灯）	更换单元
		I/O 总线连接器接触不良	更换单元
		输出电路故障	更换单元
		INH 灯亮，负载切断标志为 ON	负载切断标志（A500.15）置 OFF
2	所有输出不为 OFF	输出电路故障	更换单元
3	特定输出位不为 ON（LED 指示灯不亮）	程序有错误使输出为 ON 时间太短	修改程序（延长输出时间）
		多线圈重复输出	改正程序使每个输出位只能由一个指令控制
		输出电路故障	更换单元
4	特定输出位不为 ON（LED 指示灯亮）	输出器件故障	更换输出器件
		输出信号线断线	检查输出线
		端子台螺钉松动	拧紧螺钉
		端子台连接器接触不良	更换端子台连接器后重接
		输出位故障（仅继电器型输出）	更换单元
		输出电路故障	更换单元
5	特定输出位不为 OFF（LED 指示灯不亮）	输出位故障	更换单元
		漏电流或残留电压导致不能复位	更换外部负载或增加旁路电阻

（续）

序号	故　障　现　象	可　能　成　因	处　理　建　议
6	特定输出位不为 OFF（LED 指示灯亮）	多线圈重复输出	修改程序
		输出电路故障	更换单元
7	输出点不规律 ON/OFF	负载电压太低或不稳定	调节电压到额定范围内
		多线圈重复输出	修改程序使每个输出位只能由一个指令控制
		噪声引起的误动作	采用下列抗噪声保护措施： ① 安装浪涌抑制器 ② 安装隔离变压器 ③ 输出单元和负载间用屏蔽电缆
		端子台螺钉松动	拧紧螺钉
		端子台连接器接触不良	更换端子台连接器后重接
8	在 8 点或 16 点单元中出现某种同类错误	COM 端子螺钉松动	拧紧螺钉
		端子台连接器接触不良	更换端子台连接器后重接
		在输出单元中过电流（可能是在负载短路造成）导致输出单元熔断器烧断（某些输出单元提供熔断器烧断指示灯）	更换单元
		数据总线故障	更换单元
		CPU 故障	更换 CPU 单元
9	正常操作时输出指示灯不亮	LED 灯或 LED 灯电路故障	更换单元

第7章　PLC实用案例

本章将介绍一些用户在编程中可以引用的典型控制电路及案例。在这些案例中采用了第5章介绍的程序设计方法。读者在学习本章时，应重点理解各个案例的编程思路和方法。

7.1　三相异步电动机丫-△减压起动控制案例

对于运行的定子绕组为三角形（△）联结的三相异步电动机，为了减少起动电流，可以采用丫-△减压起动方式。其控制要求是起动时将定子三相绕组联结成星形（丫）；起动完毕再将定子绕组联结为三角形。

7.1.1　系统配置

三相异步电动机丫-△减压起动控制电路如图 7-1 所示。假定本例选取欧姆龙 CP1H-XA40DR-A 型 PLC 为控制器，其 I/O 分配见表 7-1。

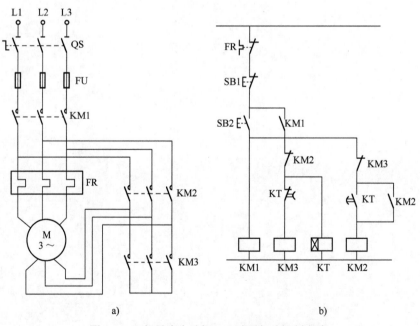

a)　　　　　　　　　　　　　b)

图 7-1　三相异步电动机丫-△减压起动控制电路

a) 主电路　b) 控制电路

表 7-1　I/O 分配表

输　入　点			输　出　点		
符 号	地 址	注 释	符 号	地 址	注 释
SB2	0.00	起动按钮	KM1	101.00	接通三相电
SB1	0.01	停止按钮	KM2	101.01	△起动
FR	0.02	过载保护触点	KM3	101.02	Y起动

7.1.2　Y-△减压起动 PLC 控制程序设计

由于Y-△减压起动的继电器控制电路在实际应用中已很成熟，且 PLC 的梯形图与继电器控制原理图极其相似，因此本例采用继电器/梯形图转换法来设计梯形图不失为一条捷径。将继电器控制原理图"翻译"为梯形图，即用 PLC 的外部硬件接线图和梯形图软件实现图 7-1 的控制功能，PLC 的 I/O 接线图如图 7-2 所示，控制梯形图如图 7-3 所示。图 7-3 中输出继电器 KM3（Y）和 KM2（△）的常闭触点实现电器互锁，以防Y→△联结换接时的相间短路。

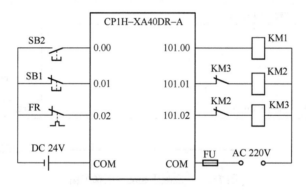

图 7-2　Y-△减压起动 PLC I/O 接线图

梯形图实现的控制功能是按下起动按钮 SB2 时，输入继电器 0.00 的常开触点闭合，并通过主控触点（W10.00 常开触点）自锁，输出继电器 101.02 接通，接触器 KM3 得电吸合，101.00 接通，接触器 KM1 得电吸合，电动机在Y联结方式下起动。同时，定时器 T0 开始定时，8s 后 T0 动作使 101.02 断开，101.02 断开后 KM3 失电释放，互锁解除使输出继电器 101.01 接通，接触器 KM2 得电吸合，电动机切换到△联结方式下运行。

当按下停止按钮或过载保护继电器（FR）动作时，无条件地将主控触点断开，电动机停止运行。

7.1.3　编程要点

1. 本例中应用了典型编程电路——起保停电路，实现主控点及电源触点的自锁，同时结合定时器延时断开电路实现从Y联结向△联结的转换。

2. 由于将停止按钮 SB1 和热继电器 FR 的常闭触点接入了 CP1H 的输入端，CP1H 一旦上电，输入继电器 0.01 和 0.02 将立即接通，因此梯形图程序的第一逻辑行中调用了 0.01 和 0.02 的常开触点，否则电动机将永远不能起动。由此可见，当采用继电器/梯形图转换设计法时，若将原继电器控制电路中的输入器件原样接入 PLC 输入端时，若接入常开触点，梯形图逻辑中调用与之对应的常开继电器触点；若接入常闭触点，梯形图逻辑中需调用与之相反的常开继电器触点，这样才能实现与原继电器控制电路相同的控制效果。

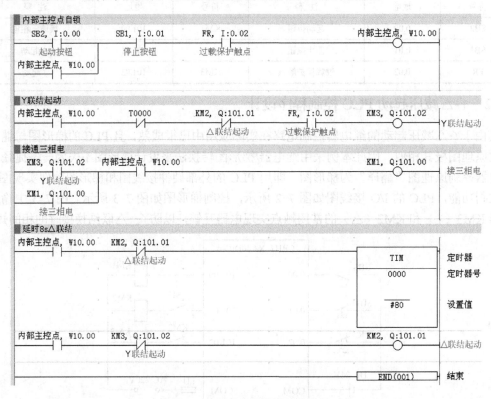

图 7-3　Y-△减压起动控制梯形图

7.1.4　组合逻辑法编程

图 7-1 给出的控制电路，采用逻辑设计法编程也很简捷，控制电路的逻辑表达式如下：

$$KM1 = \overline{FR} \cdot \overline{SB1} \cdot (SB2 + KM1)$$
$$KM2 = \overline{FR} \cdot \overline{SB1} \cdot (SB2 + KM1) \cdot \overline{KM3} \cdot (KT + KM2)$$
$$KM3 = \overline{FR} \cdot \overline{SB1} \cdot (SB2 + KM1) \cdot \overline{KM2} \cdot \overline{KT}$$
$$KT = \overline{FR} \cdot \overline{SB1} \cdot (SB2 + KM1) \cdot \overline{KM2}$$

定时器 T0=KT，由 PLC 接线可知：

$$101.00 = 0.02 \cdot 0.01 \cdot (0.00 + 101.00)$$

设 W10.00=0.02·0.01·(0.00+W10.00)，则

$$101.01 = W10.00 \cdot \overline{101.02} \cdot (T0 + 101.01)$$
$$101.02 = W10.00 \cdot \overline{101.01} \cdot \overline{T0}$$
$$T0 = W10.00 \cdot \overline{101.01}$$

为了确保起动时是 Y 联结起动，令 101.00=W10.00·101.02，同样得到上述逻辑关系。借助以上的逻辑表达式可以编写出梯形图程序。

7.2　风机运行监控案例

7.2.1　控制要求

监视三台通风机的运转状态。当两台或两台以上风机运转时，信号灯常亮；当只有一台风机运转时，信号灯以 5Hz 的频率闪烁；当全部风机停止运转时，信号灯以 10Hz 的频率闪烁。采用一个总开关控制监视系统工作，当开关断开时，不监视通风机且信号灯熄灭。

7.2.2　系统配置

本例选用欧姆龙小型机 CP1H PLC 为控制器，I/O 接线图略，监视系统的 I/O 分配表见表 7-2。

表 7-2　I/O 分配表

输　入　点			输　出　点		
符　号	地　址	注　释	符　号	地　址	注　释
S1	0.00	1#风机运行状态位	H	100.00	信号灯亮
S2	0.01	2#风机运行状态位			
S3	0.02	3#风机运行状态位			
SW1	0.03	总开关			

7.2.3　PLC 控制程序设计

分析控制要求得出，本例适合采用"组合逻辑设计法"。三台风机的运转情况具有三种组合，对应信号的三种指示状态，现使用三个 CP1H 内部工作位 W10.00～W10.02 分别表示"两台以上风机运转""一台风机运转""无风机运转"三种状态，再由这三个工作位控制信号灯 100.00。W10.00～W10.02 与 0.00～0.02 的逻辑关系可由真值表列出，见表 7-3。

表 7-3　风机控制逻辑真值表

组合逻辑条件编号	输　入　点			输　出　点		
	0.00	0.01	0.02	W10.00	W10.01	W10.02
1	0	0	0	0	0	1
2	0	0	1	0	1	0
3	0	1	0	0	1	0
4	0	1	1	1	0	0
5	1	0	0	0	1	0
6	1	0	1	1	0	0
7	1	1	0	1	0	0
8	1	1	1	1	0	0

根据真值表可以列出 W10.00～W10.02 的逻辑表达式如下：

$$W10.00 = \overline{0.00} \cdot 0.01 \cdot 0.02 + 0.00 \cdot \overline{0.01} \cdot 0.02 + 0.00 \cdot 0.01 \cdot \overline{0.02} + 0.00 \cdot 0.01 \cdot 0.02$$

$$W10.01 = \overline{0.00} \cdot \overline{0.01} \cdot 0.02 + \overline{0.00} \cdot 0.01 \cdot \overline{0.02} + 0.00 \cdot \overline{0.01} \cdot \overline{0.02}$$

$$W10.02 = \overline{0.00} \cdot \overline{0.01} \cdot \overline{0.02}$$

对组合逻辑条件较多的 W10.00 进行逻辑化简为：

$$W10.00 = \overline{0.00} \cdot 0.01 \cdot 0.02 + 0.00 \cdot 0.01 \cdot 0.02 + 0.00 \cdot \overline{0.01} \cdot 0.02 +$$
$$0.00 \cdot 0.01 \cdot 0.02 + 0.00 \cdot 0.01 \cdot \overline{0.02} + 0.00 \cdot 0.01 \cdot 0.02$$

$$W10.00 = 0.01 \cdot 0.02 + 0.00 \cdot 0.02 + 0.00 \cdot 0.01$$
$$= (0.01 + 0.02) \cdot (0.00 + 0.02) \cdot (0.00 + 0.01)$$

从逻辑关系上 W10.01 可以由 W10.00 和 W10.02 来表示：

$$W10.01 = \overline{W10.00 \cdot W10.02}$$

根据逻辑表达式编写梯形图如图 7-4 所示。其中 W10.00 的指令条也可以由图 7-5 所示梯形图来替代。图 7-4 中信号灯的 5Hz 和 10Hz 闪烁效果分别借助于 CP1H 的 0.2s 时钟脉冲位 P_0_2s 和 0.1s 时钟脉冲位 P_0_1s 来实现。

图 7-4　3 台风机监控梯形图

图 7-5　两台以上风机监控梯形图示例

7.3　三人抢答器控制案例

抢答器是常见的控制问题，本例是设计三人抢答器控制程序，涉及的设备如图 7-6 所示，主持人配备抢答"开始"和"复位"按钮各一个，以及抢答信号灯一盏；三名参赛选手每人配备了"抢答"和"犯规"灯各一盏，以及一个"抢答按钮"。

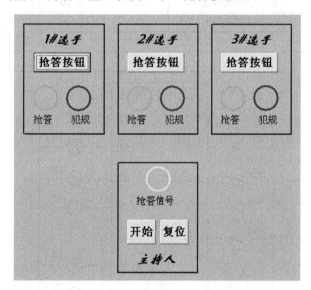

图 7-6　三人抢答器现场设备示意图

7.3.1　控制要求

三人抢答器的具体控制要求如下：

1）当主持人给出题目，并按下抢答"开始"按钮，此时抢答信号灯亮，提示各选手开始抢答。

2）当抢答结束后，主持人按下"复位"按钮，此时抢答信号灯灭，主持人开始准备出下一道抢答题。若抢答信号灯亮 10s 内无人抢答，视作选手弃权，本题作废。同时抢答信号灯自动熄灭。

3）在抢答信号灯亮后，先按下"抢答"按钮的选手，他面前的"抢答"灯常亮，后按的选手无效。答题完毕，主持人按下"复位"按钮，使该选手的抢答灯熄灭。

4）在主持人的抢答信号灯未亮时，提前按下"抢答"按钮的选手被判犯规，他面前的"犯规"灯常亮（犯规扣分），若有多名选手犯规，则只处罚第一个犯规的选手。主持人按下"复位"按钮，可将该选手的"犯规"灯熄灭。

7.3.2 系统配置

本例选取欧姆龙 CP1H-XA40DR-A 型 PLC 为控制器，其 I/O 分配表见表 7-4，I/O 接线图如图 7-7 所示。

表 7-4 I/O 分配表

输入点（0 通道）			输出点（101 通道）		
符号	地址	注 释	符号	地址	注 释
SB0	0.00	主持人开始按钮	HL0	101.00	主持人抢答信号灯亮
SB1	0.01	1 号选手抢答按钮	HL1	101.01	1 号选手抢答灯亮
SB2	0.02	2 号选手抢答按钮	HL2	101.02	2 号选手抢答灯亮
SB3	0.03	3 号选手抢答按钮	HL3	101.03	3 号选手抢答灯亮
SB4	0.04	主持人复位按钮	HL4	101.04	1 号选手犯规灯亮
			HL5	101.05	2 号选手犯规灯亮
			HL6	101.06	3 号选手犯规灯亮

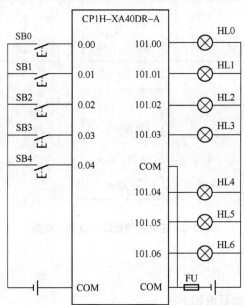

图 7-7 抢答器控制器 I/O 接线图

7.3.3 抢答器 PLC 控制程序设计

本例控制任务较简单，适合采用经验设计法来设计梯形图。编程思路如下：

1）程序的总体结构可分为"抢答有效"与"抢答犯规"两部分，在此基础上分别分析抢答灯与犯规灯的输出条件。

2）设计各选手的梯形图时，在逻辑条件中需串入其他选手抢答灯的常闭触点，旨在体现抢答器的基本功能——竞时封锁，在已有选手抢答之后其他选手再按自己的抢答按钮将无效。

犯规情况的编程与此相同。

3）设计主持人的程序时，需要考虑正常抢答和 10s 内无人抢答这两种情况。

4）实现系统的总复位功能需在各逻辑行中串入复位按钮的常闭触点。

三人抢答器的 PLC 控制梯形图如图 7-8 所示。

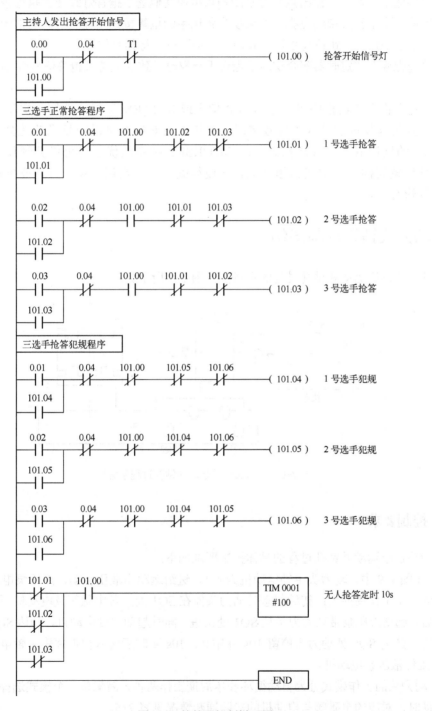

图 7-8 抢答器控制梯形图

7.3.4 编程要点

1. 本例应用了多段"起保停"经典程序段，实现抢答器的竞时封锁功能。特别需要注意的是应将各选手抢答灯（输出点）的常闭触点串在其他选手抢答灯线圈的执行条件上，这样才能保证第一个抢答灯持续点亮。如果换为各选手的抢答按钮（输入点）的常闭触点的话，则当第一个选手按完按钮抬起手后，其他选手仍可抢入将其复位。

2. "起保停"与定时器配合实现了当选手弃权时导致的主持人抢答信号灯 10s 延时断开的功能。

3. "起保停"经典程序可以由 KEEP 指令或 SET+RSET 指令改写，实现相同的控制功能。当置位与复位的输入条件较多时，使用 KEEP 指令可以一目了然地分开彼此，比"起动停"的结构清晰，可读性好。而 SET/RSET 指令的优点是可以分开使用，置于程序的任意位置同样可以实现自锁功能，这使得编程更加灵活，置位与复位条件无须集中在一个逻辑行中。

7.4 动力头钻孔控制案例

某动力头进给运动和钻孔过程的示意图如图 7-9 所示。

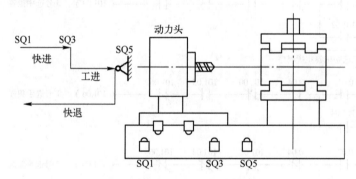

图 7-9　动力头进给运动和钻孔过程示意图

7.4.1 控制要求

动力头进给运动并钻孔过程的具体控制要求如下：

1）在图 7-9 中，动力头主轴电动机为 M1，进给运动由液压驱动，液压泵电动机为 M2，动力头的一个工作周期为：初始状态时动力头停在 SQ1 处，各电磁阀及电动机不工作。按起动按钮后，起动液压泵带动动力头从 SQ1 处快进，同时起动主轴电动机，到达 SQ3 处动力头转入工进，到达 SQ5 处动力头停留 10s 并钻孔。10s 到时后转入快退并停主轴电动机，返回到 SQ1 处停液压泵电动机。

2）动力头的工作模式分为自动循环和单周期工作两种，需配备一个模式选择开关。当动力头运动时，对应的电磁阀与电动机的实际通断情况见表 7-5。

表 7-5　电磁阀与电动机工况运行表

设备\工况	YV1	YV2	YV3	M1	M2
初始	—	—	—	—	—
快进	+	—	—	+	+
工进	+	+	—	+	+
停留	—	—	—	+	+
快退	—	—	+	—	+

注：表中"＋"代表导通，"—"代表关闭。

7.4.2　系统配置

本例选取欧姆龙小型机 CP1H-XA40DR-A 型 PLC 为控制器，其 I/O 分配见表 7-6。I/O 接线图略。

表 7-6　动力头进给控制 I/O 分配表

输　入		输　出	
名称	地址	名称	地址
起动按钮	0.00	YV1	101.01
SQ1	0.01	YV2	101.02
循环模式选择开关	0.02	YV3	101.03
SQ3	0.03	M1	101.04
SQ5	0.05	M2	101.05

7.4.3　动力头 PLC 控制程序设计

分析控制要求得出，本例是一个典型的顺序控制问题，对于这类问题适合采用"顺控图设计法"。采用顺控图法编程需在项目分析的基础上画出正确的顺控图。

本实例中通过分析动力头的整个工作过程来绘制顺控图，如图 7-10 所示。

图 7-10a 是顺控图的文字表达形式，图 7-10b 是符号表达形式。针对图 7-10b 需做以下几点说明：

1）激活初始步 1 的转换条件有两个，一个是 PLC 上电第一个扫描周期为 ON 的标志位（P_First_Cycle），它的作用是使 PLC 开机运行时就无条件地进入到初始步 1；另一个来自于 5 步的转换条件是行程开关 SQ1（0.01）和循环模式开关 0.02 **"非"**的**逻辑与**组合。

2）激活 2 步的转换条件也有两个，一个来自于初始步 1 的转换条件是 SQ1（0.01）和起动按钮 0.00 的**逻辑与**组合，以防动力头偏离了初始位置；另一个来自于 5 步的转换条件是行程开关 SQ1（0.01）与循环模式开关 0.02 的**逻辑与**组合。因此，如果选择循环工作模式，则当转换条件满足时，5 步将直接转入到 2 步，无须再按起动按钮了。

3）在 2 步的动作中，起动电动机 M1 和 M2 且保持，因此在图 7-10b 中的 2 步对应动作框中画"S101.04"和"S101.05"，符号 S 表示置位保持；在 5 步和 1 步中分别关闭 M1 和 M2，在对应的动作框中内画"R 101.04"和"R 101.05"，符号 R 表示复位停止。

4）在 5 步的动作中，由于存在两个出口（激活初始步 1 或激活步 2），因此 5 步的复位条件也相应有两个，即图 7-10b 中的 W10.01 和 W10.02，切勿遗漏！

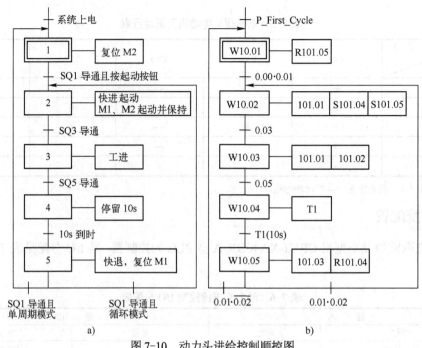

图 7-10　动力头进给控制顺控图

a) 顺控图 1　b) 顺控图 2

根据表 7-6 定义程序符号和图 7-10b，使用基本逻辑指令编程法编写的动力头进给控制梯形图如图 7-11 所示。

图 7-10 动力头给进控制顺控图属于循环序列结构，使用 CP1H 的工作位 W10.01～W10.05 作为各步标志位。按照基本指令法编写梯形图程序时需要注意以下几点：

1）W10.05 步存在两个出口 W10.01 和 W10.02，所以 W10.05 的复位条件有两个，即 W10.01 和 W10.02。

2）W10.01 步的激活条件有两个，一个是 P_First_Cycle；另一个是由 W10.05 步在满足条件时激活。

3）W10.02 步的激活条件有两个，一个是由 W10.01 步在满足条件时激活；另一个是由 W10.05 步在满足条件时激活。

4）快进 101.01 在 W10.02 步和 W10.03 步都有输出，所以使用图 5-8c 所示的组合输出方法来避免多线圈输出问题。

从该实例可以看出顺控图设计法是一种较先进的设计方法，简单易学，提高了编程的效率，程序的调试与修改更加方便，而且可读性也大为改善。

另外，对于欧姆龙 CJ 系列 PLC 可以在 CX-Programmer 编程软件中直接插入顺控图模块（Sequential Function Chart，SFC），借助该软件提供的模板来编写顺控图，具体操作方法介绍如下。

首先，在 CX-Programmer 中新建工程文件，选择设备类型（以 CJ1M-CPU23 机型为例），网络类型选择 SYSMAC WAY，如图 7-12 所示。

在图 7-12 中，鼠标单击"设备类型"后面的"设定"按钮，出现"设备类型设置[CJ1M]"对话框，如图 7-13 所示。在"CPU 类型"选项中选择"CPU23"，单击"确定"按钮，完成设备类型设置。出现工程文件编辑界面。

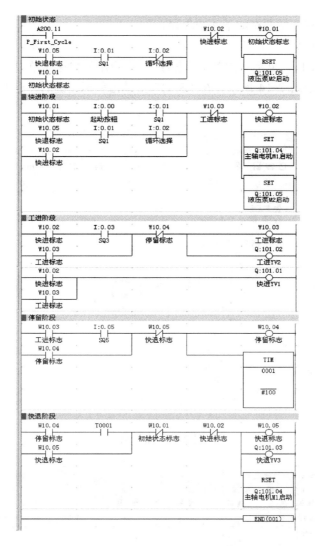

图 7-11　动力头进给控制梯形图

图 7-12　新建工程

图 7-13　设备类型设置

采用 SFC 编写程序主要有如下 4 个步骤。

（1）建立 SFC 框架

在工程工作区窗口，鼠标右键单击"程序"，在弹出的快捷菜单中选择"插入程序"，进一步选择"SFC"，如图 7-14 所示。在"SFC"上单击鼠标左键后，出现 SFC 编辑界面，如图 7-15 所示。

图 7-14　插入 SFC

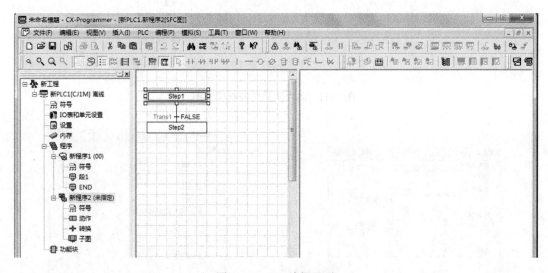

图 7-15　SFC 编辑界面

本实例的顺控图共有 5 步（见图 7-10），系统默认有"Step1"和"Step2"，因此需要再增加 3 步。增加步"Step"和转换"Trans"的方法如下：

首先，鼠标右键单击"Step2"，在出现的快捷菜单中选择"增加转换和步"，如图 7-16a

所示,就会在"Step2"的下面增加一个转换"Trans2"和一个步"Step3",如图 7-16b 所示。可以通过选中"Step3",按下鼠标左键拖动 "Step3"来改变它的位置。同样,用拖动的方法可以改变其他"Step"的位置,从而改变 SFC 图形的布局。

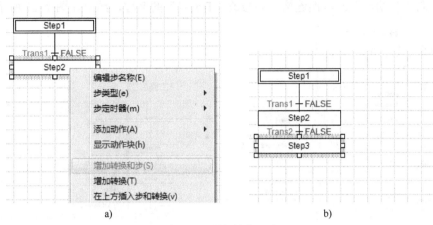

图 7-16 增加转换和步

a) 增加转换和步操作　b) 增加转换和步结果

用同样的方法来增加"Trans4""Step4"和"Trans5""Step5"。

为了增加程序的可读性和可维护性,将 5 步的名称依次修改为初始步、快进步、工进步、停留步和快退步,系统默认第 1 步为初始步,用双线框表示。

修改步名称时只需双击该步或者在该步上单击鼠标右键,在弹出的快捷菜单中选择"编辑步名称",直接输入新的步名称即可。比如修改"Step1"的名称时,双击"Step1",则"Step1"进入可编辑状态,如图 7-17 所示,此时直接输入"初始步"。

用同样的方法可以修改转换"Trans1"～"Trans4"的名称,修改完的 SFC 画面如图 7-18 所示。

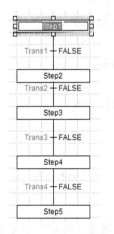

图 7-17 修改步名称

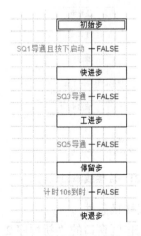

图 7-18 修改转换名称和步名称

由于系统上电后无条件进入初始步,所以在"初始步"上方无须转换条件;但是需要在最后一步"快退步"下方增加一个转换,以实现单周期模式/循环模式控制。具体方法是在"快退步"上单击鼠标右键，在弹出的快捷菜单中选择"增加转换"，则会增加一个"Trans1"，在"Trans1"上单击鼠标右键，依次选择"连接线"→"增加连接线"选项，如图 7-19 所示。

单击鼠标左键，出现如图 7-20 所示对话框，选择"初始步"后单击"确定"按钮，完成"快退步"向"初始步"的转换连接，并修改"Trans1"的名称，结果如图 7-21 所示。

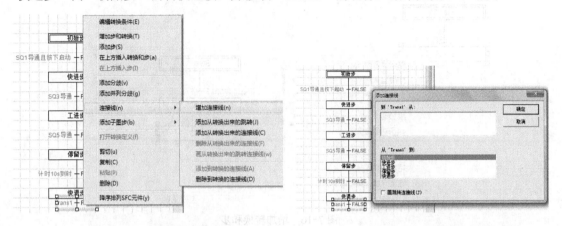

图 7-19　增加连接线　　　　　　　　　　　图 7-20　选择连接线的目的步

在"快退步"上单击鼠标右键，在弹出的快捷菜单中选择"添加并列分歧"，然后用同样的方法在新增加的转换"Trans1"上添加连接线，完成从"快退步"到"快进步"的转换连接。至此，完成了本实例的 SFC 框架结构，如图 7-22 所示。

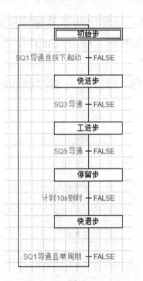

图 7-21　连接线添加成功

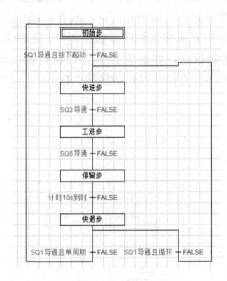

图 7-22　SFC 框架

（2）定义转换条件

在工程工作区窗口的"新程序 2（未指定）"下的第 3 个选项"转换"上单击鼠标右键，依次选择"插入转换"→"梯形图"，即可插入转换"Transition1"，如图 7-23 所示。重复操作 6 次，可以插入 6 个"Transition"，单击"转换"前面的"+"，可以看到刚才插入的 6 个"Transition"，如图 7-24 所示。

根据表 7-6 定义程序符号，双击某一"Transition"完成该转换梯形图程序的输入。Transition1～Transition6 的梯形图如图 7-25～图 7-30 所示。

图 7-23　插入转换 Transition　　　　　图 7-24　插入 6 个 Transition

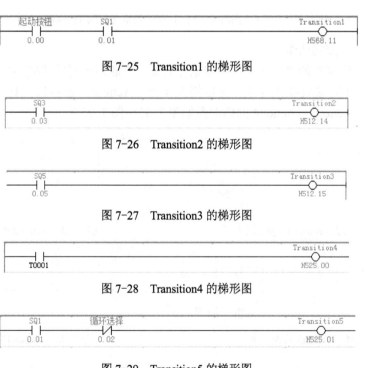

图 7-25　Transition1 的梯形图

图 7-26　Transition2 的梯形图

图 7-27　Transition3 的梯形图

图 7-28　Transition4 的梯形图

图 7-29　Transition5 的梯形图

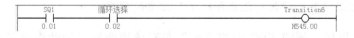

图 7-30　Transition6 的梯形图

将图 7-22 中的 Trans1～Trans6 后的"FALSE"依次修改为"Transition1"～"Transition6"，如此可将此前定义好的转换条件与 SFC 框架中的转换一一对应，当转换条件满足时，就可从当前步转换到下一步，如图 7-31 所示。

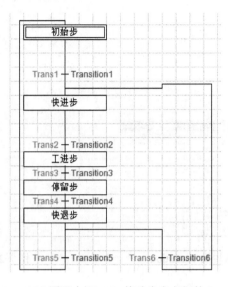

图 7-31　SFC 图形中 FALSE 修改为定义好的 Transition

（3）定义每一步的动作

在工程工作区窗口的"动作"上单击鼠标右键，在随后出现的快捷菜单上依次选择"插入转换""梯形图"，重复操作 4 次，可以插入 4 个"Action"，然后依次双击"Action"完成梯形图的输入。Action1～Action4 的梯形图如图 7-32～图 7-35 所示。

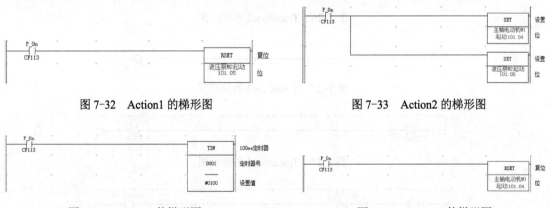

图 7-32　Action1 的梯形图　　　　　　　　　图 7-33　Action2 的梯形图

图 7-34　Action3 的梯形图　　　　　　　　　图 7-35　Action4 的梯形图

注意：每一个 Action 中的梯形图程序都代表这一步将执行的动作，梯形图程序的输入条件均为 P_On，即激活某一步时将无条件地运行该步的程序。

动作定义好以后，要将 SFC 中的"步"与对该步要执行的动作建立对应关系。下面以"初始步"为例说明操作方法。在"初始步"上单击鼠标右键，在弹出的快捷菜单上依次选择"添加动作"→"已存在的动作",如图 7-36 所示。单击鼠标左键后,出现如图 7-37 所示的画面。

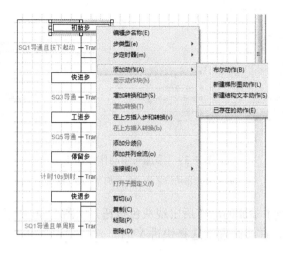

图 7-36　建立步与动作之间的对应关系 1

鼠标单击图 7-37 中的"Action1",在 Action1"的下拉菜单中显示已定义的 4 个动作,如图 7-38 所示,选择 Action1。其他步添加动作的方法类似,不再赘述。

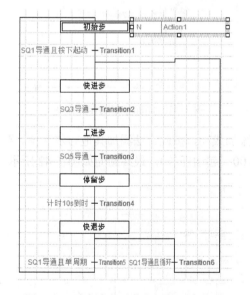

图 7-37　建立步与动作之间的对应关系 2

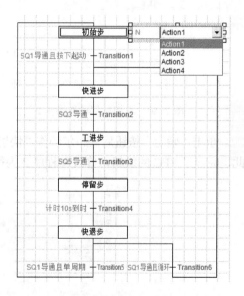

图 7-38　给"初始步"选择 Action1

在"快进步"和"工进步"时,快进 YV1(101.01)都有输出,因此在"快进步"和"工进步"中均应添加布尔动作"快进 YV1",在"工进步"中还需添加布尔动作"工进 YV2",在"快退步"添加布尔动作"快退 YV3"。具体添加方法以在"快进步"添加布尔动作"快进 YV1"为例说明。

在"快进步"上单击鼠标右键,在随后出现的快捷菜单上依次选择"添加动作"→"布尔动作",如图 7-39a 所示。单击鼠标后添加了一个布尔动作,如图 7-39b 所示。

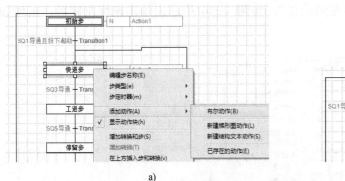

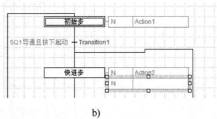

a)   b)

图 7-39　添加布尔动作操作 1

a) 添加布尔动作菜单　b) 添加布尔动作结果

接着用鼠标单击刚才添加的动作后出现灰色按钮，如图 7-40 所示。单击灰色按钮后出现如图 7-41 所示的画面，在该画面上选择快进 YV1。

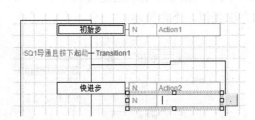

图 7-40　添加布尔动作操作 2　　　　　　　图 7-41　添加布尔动作操作 3

单击"确定"按钮后，布尔动作"快进 YV1"添加成功，按此方法添加其他布尔动作。至此，完成了 SFC 的编辑，修改新程序 2 为循环任务 00（起动任务），最终画面如图 7-42 所示。

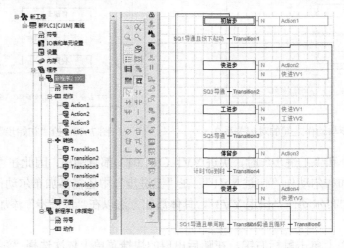

图 7-42　完整的 SFC 画面

（4）调试运行

经过调试运行验证了可以实现与图 7-11 所示梯形图程序相同的控制功能。使用这种编程方法的好处是无须单独绘制顺控图，可以将顺控图的绘制和梯形图编程合并完成，提高了编程效率。

7.4.4　其他方法编程

将顺控图转化为梯形图的方法除了基本指令编程法、SFC 模板编程法之外，还可以使用"置位+复位"指令编程法和步进指令编程法。

1. "置位+复位"指令编程法

该编程法是使用置位指令（SET）和复位指令（RSET）取代图 5-8b 中的自锁结构。使用 SET 和 RSET 指令改写图 5-8b 的模板如图 7-43 所示。

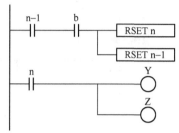

"置位+复位"指令编程法与基本指令编程法的实质是相同的，但是使用该法编写较复杂顺控图的梯形图时，由于省略了自锁部分使程序结构更加清晰、简捷。

图 7-43　"置位+复位"指令编程转换顺控图模板

在图 7-10 的基础上采用"置位+复位"指令法编写程序，如图 7-44 所示。

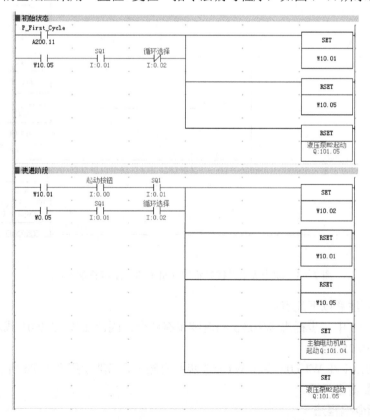

图 7-44　动力头给进控制程序（SET+RSET 编程法）

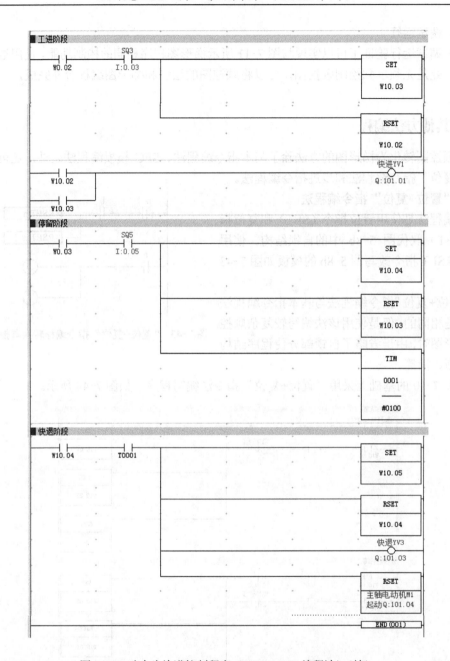

图 7-44　动力头给进控制程序（SET+RSET 编程法）（续）

编程时需要注意以下几点：

1）在图 7-10 中，步标志 W10.05 的后续步有两个，因此在步 W10.01 或步 W10.02 置位时，都将步 W10.05 复位。

2）快进 101.01 在 W10.02 步和 W10.03 步都有输出，仍然使用图 5-8c 所示的组合输出方法来避免多线圈输出问题。

2. 步进指令编程法

直接使用步进指令编写顺控图对应的梯形图程序，改写图 5-8b 的模板如图 7-45 所示。

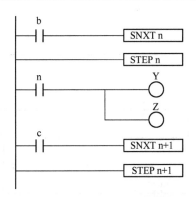

图 7-45　步进指令编程转换顺控图模板

步进指令编程法的主要功能有两个：一是驱动活动步中的动作输出；二是当状态转移条件满足时，转移到下一步，同时复位上一步。按照步进指令法编写动力头给进控制程序，结果如图 7-46 所示。

编程时需要注意的是，图 7-46 中，使用步指令的梯形图主要由初始、快进、工进、停留和快退五部分组成，每一部分对应一步，在每一步中又由两部分组成，一是本步的输出，驱动或自锁继电器线圈，但无须考虑双线圈输出的问题；还需注意的是对下一步的触发（SNXT），其中快退步有两个出口。最后一定要用不带步编号的 STEP 指令结束。

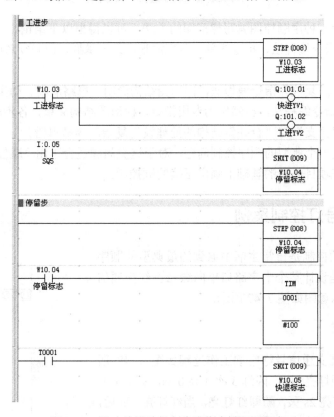

图 7-46　动力头进给控制步进指令梯形图程序

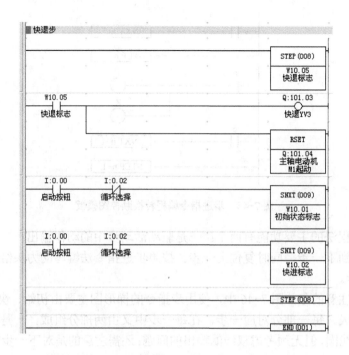

图 7-46　动力头进给控制步进指令梯形图程序（续）

通过比较以上三种由顺控图编写梯形图的方法，可以得出以下结论：

1）采用基本指令编程法，指令简单，条理清晰，易于掌握，但必须考虑清楚所有互锁与自锁关系。

2）采用"置位+复位"指令编程法，梯形图结构简明、思路清晰、动作可靠，编程量小。

3）采用步进指令编程法，虽然作为专用指令，梯形图结构简单，各步转换关系清晰，编程量小；但对于"分支"与"合并"结构的处理较为复杂，容易出错。

总之，本例是一个典型的顺序控制问题，对于这类问题适合采用"顺控图设计法"。采用顺控图法编程需在项目分析的基础上画出正确的顺控图。

7.5　交通信号灯控制案例

交通信号灯的控制是日常生活中遇到的最典型的顺序控制问题，本例是设计某个十字路口单向绿-黄-红交通信号灯控制程序，示意图如图 7-47 所示。

7.5.1　控制要求

单向绿-黄-红交通信号灯常规工作过程如图 7-48 所示，即起动后，绿灯亮 20s，闪烁 3 次（亮 0.5s，灭 0.5s）后熄灭，同时黄灯亮 2s 灭，随即红灯亮，当红灯亮 23s 后，黄灯再亮，再过 2s 后红灯与黄灯同时熄灭，绿灯又亮，重复前述过程。

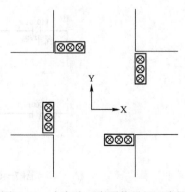

图 7-47　十字路口交通信号灯示意图

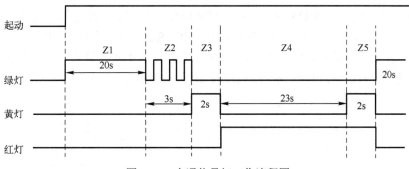

图 7-48　交通信号灯工作流程图

7.5.2　系统配置

本例首先从 I/O 容量考虑，选取欧姆龙 CP1H-XA40DR-A 型 PLC 为控制器，其 I/O 分配表见表 7-7，I/O 接线图如图 7-49 所示。

表 7-7　I/O 分配表

输入点（0 通道）			输出点（101 通道）		
符号	地址	注　释	符号	地址	注　释
SA	0.00	起/停开关	HG	101.00	绿灯亮
			HY	101.01	黄灯亮
			HR	101.02	红灯亮

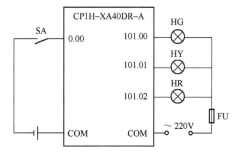

图 7-49　交通信号灯 I/O 接线图

7.5.3　交通信号灯 PLC 控制程序设计

本例控制任务是典型的时序控制，宜采用时序图设计法来编写梯形图程序。首先，按照控制要求画输出时序图，该时序图与图 7-48 相同。从图 7-48 中可以分析得出 6 个临界点，划分出 5 个时间区间（Z1～Z5）。根据定时逻辑，选取 5 个定时器，构建时间区间。这 5 个定时器（TIM0001～TIM0005）的工作时序如图 7-50 所示。

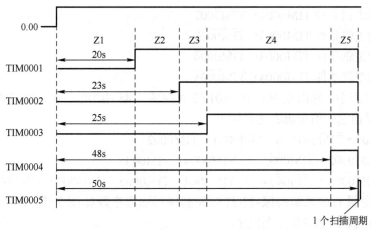

图 7-50　交通信号灯控制时序图

305

在图 7-50 中，当 0.00 为 ON 时，定时器 TIM0001 工作，延时 20s 后，又使定时器 TIM0002 工作，……直到 TIM0005 工作，它使 TIM0001～TIM0005 所有定时器逻辑复位一个个扫描周期。复位后，若无停止信号，则 TIM0001 将重新工作，开始新的循环。参考第 3 章定时器指令的内容，编写定时循环过程的梯形图程序段如图 7-51 所示。

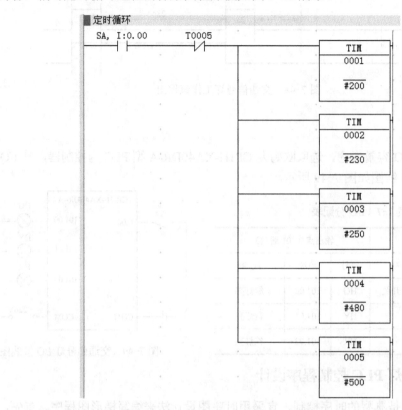

图 7-51　交通信号灯定时循环梯形图程序段

最后，分析并确定各输出的动作关系。5 个时间区间及其逻辑条件如下：

区间 Z1 的逻辑条件 $0.00 \cdot \overline{\text{TIM0001}}$

区间 Z2 的逻辑条件 $\text{TIM0001} \cdot \overline{\text{TIM0002}}$

区间 Z3 的逻辑条件 $\text{TIM0002} \cdot \overline{\text{TIM0003}}$

区间 Z4 的逻辑条件 $\text{TIM0003} \cdot \overline{\text{TIM0004}}$

区间 Z5 的逻辑条件 $\text{TIM0004} \cdot \overline{\text{TIM0005}}$

在这 5 个区间中，输出点 101.00～101.02 对应图 7-48 中的绿、黄、红灯输出，结合区间逻辑条件分析得出它们的逻辑表达式如下：

$101.00 = 0.00 \cdot \overline{\text{TIM0001}} + \text{TIM0001} \cdot \overline{\text{TIM0002}}$

$101.01 = \text{TIM0002} \cdot \overline{\text{TIM0003}} + \text{TIM0004} \cdot \overline{\text{TIM0005}}$

$101.02 = \text{TIM0003} \cdot \overline{\text{TIM0004}} + \text{TIM0004} \cdot \overline{\text{TIM0005}} = \text{TIM0003} \cdot \overline{\text{TIM0005}}$

按照以上逻辑表达式编写绿-黄-红灯控制梯形图程序段如图 7-52 所示。将图 7-51 与图 7-52 合并构成本例的完整控制程序。

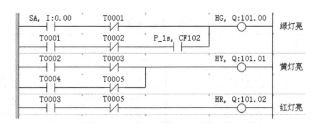

图 7-52　交通信号灯控制梯形图程序段

7.5.4　编程要点

本例中的核心是定时循环电路，采用了普通定时器 TIM，由于其不能在掉电时保持当前值，所以在某些特定场合需采用"时钟脉冲＋计数器"构建出能保持当前值的"定时器"。当然，本例也可以采用其他方法编程，但重在掌握使用时序图分析清楚定时过程。

7.6　顺序加热与报警控制案例

某恒温装置由 1#～8#电加热棒加热实现温度控制，采用手动与自动两种控制模式，并具有检测加热棒工作状态的报警功能。出于节能的考虑，8 根加热棒采用分时递增的加热方式，以保证其在较短时间内达到设定温度并具有稳定的控制效果。

7.6.1　控制要求

1．自动模式

将手/自动切换开关打到自动模式，按一下"起动"按钮，1#电加热棒起动，10s 后 2#电加热棒起动，2min 测温一次，若温度达到设定值，则关闭 1#电加热棒；若温度未达到设定值，则再开启 3#电加热棒，以此类推，每 2min 根据实测温度决定是按编号递增顺序起动下一个电加热棒，还是从小编号开始关闭一个加热棒。当 8#电加热棒起动后，再加热则需起动 1#电加热棒，加热过程循环进行，关闭顺序也是循环方式。

按一下"停止"按钮后，关闭全部电加热棒。

2．手动模式

将手/自动切换开关打到手动模式，按顺序闭合手动开关起动 1#～8#电加热棒，需要注意的是每个电加热棒的起动间隔必须保证 10s，以防冲击电流过大。

3．报警处理

1#～8#电加热棒在工作中出现故障时，对应的报警灯亮，同时蜂鸣器提示音响起，维修人员到现场后按下消音按钮可以消除报警音，排除故障后报警灯才能熄灭。若维修人员正在排除故障时又有新故障产生，则另一报警灯亮，蜂鸣器再次响起，故障彻底排除后声光报警均消失。

7.6.2　系统配置

本例根据 I/O 容量分析选取欧姆龙 CPM2AH-60CDR-A 型 PLC 为控制器，其 I/O 分配见表 7-8，I/O 接线图如图 7-53 所示。

表 7-8 I/O 分配表

输入点（0 通道）			输出点（10 通道）		
符号	地址	注 释	符号	地址	注 释
TS	0.00	测温信号	HL1	10.00	1#电加热棒故障报警
SB1	0.01	起动按钮	HL2	10.01	2#电加热棒故障报警
SB2	0.02	停止按钮	HL3	10.02	3#电加热棒故障报警
SA1	0.03	1#电加热棒手动开关	HL4	10.03	4#电加热棒故障报警
SA2	0.04	2#电加热棒手动开关	HL5	10.04	5#电加热棒故障报警
SA3	0.05	3#电加热棒手动开关	HL6	10.05	6#电加热棒故障报警
SA4	0.06	4#电加热棒手动开关	HL7	10.06	7#电加热棒故障报警
SA5	0.07	5#电加热棒手动开关	HL8	10.07	8#电加热棒故障报警
SA6	0.08	6#电加热棒手动开关	R1	11.00	1#电加热棒起动
SA7	0.09	7#电加热棒手动开关	R2	11.01	2#电加热棒起动
SA8	0.10	8#电加热棒手动开关	R3	11.02	3#电加热棒起动
SB3	0.11	蜂鸣器消音按钮	R4	11.03	4#电加热棒起动
S	1.00	手/自动切换开关	R5	11.04	5#电加热棒起动
GZ1	1.01	1#电加热棒故障源	R6	11.05	6#电加热棒起动
GZ2	1.02	2#电加热棒故障源	R7	11.06	7#电加热棒起动
GZ3	1.03	3#电加热棒故障源	R8	11.07	8#电加热棒起动
GZ4	1.04	4#电加热棒故障源	HA	12.00	蜂鸣器起动
GZ5	1.05	5#电加热棒故障源			
GZ6	1.06	6#电加热棒故障源			
GZ7	1.07	7#电加热棒故障源			
GZ8	1.08	8#电加热棒故障源			

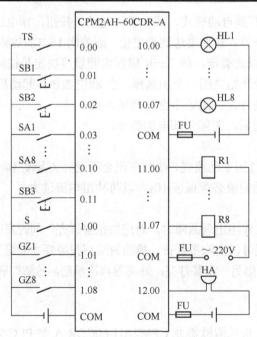

图 7-53 顺序加热控制器 I/O 接线图

7.6.3 顺序加热 PLC 控制程序设计

本例控制任务较简单且顺序加热为严格的时序控制，类似于 8 灯单方向顺序单通，其工作时序如图 7-54 所示。可以采用时序图设计法来设计梯形图，借鉴"三灯循环延时单通"的典型电路，时序图如图 7-55 所示，参考程序如图 7-56 所示，由于需使用多个定时器，相对复杂。本例中 8 根电加热棒的顺序通断控制也可借鉴移位指令的"单方向顺序单通"典型控制电路，梯形图程序可以参考以下 5 段，分别如图 7-57a～图 7-57e 所示。

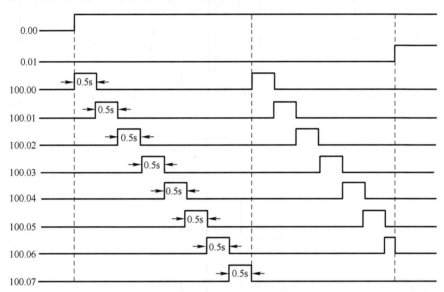

图 7-54　8 灯单方向顺序单通工作时序图

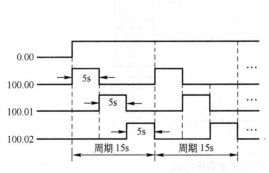

图 7-55　三灯循环顺序延时单通时序图

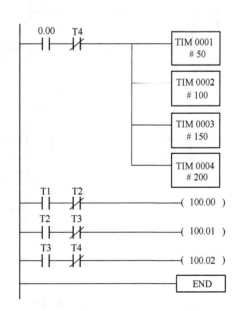

图 7-56　三灯循环延时单通梯形图

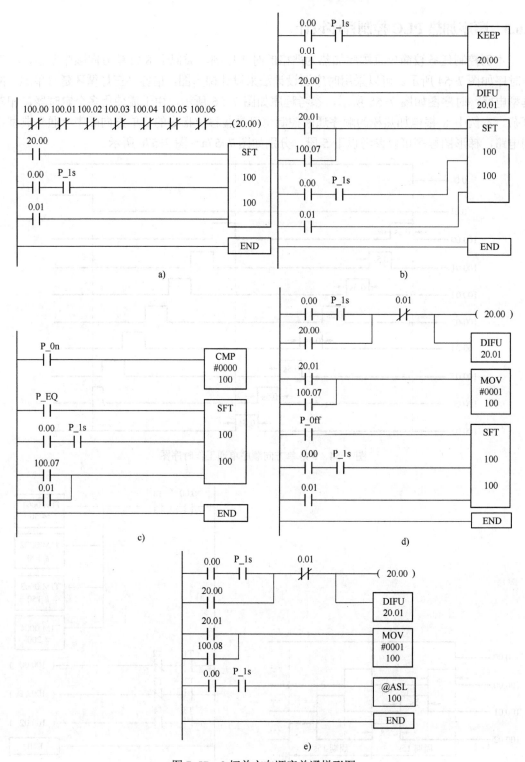

图 7-57　8 灯单方向顺序单通梯形图

a) 梯形图参考程序 1　b) 梯形图参考程序 2　c) 梯形图参考程序 3
d) 梯形图参考程序 4　e) 梯形图参考程序 5

8 根电加热棒的导通顺序是单方向顺序循环起动；而其关闭的顺序同样也是单方向顺序循环关断，因此可以考虑借助由两段"单方向顺序单通"的典型控制电路实现 8 根电加热棒的"前跑后追"式通断控制。带程序注释的 PLC 控制梯形图如图 7-58 所示。

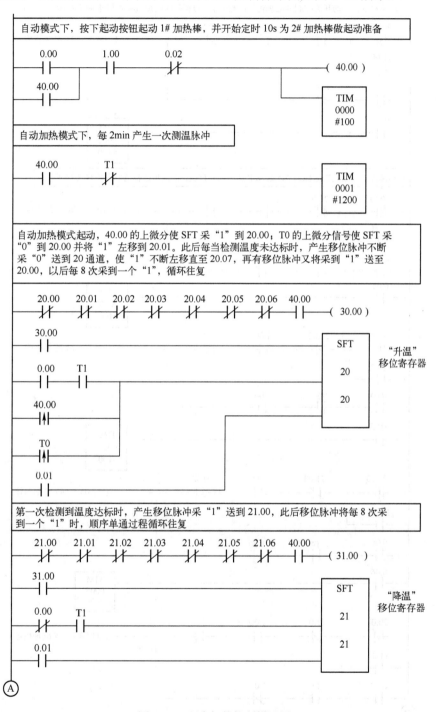

图 7-58　顺序加热控制梯形图

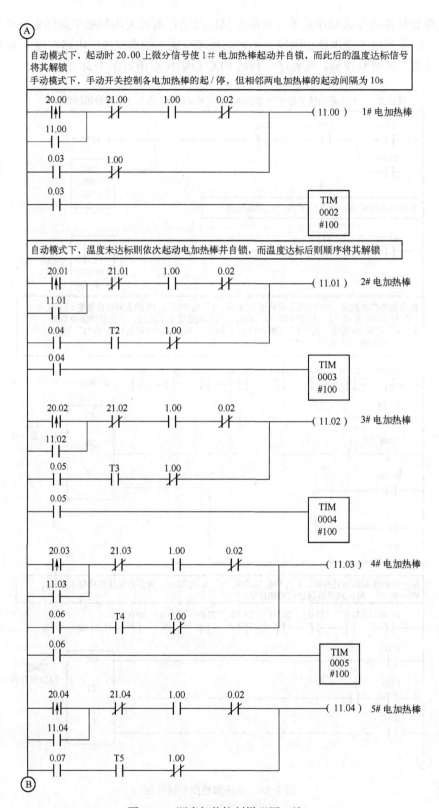

图 7-58 顺序加热控制梯形图（续）

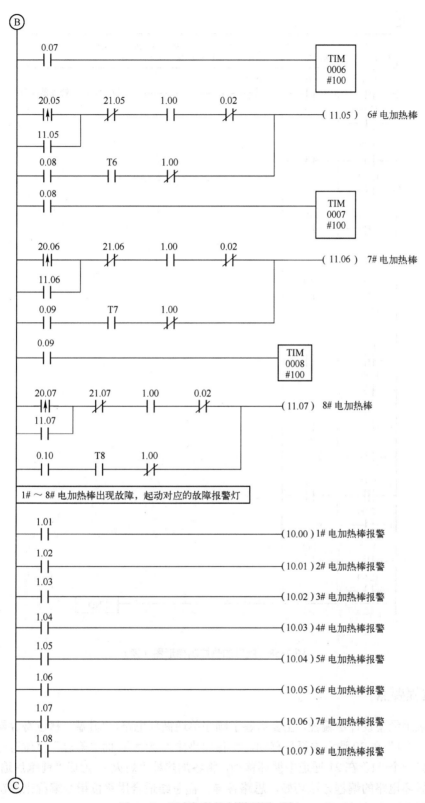

图 7-58　顺序加热控制梯形图（续）

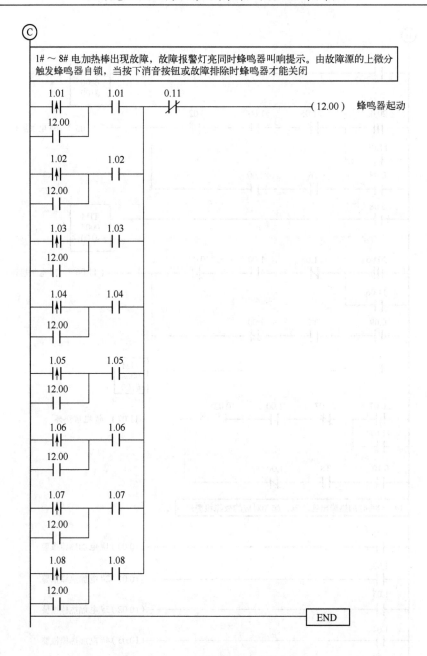

图 7-58　顺序加热控制梯形图（续）

7.6.4　编程要点

　　本例采用经验设计法编程，主要借鉴了顺序单通循环电路，"升温"移位寄存器每次移位时仅有一个"1"在 20 通道中循环移动，将各加热棒"点燃"；而"降温"移位寄存器每次移位时也只有一个"1"在 21 通道中循环移动，将各加热棒"熄灭"，形成"前跑后追"的效果。顺序单通循环电路的编程方法巧妙，思路各异，需总结适合用移位指令编程来解决顺序控制问题的编程方法，学以致用。

报警消音电路也是一种典型的控制程序，可以在大量的报警场合被直接引用，特别是它巧妙地运用了微分指令的瞬时性，以此为代表的还有分频电路，二分频波形图如图 7-59 所示，梯形图参考程序如图 7-60 所示。

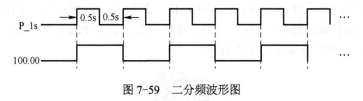

图 7-59　二分频波形图

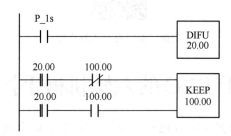

图 7-60　二分频梯形图示例

第8章 PLC过程控制应用系统设计实例

本章以天津某汽车厂冲压车间空调机组的PLC控制项目为例，介绍项目分析与控制方案设计方法、PLC硬件系统选型、I/O点与内存地址分配，以及PID回路控制程序设计等内容，以及模拟量输入/输出扩展模块的使用方法。

扫描二维码查看本章内容

第9章 基于PLC的六轴机械手控制系统设计

本案例是采用两台欧姆龙 CP1H PLC构成的控制系统，以六轴关节型机械手为被控对象，利用高级脉冲型指令实施机械手联合定位控制，实现三维空间4点示教功能。

扫描二维码查看本章内容

第10章 PLC串行通信实例

PLC串行通信是最为通用且简捷的通信方式，而PLC与PLC之间构成的PC Link链接通信方式、PLC与第三方设备构成的RS-485串行协议宏通信方式又是串行通信中之经典应用。

扫描二维码查看本章内容

第11章 CP2E PLC硬件系统概述

扫描二维码查看本章内容

参 考 文 献

[1] 曹辉，霍罡. 可编程序控制器系统原理及应用[M]. 北京：电子工业出版社，2003.

[2] 曹辉，霍罡. 可编程序控制器过程控制技术[M]. 北京：机械工业出版社，2006.

[3] 祁文钏，霍罡. CS/CJ 系统 PLC 应用基础及案例[M]. 北京：机械工业出版社，2006.

[4] 高钦和. 可编程序控制器应用技术与设计实例[M]. 北京：人民邮电出版社，2004.

[5] 廖常初. PLC 编程及应用[M]. 5 版. 北京：机械工业出版社，2019.

[6] 陈在平，赵相宾. 可编程序控制器技术与应用系统设计[M]. 北京：机械工业出版社，2003.

[7] 王永华. 现代电气及可编程序控制技术[M]. 6 版. 北京：北京航空航天大学出版社，2023.

[8] 杨公源. 可编程控制器（PLC）原理与应用[M]. 北京：电子工业出版社，2004.

[9] 骆德汉. 可编程控制器与现场总线网络控制[M]. 北京：科学出版社，2005.

[10] 郭宗仁，吴亦锋，郭永. 可编程序控制器应用系统设计及通信网络技术[M]. 北京：人民邮电出版社，2002.

[11] 何衍庆，黎冰，黄海燕. PLC 编程语言及应用[M]. 北京：电子工业出版社，2006.